中　国　水　产　学　会
中国农村致富技术函授大学　组织编写

水产养殖病害防治丛书

淡水养殖鱼类疾病与防治手册

陈昌福　陈　萱　编著

海洋出版社
2017年·北京

图书在版编目(CIP)数据

淡水养殖鱼类疾病与防治手册/陈昌福,陈萱编著.—北京:海洋出版社,2010.3(2017.8 重印)
(水产养殖病害防治丛书)
ISBN 978-7-5027-7617-6

Ⅰ.①淡… Ⅱ.①陈… ②陈… Ⅲ.①淡水鱼类-鱼病-防治-手册 Ⅳ.①S943.1-62

中国版本图书馆 CIP 数据核字(2009)第 220648 号

责任编辑:杨 明
责任印制:赵麟苏
海洋出版社 **出版发行**
http://www.oceanpress.com.cn
北京市海淀区大慧寺路 8 号 邮编:100081
北京朝阳印刷厂有限责任公司印刷 新华书店发行所经销
2010 年 3 月第 1 版 2017 年 8 月北京第 5 次印刷
开本:850mm×1168mm 1/32 印张:9.125 插页:8
字数:221 千字 定价:35.00 元
发行部:62147016 邮购部:68038093 总编室:62114335

1.草鱼出血病症状（仿王伟俊）
2.斑点叉尾鮰病毒病症状（自丁伯文）
3.流行性造血器官坏死病症状（仿Ahel）
4.锦鲤疱疹病毒病症状（仿江育林）
5.传染性造血器官坏死病症状（仿山崎隆义）

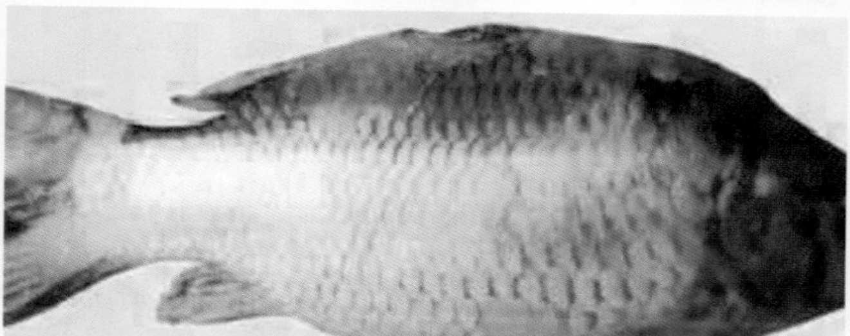

6.鳜鱼传染性脾肾坏死病症状（仿张奇亚）

7.鲤春病毒血症症状（仿江育林等）

8.鲤痘疮病症状（仿江育林等）

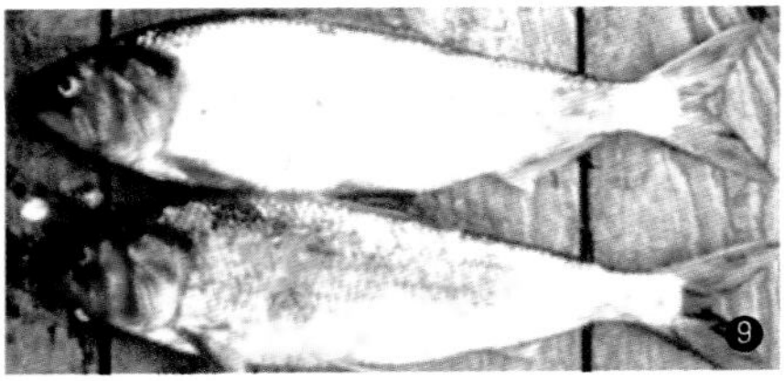

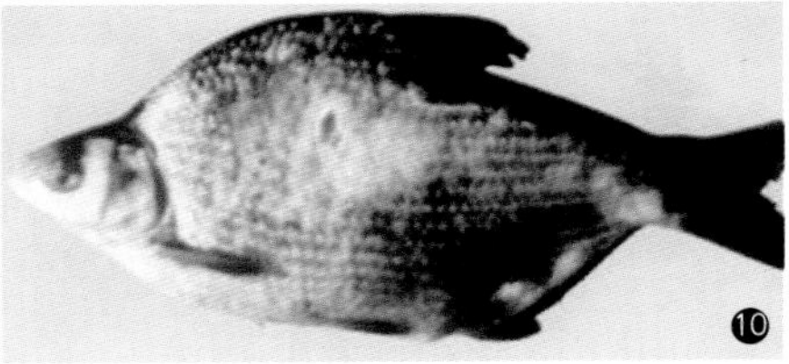

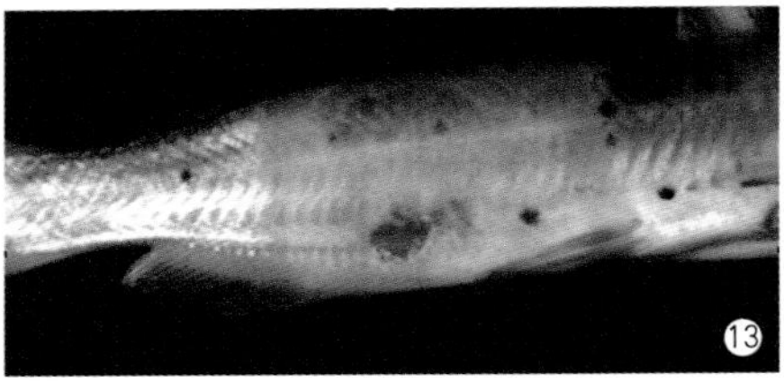

9.鲫细菌性败血症症状（仿王云祥）
10.团头鲂赤皮病症状（仿王伟俊）
11.打印病症状（仿黄琪琰）
12.溃疡病症状（仿王伟俊）
13.纤维黏细菌腐皮病症状（仿宫崎照雄）
14.鲤白云病症状（仿黄琪琰）
15.鲤科鱼类疖疮病症状（仿王德铭）

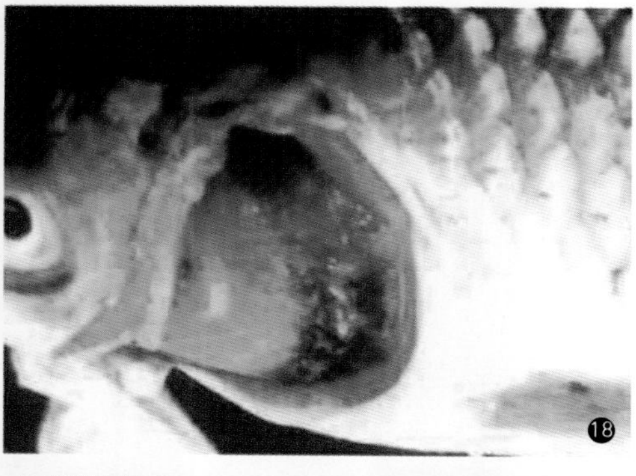

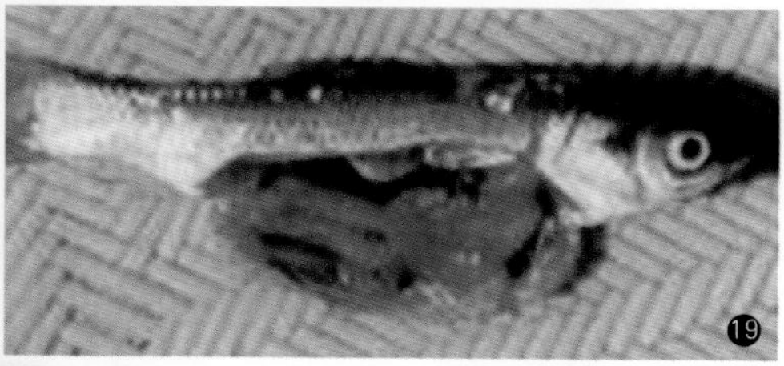

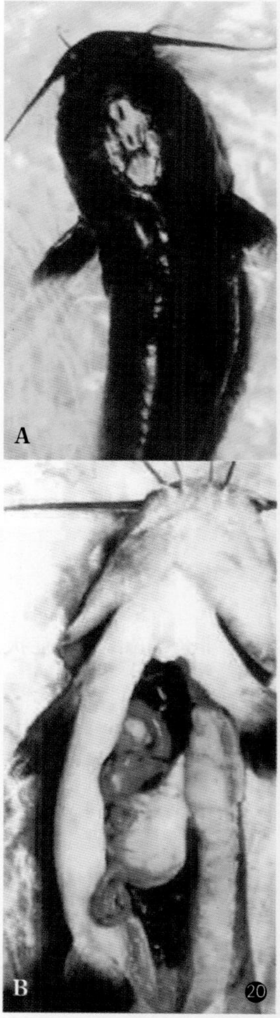

16.竖鳞病症状（仿江育林等）
17.烂尾病症状（仿葛雷）
18.草鱼细菌性烂鳃病症状（仿汪开毓）
19.草鱼细菌性肠炎病症状（仿王伟俊）
20.斑点叉尾鮰肠道败血症症状（仿葛雷）

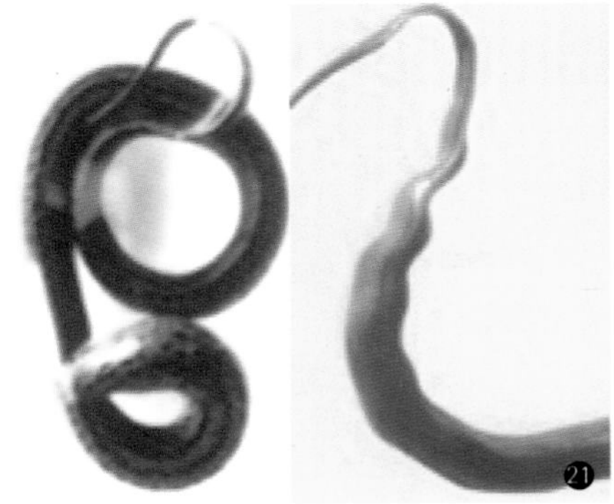

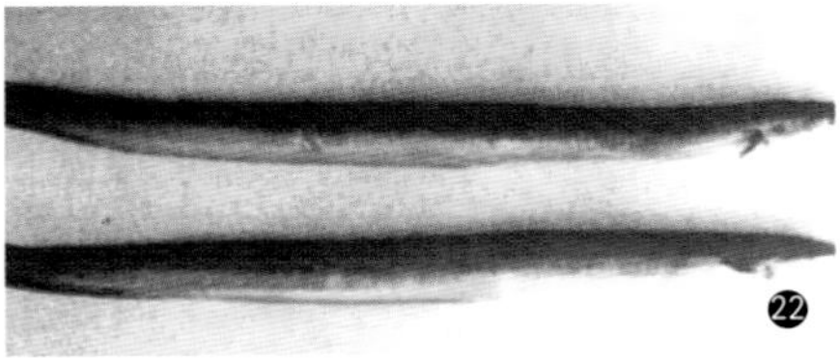

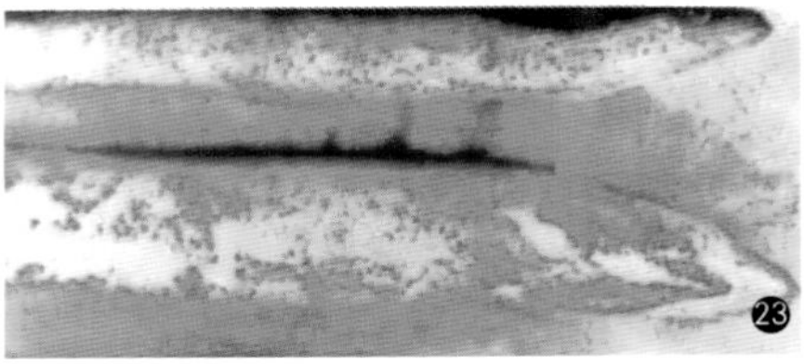

21.黄鳝旋转病症状（仿《鱼病学》）
22.鳗鲡红鳍病症状（仿王励）
23.鳗鲡红点病症状（仿 江草周三）
24.罗非鱼细菌综合病症状（仿若林久祠）
25.水霉病症状（仿浙江省淡水水产研究所）
26.鳃霉病症状（仿宫崎照雄）

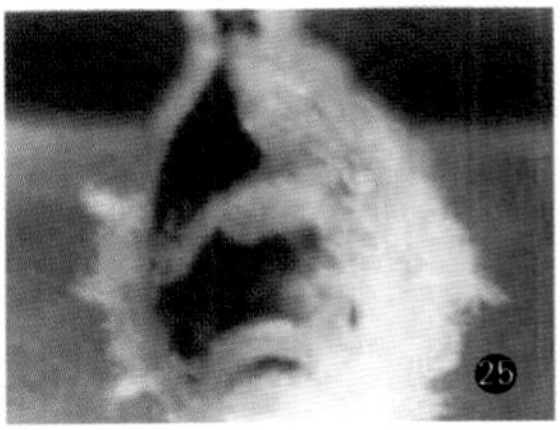

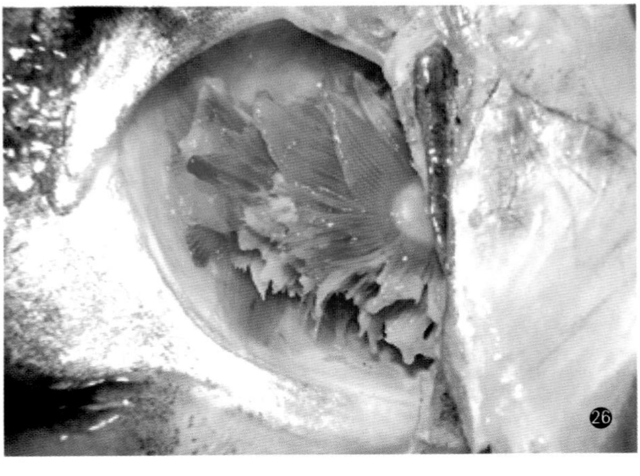

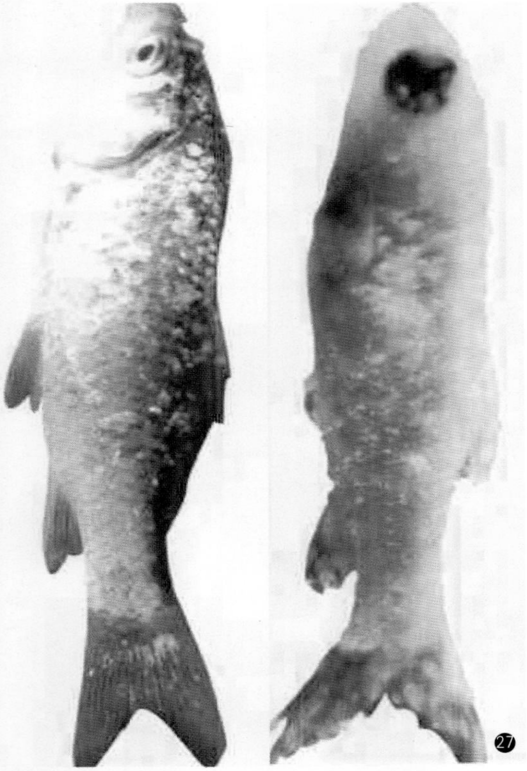

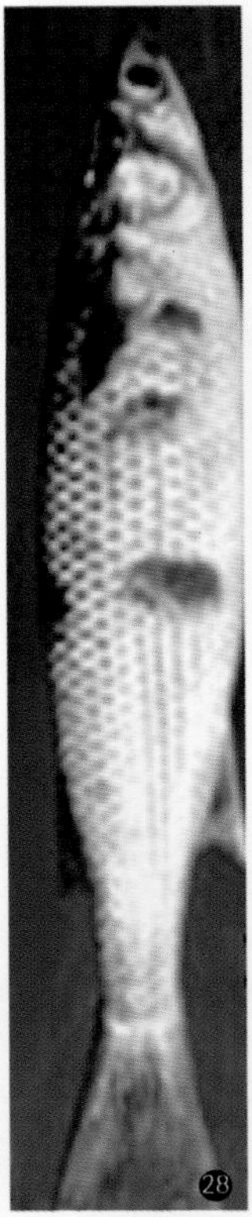

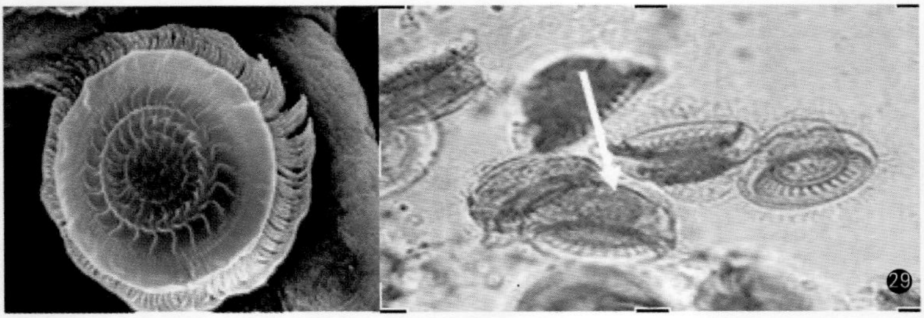

27.卵甲藻病症状（仿《湖北省鱼病区系图志》）
28.流行性溃疡综合征（仿江草周三）
29.车轮虫（仿宫崎照雄）

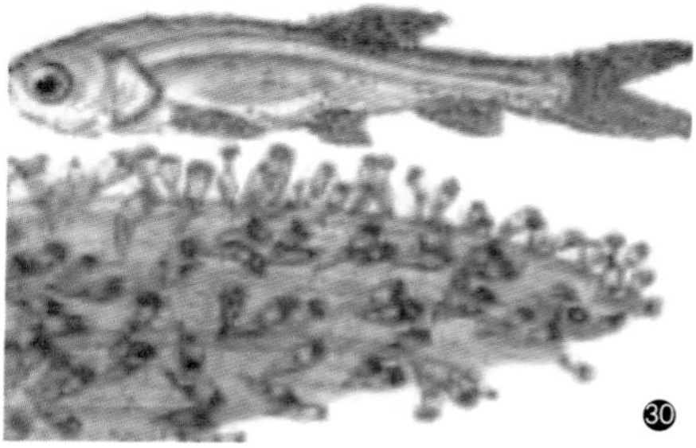

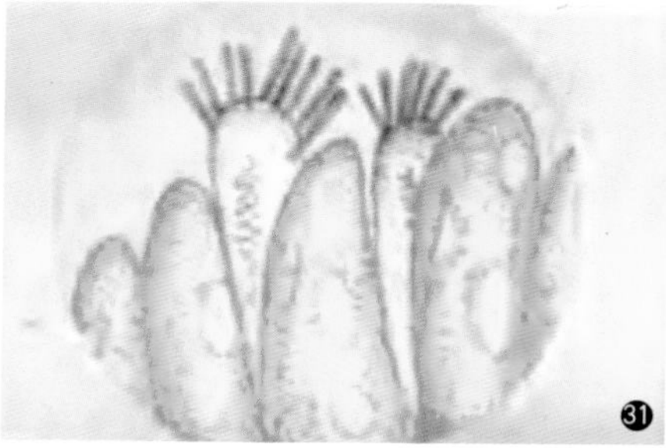

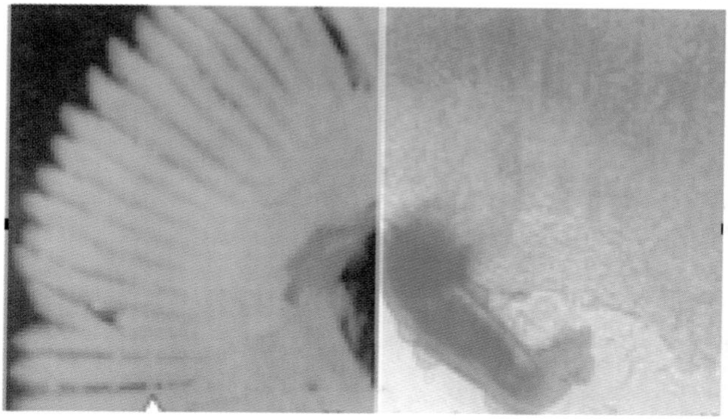

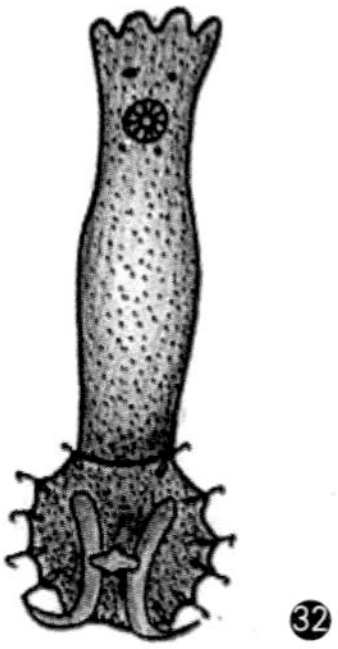

30.杯体虫（仿黄琪琰）
31.毛管虫（仿若林久祠）
32.指环虫寄生在鳃上
33.锚首吸虫病症状（仿江草周三）
34.患黑点病的泥鳅（仿若林久祠）
35.鲫嗜子宫线虫（仿《鱼病学》）

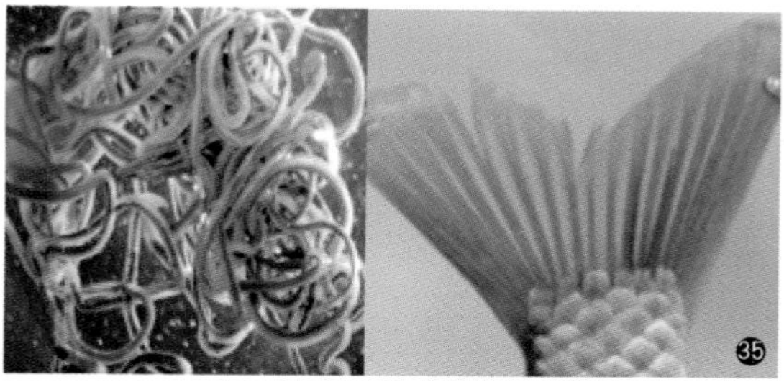

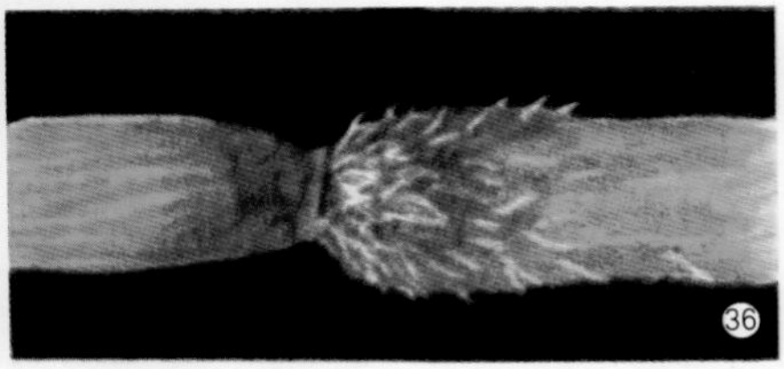

36.棘衣虫（仿江育林等）
37.鲤长棘吻虫病（仿江育林等）
38.湖蛭（仿江育林等）
39.鲤巨角鳋病症状（仿王云祥）
40.鲺（仿宫崎照雄）
41.日本鱼怪（仿黄琪琰）

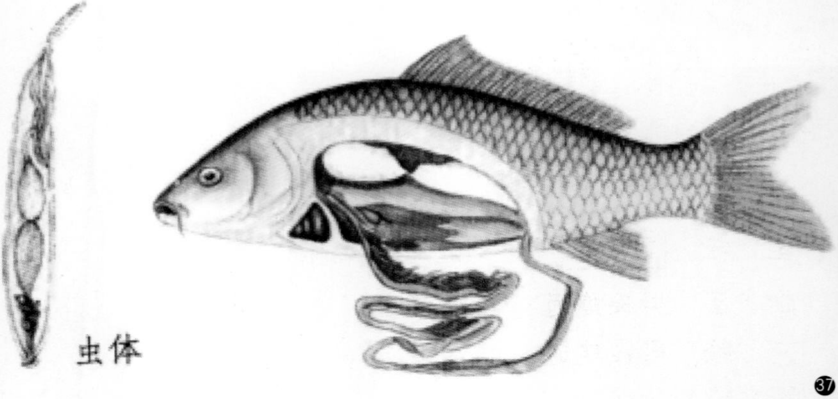

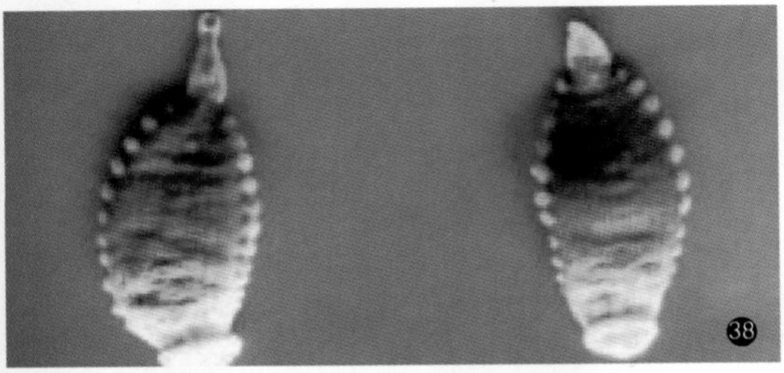

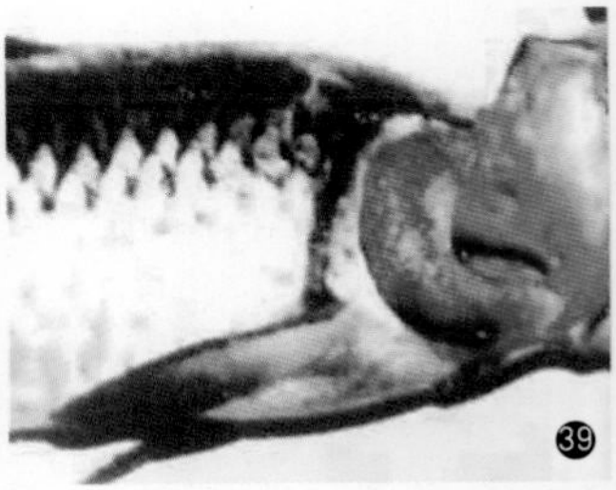

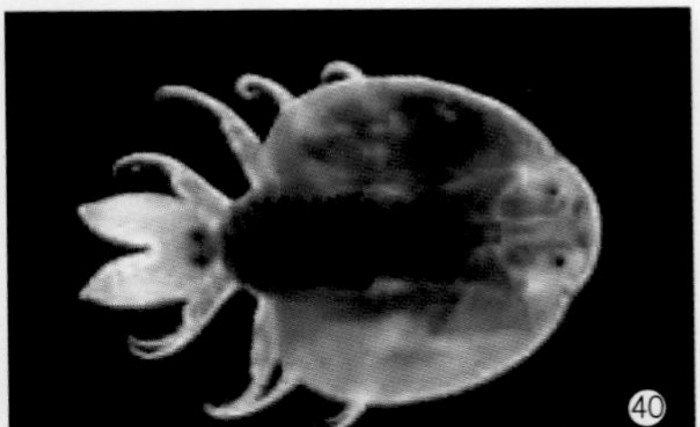

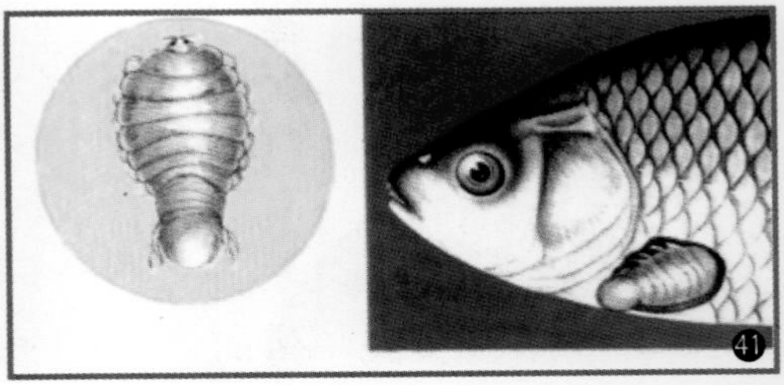

水产养殖系列丛书编委会

总 序

渔业是我国大农业的重要组成部分。我国的水产养殖自改革开放至今获得空前发展，已经成为世界第一养殖大国和大农业经济发展中的重要增长点。进入21世纪以来，我国的水产养殖仍然保持着强劲的发展态势，为繁荣农村经济、扩大就业人口、提高人民生活质量和解决“三农”问题做出了突出贡献，同时也为我国海、淡水渔业资源的可持续利用和保障“粮食安全”发挥了重要作用。

近年来，我国水产养殖科研成果卓著，理论与技术水平同步提高，对水产养殖技术进步和产业发展提供了有力支撑。但是，在水产养殖业迅速发展的同时，也带来了诸如病害流行、种质退化、水域污染和养殖效益下降、产品质量安全令人堪忧等一系列新问题，加之国际水产品贸易市场不断传来技术壁垒的冲击，而使我国水产养殖业的持续发展面临空前挑战。

科学技术是第一生产力。为了推动产业发展、渔农民增收致富，就必须普及推广新的科技成果，引进、消化、吸收国外先进技术经验，以利于产前、产中、产后科技水平的不断提升。农业科技图书的出版承载着普及农业科技知识、促进成果转化为生产力的社会责任。它是渔农民的良师益友，既可指导养殖业者解决生产中的实际问题，也可为广大消费者提供健康养殖的基础知识，以利于加强生产者与消费者之间的沟通与理解。为此，中国水产学会和海洋出版社联合组织了国内本领域的知名专家和具有丰富实践经验的生产一线技术人员编写这套水产养殖系列丛书，供广大专业读者参考。

本系列丛书有两大特点：其一，是具有明显的时代感。针对广大养殖业者的需求，解决当前生产中出现的难题，介绍前景看好的养殖新品种和现有主导品种的健康养殖新技术，以利于提升整个产业水平；其二，是具有前瞻性。着力向业界人士宣传以科学发展观为指导，提高“质量安全”和“加快经济增长方式转变”的新理念、新技术和新模式，推进工业化、标准化生产管理，同时为配合现代农业建设的大方向，普及陆基封闭式循环水养殖、海基设施渔业、人工渔礁、放牧式养殖等模式，全力推进我国现代化养殖渔业的建设。

本系列丛书包括介绍主养品种、新品种的生物学和生态学特点、人工繁殖、苗种培育、养殖管理、营养与饲料、水质调控、病害防治、养殖系统工程以及加工运输等方面的内容。出版社力求把握丛书的科学性、实用性和可操作性，本着让渔农民业者“看得懂、用得上、留得住”的出版宗旨，采用图文并茂的形式，文句深入浅出，通俗易懂，有些技术工艺还增加了操作实例，以便业界朋友轻松阅读和理解。

水产养殖系列丛书的出版是水产养殖业者的福音，我们希望它能够成为广大业者的知心朋友和科技致富的好帮手。

谨此衷心祝贺水产养殖系列丛书隆重出版。

中国工程院院士
中国水产科学研究院黄海水产研究所研究员

2008 年 10 月

前　言

人类发展水产养殖业的历史，就是一部与水产养殖动物各种疾病作斗争的历史。目前，具有我国传统特色的水产养殖业正在逐渐步入微利时代，人们在养殖过程中能否成功地防治水产养殖动物的疾病，从经济利益的角度而言，将直接关系到水产养殖的成败。

随着水产养殖业集约化程度不断提升，养殖对象逐渐增多，养殖密度不断加大，工农业中产生的废弃物等对淡水养殖水域造成的污染以及水产养殖业自身产生的污染日益加重，导致我国淡水水产养殖环境日趋恶化，各种病害对水产养殖动物的危害正在趋于严重。据不完全统计，最近几年间，比较严重危害水产养殖动物的病害高达100多种，由于水产养殖动物病害造成的经济损失高达百亿元以上。由于我国的淡水水产养殖环境在短时期内难以从根本上得到改善，水产养殖动物病害防控的严峻局面在短时期内也将是难以彻底改变的。

由于在我国水产品中先后出现了氯霉素、环丙沙星、孔雀石氯和硝基呋喃等药物残留问题，使我国的养殖水产品的质量安全问题受到了社会舆论的广泛关注，并且直接导致国内、外水产品消费者对我国水产品的质量安全产生了怀疑。现在，水产品中的药物残留问题已经超越了水产养殖行业内人员关注的范畴，甚至成为了涉及食品卫生与公共安全的热点问题。

当代的水产养殖业者不仅要面对养殖环境不断恶化、各种病害危害日益严重的严峻形势，还必须保证向消费者提供质量安全的水产品。因此，水产养殖业者必须坚持“以防为主，防重于治”的基本方针，努力提高对水产养殖动物病害的防控水平。

为了避免因为养殖业者滥用药物导致水产品质量安全问题，我们在这本小书中简单地介绍我国部分国标渔药的基础上，比较详细地介绍了如何选择和使用水产用兽药的方法。同时，删除了对每种细菌性疾病的防治方法中，关于采用抗生素类药物治疗鱼病的内容。这是因为鱼类细菌性疾病的致病菌对于各种抗生素类药物的耐药性也是在不断地变化的，只有根据病原菌对药物的敏感性筛选药物和确定药物的剂量，才有可能做到精准用药，而按照一个固定的药方是不可能将不同地方的相同疾病，取得同样良好的疗效的。我们这样做的目的就是为了在水产养殖中推行科学选择和使用水产用兽药。

需要特别说明的是：本书所列渔药种类和使用方法适用于普通食用鱼的生产，如果养殖业者是进行无公害产品的生产，要符合无公害食品生产的相关标准，如果养殖的鱼类是用于出口美国、日本、欧盟等国家或地区的，在其疾病（如斑点叉尾鮰肠道败血病、链球菌病等）防治中应慎选药物，要符合这些国家或地区的用药制度。

水产养殖动物的疾病防控涉及许多因素，要求在这本小书中将所有的问题说清楚是不可能的。限于编者的专业水平，本书中可能还存在不少错误，祈望读者批评指正。

编著者

2009年12月于武昌狮子山下

目　次

M　U　C　I

第一章　鱼类疾病防治基础知识

第一节　鱼类疾病发生的原因与防治原则

一、引起鱼类疾病发生的原因

任何疾病的发生都是由于机体所处的外部因素与机体的内在因素共同作用的结果，鱼类发生疾病的原因也可以从内因和外因两个方面进行分析。外部因素主要包括能引起疾病的致病生物和环境条件，而内部因素主要是指机体的生理特点形成的对致病因素的敏感程度。当然，对于人工养殖的鱼类，无论是内在因素还是外部因素都会受到人为因素的控制和调整，因此，养殖鱼类疾病的发生与否，又是与人为因素密切相关的。

（一）外部因素

1. 致病生物

鱼类的生物性疾病都是由于各种致病生物引起的，致病生物也被称为病原体。能引起鱼类生物性疾病的病原体有许多种类，主要包括细菌、病毒、真菌、藻类、原生动物以及蠕虫、蛭类和甲壳动物中的一些种类。

能够导致鱼类发生生物性疾病的病原体中，有些个体很小，需要采用显微镜等将它们放大几百倍甚至几万倍后才能看见，人们将它们称为微生物，如细菌、病毒、立克次体、衣原体、真菌等。由这些微生物引起的疾病被称为微生物病。因为各种微生物引起的鱼类疾病发生时，一般都显现出快速传染的特征，所以微生物病又被称为传染性疾病。一些个体较大的病原体，如原生动物、蠕虫、甲壳动物等，统称为寄生虫，由寄生虫引起的疾病被称为寄生虫病，也被称为侵袭性疾病。

养殖环境中的各种病原体能否感染鱼体而引起疾病的发生，主要与病原体的毒力和数量有关。当养殖鱼体受到毒力强的病原体感染时，即使病原数量很少也可能导致养殖鱼类出现疾病症状，而当养殖鱼类受到少量毒力弱的病原体感染时，则鱼体只是成为“病原携带者”而不一定发生疾病。不过，即使毒力比较弱的病原体在短时期内大量侵入鱼体时，也是可能引起受感染鱼体发生疾病。总而言之，如果养殖环境中存在某种病原体，那么，就有可能引起养殖鱼类发生某种疾病。因此，在引进鱼种时进行严格检疫，避免将病原体带入养殖环境中，采取各种养殖措施控制养殖环境中病原体的数量，是预防养殖鱼类疾病发生的根本措施。预防和治疗养殖鱼类疾病的目标，也可以简单地概括为消灭或者抑制水体中和鱼体上携带的各种病原体。

2. 环境条件

养殖环境条件既能影响病原体的毒力和数量，又能影响养殖鱼类的内在抗病能力。很多病原体只有在特定的养殖环境条件下才能引起鱼类疾病的发生。当然，如果将养殖鱼类置于极端恶劣的饲养环境下，即使在没有病原体存在时，也可以直接导致养殖鱼类发生严重死亡。

水产养殖环境条件包括的内容很多，重点是如下的几个方面。

（1）水的理化性质

①水温。鱼类属于变温脊椎动物，即所谓的冷血变温动物。鱼类的体温随饲养水的温度变化而变化。当养殖水温突然上升或者下降时，鱼类的体温不能随之正常变化，其机体就会发生生理平衡失调而出现病理性变化，最终导致对各种病原体的抵抗力降低而患病。

鱼类对外界温度的适应能力因种类、个体发育阶段的不同而存在比较大的差别。对一般养殖鱼类而言，水温的突然变化一般不宜超过2℃，鲫和鲤等淡水鱼类对水温变化的适应能力较强，但是，水温的突然升高或降低也不宜超过5℃。鱼类的中暑、感冒及烫尾病的发生都是因为养殖水温的急剧变化而引起的。

②酸碱度。饲养水的酸碱度通常用pH值表示，pH值范围在1~14。pH值为7是中性，pH值大于7为碱性，小于7为酸性。测定pH值的最简单的方法是试纸法，将pH值试纸放入水中，变色后与标准板比较颜色即可得出饲养水体的pH值。对鱼类适宜的饲养水需要pH值在6.7~8.0，即中性偏碱。当水质偏酸时，鱼体生长缓慢，许多有毒物质在酸性水中的毒性也往往增强。但是，若饲养水过度偏碱，鱼类的鳃会受刺激而分泌大量的黏液，妨碍鱼体的正常呼吸。

③溶氧。饲养水中氧气的溶解量称溶氧，用每升水中溶解的氧气量表示。当饲养水中溶氧不足时，鱼体会出现浮头，鱼

类长期生活在溶氧不足的水体中，不仅会影响鱼类对饲料中营养物质的利用，也会导致鱼体抗病能力低下。当水体中溶氧量过度不足时，鱼类就会因缺氧窒息而死亡，在水产养殖生产中将这种因缺氧而导致养殖鱼类窒息死亡的现象称为“泛塘”。

④毒物。对鱼类有毒害作用的毒物很多。常见的有硫化氢（H_2S）以及各种防治疾病的一些重金属盐类。这些毒物不但可能直接引起鱼类中毒，而且能降低鱼体的免疫防御机能，致使病原体更容易入侵。

急性中毒时，鱼类在短期内会出现中毒症状甚至迅速死亡。当毒物浓度较低，则表现出现慢性中毒，慢性中毒的鱼体在短时期内不会出现明显的症状，但是，会出现生长缓慢或者畸形，更容易受到各种病原体的感染而患病。

（2）生物因素

水产养殖环境中的生物因素主要包括3个方面：饲养水中的病原体、饲养的鱼类和水中其他生物。

①病原体。当饲养水体中病原体的数量过多时容易引起饲养鱼类的疾病。在鱼类的饲养过程中，经常使用各种消毒剂调节水质的目的之一，就是为了杀灭水体中的各种病原体，通过控制养殖水体中病原体的数量，以达到减少或者避免鱼类疾病发生的目的。但是，需要特别注意的是，在养殖水体中使用药物的同时，药物的毒性也可能是危害养殖鱼类的。解决这一矛盾的方法就是要选用对病原体杀灭力强而对鱼体毒性低的药物，并正确掌握其药物的用量，以达到既能消灭水体中致病微生物、预防疾病发生，又能减少或者避免危害养殖鱼类的目的。

在这里所指的消灭水产养殖环境中的病原体，主要是针对微生物性病原体而言的。在疾病流行季节，养殖业者可以根据历年疾病发生状况，适时地采用适宜的消毒剂对养殖水体进行消毒，达到改善养殖水体水质和控制水体中病原微生物数量的目的，这种措施对与预防疾病的发生（尤其是微生物病）是有意义的。但是，为了预防各种寄生虫病的发生而采用杀虫药物定期杀灭养殖水体中寄生虫的做法，则是十分错误的。这是因为在水产养殖中，杀虫药物与抗生素类药物一样，是不能作为预防疾病的药物使用的，而是只能作为治疗疾病的药物使用。

在药物防治养殖鱼类疾病过程中，主张“预防时用药量减半”的做法也是错误的。因为药物只有达到一定的剂量才能有抑制或者杀灭病原体的效果，“减半”后使用就不会有这种效果，而只能导致病原体对这种药物产生耐药性。

②鱼类。在同一饲养水体中饲养鱼类的品种和规格要搭配得当，饲养鱼类的放养密度要合理。一般而言，性情凶猛的鱼类不宜与温顺的鱼饲养在一起，否则，会出现弱肉强食，性情温顺的鱼类被追逐甚至咬伤的现象。规格悬殊太大的鱼类也不宜饲养在一起，以免个体较小的鱼被排挤或者受到惊吓。有许多研究结果表明，饲养在同一个养殖水体中的鱼类，处于弱势的鱼群可能会因为强势鱼群的胁迫而受到应激性刺激，导致其抗病能力下降。

③其他生物。饲养水体中的生物种类很多，有些生物自身虽然不是养殖鱼类的病原体，但是，它们可能是病原体的传播者或中间宿主。因此，这些生物也是应当从养殖水体中驱除的对象。

（3）人为因素

人为因素主要是指在水产养殖过程中采取的人工饲养管理措施是否恰当。例如，在鱼类的捕捞或运输过程中，如果操作不当，使鱼体受伤后就容易发生水霉病。当投饵量控制得不当，或者使用的饵料质量不好，营养不全面等，就有可能直接引起鱼体消化道疾病和营养性疾病。更多的是由于管理不善，造成养殖鱼类的抗病力下降而容易被各种病原体感染。

（二）内在因素

1. 个体免疫

养殖业者经常会观察到如下的现象，即在同一个养殖水体中饲养的同一种鱼类，当某种疾病流行时，总是会出现一部分鱼生病，另外一部分鱼不生病的现象。这种现象表明，同种鱼类的不同个体对相同病原体存在不同的抵抗力，在免疫学中将这种现象称为个体免疫（individual immunity）。即相同种类的动物对某种病原体个体间抵抗力的差异，是由于个体免疫力差异的缘故。当饲养在同一个池塘中的鱼群受到某种病原体感染时，抵抗力强的个体可以抵抗病原体的入侵，而抵抗力较弱的鱼体就可能因为不能抵抗病原体入侵而发病。鱼体对病原体感染的抵抗力强弱主要是由其内在因素决定的，而不同个体间的种内遗传差异是导致其抗病力差异的主要原因，这种不同个体间的种内遗传差异表现出来的对病原生物的抵抗力往往是非特异性的。

2. 非特异性免疫

所谓非特异性免疫应答（nonspecific immune response）是机体对各种抗原性物质（致病性生物等）的一种生理排斥反应。这种功能是在进化过程中获得的，可以遗传给下一代。非特异性免疫一般比较稳定，不因抗原的刺激而存在，也不因抗原的多次刺激而增强。这种免疫应答没有免疫记忆，当再次遇到同一抗原刺激时，免疫反应并不会增强，也不会减弱。非特异性免疫反应的对象是广范围性的，不是针对某一种抗原性物质（这里主要是指各种病原体），因此，其特异性不如特异性体液免疫和细胞免疫那样专一，但是，非特异性免疫却是机体免疫应答的一个重要方面。

非特异性免疫主要由机体的屏障作用、吞噬细胞的吞噬作用和组织与体液中的抗微生物物质组成。养殖鱼类机体的生理因素和种类的差异、年龄以及所处的应激状态等均与非特异性免疫有关。

（1）皮肤和黏膜的保护性屏障

黏膜和皮肤是鱼类抵御各种病原体入侵的第一道防线，这些屏障的保护作用是极为有效的。由表皮黏液细胞产生的黏液，极易将碎屑和微生物黏住而将其从机体上清除掉。黏液、鳞片、表皮和真皮一起构成鱼类完整的防御屏障。

①黏液。鱼类的黏液中含有能抑制寄生物在体表生长和寄生的一些因子，如溶菌酶等。黏液的不断脱落和补充，能防止细菌的生长繁殖，阻止异物的沉积。鱼类黏液的一大特点，就是含有特异性抗体。鱼类的抗体除在血液、肠道中存在外，最主要的则分泌到体表的黏液中，可以起到特异性免疫防御作用。

②鳞片。鱼类鳞片的基部下达真皮的结缔组织，向外伸出表皮外。有些鱼类的鳞片穿透黏液层，而有些则仍保持为表皮和真皮所覆盖。鳞片对鱼体首先是一个机械性的保护作用。鳞片的脱落必定造成表皮的损伤，这就为病原体的入侵打开了门户，引起表皮炎症和感染。

③表皮。表皮层位于黏液层下，由 4 层细胞组成。最外层为鳞状扁平上皮细胞层。鱼类的表皮层不出现脱落的死细胞层，在该层下面，就可见到有丝分裂。这一点是鱼类和哺乳动物所不同的。

④真皮。真皮位于基底膜下，是皮肤的另一层保护屏障。这层皮肤由散布着黑素细胞的结缔组织组成，同时布有毛细血

管。这有利于鱼类的体液免疫功能的发挥。

（2）种的易感性

在生物的长期进化过程中，形成了鱼体与病原体的特殊关系。某些病原体与某些鱼类有特殊的亲和性（或易感性），而对另一些鱼类则表现出不易感性。许多鱼的寄生物对寄主有专一性，这在鱼类中是常见现象，我们甚至可以利用鱼的寄生物来识别幼鱼。

许多水产养殖学者想通过育种的方法，达到提高鱼类对传染性疾病抵抗力的目的。如美国纽约州的某养殖场，通过不断选育的方式，培养出了对疖病有抵抗力的红点鲑（*Salvelinus salvelinus*）。在实际养殖生产中，特别是在那些曾发生过疖病和溃疡病的鱼类孵化场中，常可见到出现对该病有抵抗力鱼体的所谓“自然选择”现象，而在那些多年不受该病困扰的孵化场，一旦该病发生流行，就可能造成全部鱼群的丧失。

（3）免疫细胞的吞噬作用

当病原微生物或其他抗原物质进入机体时，吞噬细胞立即向抗原处集结，并伸出伪足进行吞噬。进入细胞内的细菌、异物等成为吞噬体。吞噬细胞对于较小的异物如病毒，则胞浆膜内陷、闭合、将异物颗粒包围，形成吞饮泡。吞噬体与吞饮泡向吞噬细胞胞浆内的溶酶体（lysosome）靠近，并互相融合，溶酶体中的各种酶类释放到吞噬体中，形成吞噬溶酶体（又叫次级溶酶体）。与此同时，异物则被溶解、消化，最后残渣被排出细胞外。大多数化脓性细菌被吞噬后5~10分钟就会死亡，30~60分钟就被消化并排出，这种现象称为完全吞噬（complete phagocytose）。有些细菌（如分支杆菌、某些沙门氏菌）以及许多病毒，虽然可以被吞噬细胞吞噬，但是不能被吞噬细胞完全消灭，这种现象也被称为不完全吞噬（incomplete phagocytose）。这种不完全的吞噬现象甚至对病原生物起了保护和帮助扩散的作用，导致病原生物可以有效地避免药物及体液的杀灭作用。另一方面，吞噬细胞对抗原性物质的吞噬，还起着处理抗原的作用，将抗原决定簇递给淋巴细胞，特别是 B 淋细胞，或者是吞噬细胞的 RNA 与抗原决定簇相结合，刺激 B 淋巴细胞产生抗体（antibody）。

（4）正常体液中的抗微生物物质

①天然抗体。天然抗体（natural antibody）是指未经过明显的自然感染或人工免疫接种的动物血清中存在的各种抗体，也称为正常抗体（normal antibody）。这类抗体与只能和特异性抗原刺激所产生的特异性抗体不同，它具有广范围性的作用。这类抗体通过电泳，也泳动在 γ-球蛋白区带段，据证实也能激活补体，已有报道在鱼类中也存在这类物质。

②补体。补体（complement）是有机体的多种组织细胞合成的，存在正常动物血清中具有类似酶活性的一组蛋白质，具有潜在的免疫活性，激活后能表现出一系列的免疫生物学活性，能够协同其他免疫活性物质直接杀伤靶细胞和加强细胞免疫功能。

补体不是单一成分，而是由几十种成分组成的一个十分复杂的生物分子系统。参与补体激活途径的固有成分有 C1（q、r、s），C2……C9，备解素（P）、D 因子、B 因子，此外，还包括控制补体活化的成分以及补体受体等。

补体在动物血清总蛋白的含量是相当稳定的，占血清总蛋白的 10%，不受免疫的影响。但是，在不同动物血清中含量是不同的，不同鱼种，其补体含量与活性也有差异。

补体对热不稳定，哺乳动物的补体在 56℃ 的条件下，30 分钟即可被灭活，而鱼类的补体对热更为敏感，45℃ 条件下 30 分钟即可被灭活。

补体可与任何抗原抗体复合物结合而发生反应，没有特异性。在正常情况下，补体系统成分中除 C1q 外，其他均以酶原的形式存在。当某一补体成分活化后，以后的补体成分相继活化，形成“级联”酶促反应。补体系统有两条激活途径，即所谓的经典途径（classical pathway）和替代途径（alternate pathway）。

经典途径又称为 C1 激活途径。免疫复合物依次活化 C1、C4、C2、C3，形成 C3 与 C5 转化酶，这一激活途径是补体系统中最早发现的级联反应，因而称之为经典途径。整个激活过程可以分为三个阶段，即启动与识别阶段、活化阶段和攻膜阶段。

替代途径又称为 C3 激活途径、C3 旁路途径。该途径是补体系统不经 C1、C4、C2 而直接活化 C3。备解素（P）、D 因子、B 因子参与该活化过程。能激活该途径的物质除 IgG、IgA、IgD 和 IgE 免疫复合物外，还有革兰氏阴性菌的脂多糖（LPS）、酵母多糖、植物多糖、眼镜蛇毒等，这些物质可以直接活化 C3。

鱼类的补体与哺乳动物的补体一样，具有溶菌、溶细胞的作用。鱼类的补体激活系统也存在着替代途径，即备解素系统。这一途径对变温动物而言，可能更为重要，因其所处的环境可能不利于产生抗体所必需的蛋白质的合成。

③C 反应性蛋白。长期以来，已知在多种感染的急性期，出现于哺乳动物血清中的 C 反应性蛋白（CRP）具有某种保护作用。最近有研究结果已经证明，这类物质也存在于多种鱼类中。与哺乳动物不同的是，鱼类的 C 反应性蛋白是组成血清的正常成分之一。它能使多种真菌、寄生虫及细菌含有的糖基及磷脂酶分子发生沉淀，从而有助于降低病原体的毒力，使吞噬

细胞易于对其发生攻击。C反应性蛋白在琼脂扩散试验中，能像血清中的抗体一样与糖基等结合出现沉淀线。因此，在采用琼脂扩散试验诊断鱼类的疾病时，必须注意C反应性蛋白的干扰。

④干扰素。鱼类干扰素是一种主要的抗病毒感染因子，主要由巨噬细胞产生。鱼类干扰素的产生受温度的影响很大。虹鳟在接种病毒后，如在10℃的情况下，需4天后才能在体内检测到干扰素，如在15℃的情况下，则只需2天就可以检测到干扰素的产生。

⑤溶菌酶。溶菌酶是存在于鱼类的黏液、血清以及吞噬细胞中的一种水解酶。对各种微生物类的病原体具有重要的防御作用。现已证明，鲽科鱼类的嗜中性粒细胞和单核细胞的胞浆内含有溶菌酶，血清中的溶菌酶可能就来自于这些细胞。含有嗜中性白细胞、巨噬细胞多的组织，其溶菌酶的含量就更多。相反，鲽科鱼类的肝脏因缺乏枯否氏细胞（Kupffer cell），因而溶菌酶的含量就少。给鱼静脉注射墨汁后5分钟，血浆中溶菌酶的浓度则增加50%。溶菌酶的浓度、活性与水环境的温度关系密切，在夏季水温增长时，血清中的溶菌酶浓度和活性均增高。

⑥天然溶血素。鱼类血清中存在着一种小分子的蛋白质，叫天然溶血素。它可能是一种酶，能溶解外源性红细胞，例如，虹鳟血清中的天然溶血素能溶解各种异己红细胞，但是不溶解鲑科鱼类的红细胞。天然溶血素还可能具有杀菌作用。

综上所述，正是由于不同鱼类、不同个体在食性、性别、年龄、营养等状况和内分泌特点方面存在的差异，鱼体内化学物质组成也不一样，有些鱼体内环境适宜于某种病原体繁殖，因此，就容易感染这种病原体而生病，而另一些鱼体内就不一定适合这种病原体繁殖，就显示出对这种病原体感染具有抵抗能力。

属于不同种类的鱼体对同一种病原体的敏感程度不一样，在免疫学中将这种现象称为种免疫（species immunity）。例如，草鱼鱼种容易感染草鱼呼肠孤病毒，因此，草鱼鱼种会因为这种病毒的感染而发生草鱼出血病。但是，即使饲养在同一个池塘中的鲢，由于具有与草鱼不同的生理特性，则不会受到草鱼呼肠孤病毒的感染，因此，鲢就显示出对草鱼出血病具有免疫力。

一般而言，病原体在入侵鱼体的过程中会受到鱼体的黏液、鳞片、皮肤等一系列非特异性免疫防御系统的阻止。但是，因为鱼类的种类、个体生理状况不同而呈现出这种阻止能力有强有弱，当鱼体非特异性免疫系统不足以抵挡病原体入侵时，病原体的感染就可能成功，鱼体也就会呈现出疾病的症状。当鱼体的鳞片脱落、皮肤破损、黏液分泌殆尽时，都会导致鱼体防御能力降低。因此，在水产养殖过程中，采取适宜的措施，尽量保护好鱼体的这些非特异性的防御屏障，就能充分发挥鱼体的非特异性防御系统的屏障作用，避免或者减少病原体的感染而导致养殖鱼类发生疾病。

二、防治鱼类疾病的基本原则

成功地防治养殖鱼类的各种疾病，在客观上存在较防治陆地上饲养动物疾病更多的困难。首先，因为鱼类生活在水体中，处于发病初期的病鱼难以被发现。当养殖业者发现饲养的鱼类发生了疾病时，往往是在池塘水面上出现了部分死鱼的时候，而此时就意味着处于同一养殖水体中的养殖鱼类，已经有更多的个体虽然尚未死亡，但可能已经是处于病入膏肓的程度了，采取治疗措施也可能为时已晚。所以，在疾病发生的初期，难以及时发现养殖鱼类疾病就可能丧失有效治疗时机。其次，给药途径受到限制，对鱼类（尤其是已经患病的鱼类）有效给药是比较困难的。面对群体饲养的成千上万鱼体，人们是难以实现对其逐尾注射或者口灌给药的，即使采用将药物均匀拌和在饲料中投喂的所谓“口服法”给药，也难以确保每尾鱼都能摄食到足够量的药物，因为已经生病的鱼食欲会下降，甚至发生厌食情况，不会主动配合养殖业者采取的治疗行动，通常会拒绝摄食带有药物的饵料。与此相反，同池饲养的尚未受到病原体感染的鱼，却有可能大量摄食药物饵料而产生药害或者导致药物在其体内超量残留，虽然因为未受感染而无须摄食药物饵料。第三，目前我国的所谓“渔用药物”，大多是从人用药物、畜禽用药物甚至农药转化而来的，其中的大多数种类缺乏在鱼类中比较系统的药物代谢动力学和药效学研究。因此，科学使用渔用药物的基础比较差，在应用这些渔用药物治疗鱼类疾病时，往往难以获得理想的疗效。第四，以水为传播介质的水生病原体传播速度比陆地上以空气为传播介质的病原体更快，鱼类传染性疾病一旦发生，其蔓延速度往往很快，导致大量鱼体死亡给养殖业者造成很大的经济损失，特别是一些名贵的鱼类品种，需要花费很大气力才能培育出来，患病后即使病愈也可能已经失去了观赏价值和经济价值。第五，采用药物控制鱼类的疾病，不仅存在对养殖水环境造成药物污染的危险，而且药物在鱼体内的药物残留问题，直接关系到水产品的食用安全性，已经引起了社会的广泛关注。

针对鱼类疾病的特点，为了尽量减少或者避免由于疾病造成的损失，养殖业者必须掌握鱼类疾病流行规律，遵循如下鱼类疾病的防治原则，才有可能做好鱼病防治工作。

（一）防重于治

“防重于治”是防治动物、植物疾病的共同原则。但是，对于以水为饲养环境的养殖鱼类而言，养殖业者遵循“以防为主”原则具有更为重要的现实意义。原因如上所述，鱼类生病初期，养殖业者难以发现，容易耽误最佳治疗时机；没有理想的给药途径，患病鱼体不能获得足够药物量；鱼类专用的特效药物缺乏，用药后疗效比较差；一旦疾病暴发，蔓延速度快，控制已经暴发的疾病相对而言比较困难等。

因此，对于鱼类传染性疾病的防治主要依靠预防。即使发现病鱼后能进行有效的药物治疗，主要目的也只能是预防同一水体中那些尚未患病的鱼受感染和治疗病情较轻或者处于潜伏感染的鱼，病情严重的鱼是难以通过药物治疗而达到康复状态的。

（二）科学管理

养殖鱼类的良好生活环境是靠饲养者精心管理而形成的。为了保证鱼类生活在最适合的环境中，养殖业者必须了解养殖鱼类的生理特点和生活习性，根据所养殖鱼类的特点调控养殖水环境。对环境的适时调节还可以避免发生非病原体引起的疾病，如发生浮头、窒息、中毒等疾病。

鱼类的疾病在发生前总是会有一定的预兆，只要养殖业者平时在管理过程中细心观察，及时发现并及早地做出有效的调控处理，完全可以控制鱼类疾病的发生，或者把疾病造成的损失控制在最小范围内。

（三）规范用药

要做到渔药的规范使用需要涉及许多内容，主要是要从病原的鉴别、药物的筛选、环境的准确评价、养殖动物的特点、对人类健康状况和养殖水体环境的影响等方面，进行全面考虑的基础上，做到有目的、有计划和有效果地使用渔药，包括正确选药、适宜用药、合理给药和药效评价等。规范用药主要包含如下内容。

1. 严格遵守有关规定

严格遵循《兽药管理条例》中的有关规定，不得直接使用原料药，严禁使用未取得生产许可证、批准文号的药物和禁用药物，水产品上市前要严格遵守休药期。

2. 建立用药处方制度

渔药与人用药物及兽药一样，使用应该科学合理，必须有专业人士的指导和监督。我国应探索实施水产执业兽医制度，使用处方药，使渔药的使用由无序到有序、由盲目到科学。如没有兽（渔）医的处方，就不能购买抗生素等，从而在源头上杜绝在水产养殖中的抗生素滥用现象发生。

3. 正确诊断病情

（1）查明病因

在检查病原体的同时，对环境因子、饲养管理以及疾病的发生和流行情况进行调查，做出综合分析。

（2）详尽了解发病过程

了解当地疾病的流行情况和养殖管理上的各个环节，以及曾采用过的防治措施，加以综合分析，这将有助于对鱼体表和内脏的检查，从而得出比较准确的结果。

（3）调查水产动物饲养管理情况

包括清塘的药品和方法，养殖的种类、来源，放养密度，放养之前的消毒及消毒剂的种类、质量、数量；饲料的种类、来源、数量等。

（4）调查有关的环境因子

包括调查水源中有没有污染源，水质的好坏，水温的变化情况，养殖水面周围的农田施放农药的情况，底质的情况等。

（5）调查发病情况和曾经采取过的防治措施

包括发病的时间，发病的动物，死亡的情况，采取的措施等。

（6）病体检查

在养殖池内选择病情较重、症状明显，但还没有死亡或刚死亡不久的个体来进行病体检查，且每种水产动物应多检查几条。

4. 选药原则

鼓励使用国家颁布的推荐用药，注意药物的相互作用，避免配伍禁忌，推广使用高效、低毒、低残留药物，并把药物防治、生态防治和免疫防治结合起来。

（1）有效性

首先要看药物对这种疾病的治疗效果怎样。给药后死亡率的降低常是确定给药疗效的一个主要依据，但还必须从摄食率、增重率、饲料效率等方面与对照组比较有无差异，并以病理组织学证明治愈作为依据。

应依据以下几点选择抗菌素：①要根据细菌的特性，选择合适的药物的抗菌谱；②在养殖现场分离到的致病菌株进行的药物敏感性试验；③为了增强药物的针对性，要了解药物对病原菌的作用类型。

（2）安全性

渔药的安全问题也越来越引起重视。在选择药物时，既要看到它有治疗疾病的作用，又要看到其不良作用的一面，有的药物虽然在治疗疾病上非常有效，但因其毒副作用大或具有潜在的致癌作用而不得不被禁止使用。如治疗草鱼的细菌性肠炎病，通常选用抗菌药内服，而不选用消毒药内服，特别是重复多次用药时。

（3）方便性

医药和兽药大多是直接对个体用药，而渔药除少数情况下使用注射法和涂擦法外，都是间接地对群体用药，投喂药饵或将药物投放到养殖水体中进行药浴。因此，操作方便和容易掌握是选择渔药的要求之一。

（4）经济性

可从两方面考虑：①临床用药经济分析，要分析用药后病害能不能治愈，治愈后是否影响水产动物的生长、品质和销售价格等，进行综合考虑，用药是否经济。不鼓励用药，能够不用药就不用药；②选择廉价易得的药物，水产养殖由于具有广泛、分散、大面积的特点，使用药物时需要的药量比较大（尤其是药浴），应在保证疗效和安全性的原则下选择廉价易得的药物。

第二节　疾病的诊断和检查方法

一、疾病的诊断依据

目前，在我国的水产养殖现场，尚难做到通过检测患病鱼体的各项生理与病理指标而对鱼类疾病进行诊断，大多只能通过依靠肉眼对病鱼的症状和显微镜的检查结果作出确诊。养殖业者可以参照以下几条原则进行对养殖鱼类疾病的初步诊断。

（一）判断是否由病原体引起

有些养殖鱼类出现不正常的现象，并非是由于传染性或者寄生性病原体引起的，可能是由于水体中溶氧量低导致的鱼体缺氧、各种有毒物质导致的鱼体中毒等。这些非病原体导致的鱼体不正常或者死亡现象，鱼体通常都具有下列明显的症状。

1. 症状高度相似

因为饲养在同一水体的鱼类受到来自环境的应激性刺激是大致相同的，鱼体对相同应激性因子的反应也是相同的，因此，鱼体表现出的症状比较相似，病理发展进程也比较一致。

2. 急速批量死亡

除某些有毒物质引起鱼类的慢性中毒外，非病原体引起的鱼类疾病，往往会在短时间内出现大批鱼类（甚至是不同种类的）失常甚至死亡。

3. 能够快速痊愈

查明患病原因后，立即采取适当措施，症状可能很快消除，通常都不需要进行长时间治疗。

（二）依据疾病发生的季节

因为各种病原体的繁殖和生长均需要各自适宜的温度，而饲养水温的变化与季节有明显相关性，所以，鱼类疾病的发生大多具有明显的季节性。适宜于低温条件下繁殖与生长的病原体引起的疾病大多发生在冬季，而适宜于较高水温的病原体引起的疾病大多发生在夏季。

（三）依据患病鱼体的外部症状和游动状况

虽然多种传染性疾病均可以导致鱼类出现相似的外部症状，但是，不同疾病的症状也具有不同之处，而且患有不同疾病的鱼类也可能表现出特有的游泳状态。如鳃部患病的鱼类一般均会出现浮头的现象，而当鱼体上有寄生虫寄生时，就会出现鱼体挤擦和时而狂游的现象。

（四）依据鱼类的种类和发育阶段

因为各种病原体对所寄生的对象具有选择性，而处于不同发育阶段的各种鱼类由于其生长环境、形态特征和体内化学物质的组成等均有所不同，对不同病原体的感受性也不一样。所以，属于温水性鱼类的鲫或者鲤的有些常见疾病，就不会在冷水鱼的饲养过程中发生，有些疾病在幼鱼中容易发生（如草鱼鱼种阶段的出血病），而在成鱼阶段就不会或者较少出现。

（五）依据疾病发生的地区特征

由于不同地区的水源、地理环境、气候条件以及微生态环境均有所不同，导致不同地区的鱼类病原区系也有所不同。对于某一地区特定的饲养条件而言，经常流行的疾病种类并不多，甚至只有1~2种，如果是当地从未发现过的疾病，患病鱼也不是从外地引进的话，一般情况下都是需要重新诊断、确认的。

（六）依据当时鱼类所处的环境因素

鱼类疾病的发生与流行，大多与当时的养殖环境条件有关。所以，对养殖环境（尤其是养殖池水的水化学因子等）进行比较详细的了解，有助于对鱼类疾病作出正确的诊断。

二、疾病的检查与确诊方法

（一）检查鱼病的工具

对鱼类的疾病进行检查时，需要用到一些器具，养殖业者也可以根据具体情况购置。对于养殖规模较大的鱼类养殖场和专门从事水产养殖技术研究与服务的机构和人员，均应配置解剖镜和显微镜等，有条件的还应该配置部分常规的分离、培养病原菌的设备，以便解决准确诊断疑难病症的问题。即使个体水产养殖业者，也应该准备一些常用的解剖器具，诸如放大镜、解剖剪刀、解剖镊子、解剖盘和温度计等。

（二）检查鱼病的方法

用于检查疾病的鱼类，最好是既具有典型的病症又尚未死亡的鱼体，死亡时间太久的鱼体一般不适合用作疾病诊断的材料。

做鱼病检查时，可以按从头到尾，先体外后体内的顺序进行，发现异常的部位后，进一步检查病原体。对于个体较大的病原体肉眼即可以看见，如锚头鳋、中华鳋、鱼鲺等。还有一些病原体因为个体较小，肉眼难以辨别，需要借助显微镜或者分离培养，如车轮虫、细菌和病毒性病原体。

1. 肉眼检查

对鱼体的肉眼检查主要包括以下四个方面。

①观察鱼体的体型，注意其体型是瘦弱还是肥硕，体型瘦弱往往与慢性型疾病有关，而体型肥硕的鱼体大多是患的急性型疾病；鱼体腹部是否鼓胀，如出现鼓胀的现象，应该查明鼓胀的原因究竟是什么。此外，还要观察鱼体是否有畸形。

②观察鱼体的体色，注意体表的黏液是否过多，鳞片是否完整，机体有无充血、发炎、脓肿和溃疡的现象出现，眼球是否突出，鳍条是否出现蛀蚀，肛门是否红肿外突，体表是否有水霉、水泡或者大型寄生物等。

③观察鳃部，注意观察鳃部的颜色是否正常，黏液是否增多，鳃丝是否出现缺损或者腐烂等。

④解剖后观察内脏。若是患病鱼比较多，仅凭对鱼体外部的检查结果尚不能确诊时可以解剖1~2尾鱼检查内脏。解剖鱼体的方法是：从肛门进剪，沿着鱼体侧线上沿剪开腹壁的一侧，从腹腔中取出全部内脏，将肝胰脏、脾脏、肾脏、胆囊、鳔、肠等脏器逐个分离开，逐一检查。特别是要注意检查肝胰脏有无淤血，消化道内有无饵料，肾脏的颜色是否正常，鳔壁上有无充血发红，腹腔内有无腹水等。

2. 显微镜检查

在肉眼观察的基础上，在体表和体内出现病症的部位，用解剖刀和镊子取少量组织或者黏液，置于载玻片上，加1~2滴清水（从内部脏器上采取的样品应该添加生理盐水），盖上盖玻片，稍稍压平，然后放在显微镜下观察。特别应注意对肉眼观察时有明显病变症状的部位作重点检查。显微镜检查特别有助于对原生动物等微小的寄生虫引起疾病的确诊。

需要特别注意的是，生活在水体中的各种鱼类，身体内外或多或少都会带有几种乃至数种寄生虫。当人们采用显微镜系统地检查鱼体上的寄生虫时，一般总是可以发现一些。不过，检查者即使发现鱼体上有少量寄生虫寄生，也并不能表明这尾鱼就是患了寄生虫病，而是只能表明这尾鱼已经是某种寄生虫的“带虫者”。鱼体上带有少量寄生虫并不影响其正常的生理状况，也就无需采用杀虫药物杀灭这些对鱼体未产生危害的寄生虫。

（三）确诊

正确诊断疾病，是有效治疗疾病的前提。根据对患病鱼体检查的结果，结合各种疾病发生的基本规律，基本上就可以明确疾病发生原因而作出准确的诊断了。需要注意的是，当从鱼体上同时检查出两种或者两种以上的病原体时，如果两种病原体是同时感染的，即称为并发症；若是先后感染的两种病原体，则将先感染的称为原发性疾病，后感染的称为继发性疾病。对于并发症的治疗应该同时进行，或者选用对两种病原体都有效的药物进行治疗。由于继发性疾病大多是原发性疾病造成鱼体损伤后发生的，对于这种状况，应该找到主次矛盾后，依次进行治疗。

对于症状明显、病情单纯的疾病，凭肉眼观察即可作出准确的诊断。但是，对于症状不明显、病情复杂的疾病，就需要做更详细的检查方可作出准确的诊断。当遇到这种情况时，应该委托当地水产研究部门的专业人员协助诊断。

当由于症状不明显，无法作出准确诊断时，也可以根据经验采用药物边治疗，边观察，进行所谓治疗性诊断，积累经验。

第三节　常用渔药及其相关知识

“药到病除”是防治鱼病的理想结果。由于渔用药物具有广谱抗菌作用等原因，一种疾病可以选用多种药物治疗，一种药物也可能用来治疗多种疾病。因此，在正确诊断鱼病的前提下，选择适宜的药物做到对症用药，这是科学、合理地选用外用和内服渔用药物并达到有效治疗养殖鱼类疾病的关键。从实用的角度出发，可以将常用渔用药物分为外用和内服两大类。需要注意的是，只有少量的渔用药物是既可外用也可以内服的，如部分中草药。现将主要渔用药物的特性和使用方法简介如下。

一、外用药物

（一）消毒杀菌剂

为了调节养殖环境和消灭水体中病原微生物，在鱼类的养殖过程中，采用消毒剂对养殖池塘、养殖水体、工具、养殖动物苗种、饵料以及食台等进行消毒，是预防鱼类各种传染性疾病的发生和流行的重要措施之一。消毒剂是可以作为水产养殖过程中预防疾病时使用的药物。

在水产养殖中，理想的消毒剂应该是杀菌力强、价格低、无腐蚀性、适宜长期保存、对水产养殖动物没有毒性或者毒性比较小、无残留或者对养殖水环境无污染的化学药品。尤其值得注意的是，在选择水产养殖用消毒剂时，还应该注意尽量选择使用后毒性作用消失比较快的消毒剂。这是因为如果所使用的消毒剂的消毒效力在养殖水体中长期保持，不利于对养殖水体中浮游生物等的培育。

我国长期以来在水产养殖实际生产中使用的消毒剂的种类很多。以前有些养殖业者甚至还错误地采用各种农药（如五氯酚钠、敌百虫等）作为水产养殖消毒剂，其实采用这些药物除了能杀灭水体中部分水生生物（当然也包括鱼类和部分寄生虫）外，对消毒的主要对象，即各种致病微生物（如细菌、病毒和真菌等）是没有杀灭作用的。也就是说，这些药物原本就不是消毒剂，不能起到对养殖水体中病原微生物的杀灭作用，难以达到真正消毒的目的。

在水产养殖过程中，人们使用比较多的是卤族类消毒剂，即漂白粉、三氯异氰尿酸和溴氯海因等。需要注意的是，这些消毒剂虽然具有价格低廉、用量较少和消毒效果较好等特点，但是，也存在病原菌易产生耐药性和在消毒作用过程中产生三卤甲烷（THMs）等具有致癌作用物质的问题。因此，多次在同一个水体中使用这些制剂作为水产养殖用消毒剂，无疑也是对养殖水环境存在负面作用的。

对水产养殖动物及其养殖场所进行消毒，与对陆生的饲养动物和饲养场所的消毒有许多不同的要求。因为在水产养殖过程中用药物消毒大多是采用全池泼洒和浸浴的方式，与在陆地上采用药物消毒相比，药物更容易扩散，如果用药不当的话，药物对于环境的影响可能更为严重。

1. 漂白粉

漂白粉（bleaching powder）又称含氯石灰、氯化石灰，是将氯气通入消化石灰中而制成的混合物，主要成分为次氯酸钙（22%~36%）、氯化钙（29%）、氧化钙（10%~18%）、氢氧化钙（15%）及水（10%）。通常以 $Ca(ClO)_2$（次氯酸钙为有效成分）代表其分子式。由于其生产方便、价格低廉，是国内目前常用的消毒剂之一。

【性状】漂白粉为白色颗粒状粉末，有氯臭，能溶于水，溶液混浊，有大量沉渣。其水溶液呈碱性，pH 值随浓度增加而升高。含有效氯 25%~32%（质量分数）。稳定性较差，遇日光、热、潮湿等分解加快，在空气中逐渐吸收水分与二氧化碳而分解，在一般保存过程中，有效氯每月可减少 1%~3%。

【作用与用途】漂白粉是目前水产养殖中使用较为广泛的消毒剂和水质改良剂。漂白粉溶于水后产生次氯酸和次氯酸根，次氯酸又可放出活性氯和初生态氧。从而对细菌、病毒、真菌孢子及细菌芽孢有不同程度的杀灭作用。此外，因漂白粉中含有大约 15%的氢氧化钙，可适当调节池水的 pH 值，同时氢氧化钙在水中形成絮状沉淀，可以吸附部分有机物和胶质，使池水得到改良。

【用法与用量】①清塘消毒。干池清塘，漂白粉用量为 10~30 克/米^2；带水清塘，用量为 20 克/米^{3}水体，全池遍洒。可杀灭细菌、寄生虫等病原体，同时也可消除野杂鱼和其他敌害生物。清塘后 4~5 天药性消失，即可注入新水，放养水产动物。

②养殖水体消毒。在疾病流行季节（4—10 月），有计划地针对不同养殖对象采用不同的消毒方法。一般分为全池泼洒法和挂袋法。

对于鲤科鱼类细菌性疾病的防治用量为水体药物浓度 1~2 毫克/升，全池遍洒；在食场周围通常采用挂袋方法进行细菌性疾病的预防和治疗，挂袋的多少视池塘大小和养殖数量而定。通常在食场周围挂袋 3~6 个，每个袋内装漂白粉 100~150 克。

对虾弧菌病的预防和治疗：在流行病季节定期泼洒漂白粉，每个月 2~3 次，使用剂量为 1 毫克/升（含有效氯 30%）。

罗非鱼细菌综合征：全池遍洒漂白粉，使池水药物浓度为 1 毫克/升。

中华鳖腐皮病、疖疮病、红底板病等细菌性疾病：使用浓度为 1.5 毫克/升的漂白粉水溶液药浴，每天 1 次，连用 2~3 天。

紫菜丝状体黄斑病的治疗：使用浓度为 2~3 毫克/升的漂白粉水溶液。

③机体消毒。鱼种、蟹种使用浓度为 10~20 毫克/升的漂白粉（含有效氯 30%）水溶液药浴 10~30 分钟，可杀灭体表及鳃上的细菌；对于中华鳖体表消毒，可使用浓度为 10 毫克/升的漂白粉水溶液药浴 1~5 个小时。

④养殖场所和工具消毒。木制或塑料工具可用 5%漂白粉水溶液浸洗消毒，然后清水洗净后再使用；养殖场所的过道、饲料加工车间也可用 5%漂白粉水流喷洒消毒。

⑤饲料消毒。对投喂的水草应清洁、新鲜。在疾病流行季节可对水草进行消毒，使用浓度为 6 毫克/升的漂白粉水溶液浸

泡 20～30 分钟，再用清水冲洗后投喂。可预防肠道疾病的发生。

【注意事项】①市售漂白粉含有效氯一般为 25%～32%，若含量低于 15%则不能使用。

②用时正确计算用药量，现用现配，它对物品有漂白和腐蚀作用，避免使用金属器皿。

③保存时应密闭贮存于阴凉干燥处，避免日光、热和潮湿环境。

④使用时忌与酸、铵盐、硫磺和大多有机化合物配伍。

⑤安全浓度。虾在充气条件下为 10 克/米^{3}水体，淡水白鲳在水温 20℃以上时为 0.699 克/米^{3}水体，加州鲈鱼苗为 1.2 克/米^{3}水体，中华鳖稚鳖为 35.9 克/米^{3}水体。

⑥有机物的存在可消耗有效氯，影响其杀菌作用。

2. 二氧化氯

近年来，对二氧化氯（chlorine dioxide）的研究和应用日益增多，目前认为将其作为水产养殖用消毒剂具有独特优点：①能杀灭水体中病原菌和病毒；②消毒作用不受水质酸碱度影响；③水中余氯稳定、持久，防止再污染能力强；④水中含氨时不会降低其氧化和消毒作用等；⑤脱色去味效果好，特别是酚臭控制作用强；⑥沉淀铁和锰的效能比率强；⑦可减少水中三卤甲烷等有害物质的形成。

【性状】二氧化氯在常温下为黄色气体，密度在气温 11℃时为 3.09 克/升，熔点为-59.5℃，沸点在大气压 997 457 Pa 时为 9.9℃，在 4℃的冷水中溶解度为 20 000 厘米^3/升，在室温 4 000 Pa 压力下，二氧化氯在水中可溶解 2.9 克/升，在热水中二氧化氯分解成 $HClO_2$、Cl_2和 O_2。二氧化氯的水溶液遇光分解，二氧化氯可用水溶解，制成无色、无味、无臭和不挥发的稳定性液体，即稳定二氧化氯溶液。当 ClO_2 的浓度为 2%以上时，其消毒作用不受环境水质、pH 值等变化的影响。

【作用与用途】本品为广谱杀菌消毒剂、水质净化剂。二氧化氯有很强的杀菌作用，在 pH 值为 7 的水中，不到 0.1 毫克/升的剂量 5 分钟内能杀灭一般肠道细菌等致病菌。在 pH 值为 6~10 范围内，其杀菌效果不受 pH 值变化的影响。二氧化氯对水中病毒的灭活作用比一般消毒剂强，这可能是由于它的分子和病毒的衣壳蛋白之间有吸附作用，致使病毒颗粒表面聚集了高浓度的消毒剂分子，从而加强了它的消毒效果。因此，在水产养殖中主要用于杀灭细菌、芽孢、病毒、原虫和藻类。

二氧化氯的杀菌效力随着温度的降低而减弱，但不受水质 pH 值变化的影响。二氧化氯不仅溶解度是氯的 5 倍，而且溶于水后不发生水解。这使其对水质 pH 值的变化比氯有更强的适应性，特别适用于碱性较高的水源消毒。同时，其杀菌作用不受水中氨的影响，还可分解水中的肉毒杆菌毒素。

【用法与用量】在水产养殖中的水体消毒时，一般使用剂量为 0.1~0.2 毫克/升的二氧化氯，全池泼洒。防治对虾病毒病一般使用 0.2~0.3 毫克/升的二氧化氯，全池泼洒，鱼种消毒使用浓度为 0.2 毫克/升，浸洗 5~10 分钟；养殖环境和工具等的消毒，可将二氧化氯溶液稀释 500 倍喷雾即可。在使用前用原液 10 份与柠檬酸活化 3~5 分钟，然后再使用。

【注意事项】①本品见光易分解，因此应保存在通风、阴凉、避光处。

②使用塑料、玻璃器皿溶解，稀释、活化二氧化氯忌用金属容器。

③不可与其他消毒剂混合使用。

④户外消毒不宜在阳光下进行。

⑤其杀菌效力随温度的降低而减弱。

3. 三氯异氰尿酸

三氯异氰尿酸（trichloroisocyanuric acid，TCCA）又名强氯精。

【性状】本品为白色粉末，有微氯臭，微溶于水，遇水、稀酸或碱都能分解成异氰尿酸和次氯酸，并释放出游离氯，其水溶液呈酸性。本品有效氯含量在90%以上。

【作用与用途】广谱杀菌消毒剂，对细菌繁殖、病毒、真菌孢子及细菌芽孢都有较强的杀灭作用。同时还具有杀藻、除臭、净化水质的作用。在水产养殖上主要用于水体消毒、养殖场所消毒、工具等的消毒。并可防治多种细菌性疾病。

【用法与用量】①用于清塘消毒，带水清塘，全池泼洒，一次量，每立方米水体，45%三氯异氰尿酸5.0~10.0克。可杀死池中的野杂鱼、螺蛳、蚌和水生昆虫等。在水温20℃的环境中，使用本品5天后药效基本消失，就可以放鱼饲养了。

②工具和养殖场周围环境消毒，可以将45%三氯异氰尿酸钠配制成0.5%的溶液，浸浴工具或对养殖场周围环境进行喷洒消毒。

③养殖水体消毒，全池泼洒，一次量，每立方米水体，45%三氯异氰尿酸0.3~0.4克。连用2次效果较好。对中华鳖的常见病，如腐皮病、白底板病、红脖子病及鳃腺炎以及鱼类细菌性疾病，如烂鳃病、烂尾病、鳗鲡爱德华菌病、淡水鱼类细菌性败血症具有防治效果。

【注意事项】①产品要保存于干燥通风处。

②不能与碱类物质混存或合并使用。

③不要与油类混合，不能使用金属器皿配制药液。

4. 次氯酸钠溶液

次氯酸钠溶液（odium hypochlorite solution）即为次氯酸钠的水溶液。含有效氯（Cl）不得少于7.0%（克/毫升）。

【性状】本品为黄绿色澄清液体。

【作用与用途】用于养殖水体、养殖器具的消毒灭菌。防治鱼、虾、蟹等水产养殖动物的出血、烂鳃、腹水、肠炎、疖疮、腐皮等细菌性疾病。

【用法与用量】用清水将本品稀释300~500倍，全池遍洒。

①治疗：全池遍洒，一次量，每立方米水体，0.050~0.075克（以有效氯计，每亩[①]每米水深用本品670~930毫升）。每2~3天1次，连用2~3次。

②预防：同治疗量，每隔15天1次。

【注意事项】①次氯酸钠受环境因素影响较大，因此，使用时应特别注意环境条件，在水温偏高、pH值较低、施肥前使用效果更好。

②本品有腐蚀性，勿用金属器皿盛装，会伤害皮肤。

③养殖水体，水深超过2米时，按2米水深计算用药。

③包装物用后集中销毁。

5. 溴氯海因

溴氯海因（1-bromo-3-chloro-5，5-dimethyl hydantion）为类白色或淡黄色结晶性粉末或颗粒，有次氯酸的刺激性气味。

【药理作用】在水中能够不断的释放出Br^-和Cl^-形成次溴

---

① 亩为非法定计量单位，1亩≈666.7平方米，1公顷=15亩，以下同。

酸和次氯酸，将菌体内的生物酶氧化分解而失效，起到杀菌作用。

【作用与用途】用于养殖水体消毒，防治鱼、虾、蟹、鳖、贝、蛙等水产养殖动物由弧菌、嗜水气单胞菌、爱德华菌等引起的出血、烂鳃、腐皮、肠炎等疾病。

【用法与用量】用1 000倍以上的水稀释后泼洒。

①预防：一次量，每立方米水体，0.03~0.04克（以溴氯海因计），每15天1次。

②治疗：一次量，每立方米水体，0.03~0.04克（以溴氯海因计），1天1次，连用2天。

【注意事项】①勿用金属容器盛装。

②缺氧水体禁用。

③水质较清，透明度高于30厘米时，剂量酌减。

④苗种剂量减半。

6. 氧化钙

氧化钙（calcium oxide）又称生石灰。

【性状】本品为白色或灰白色的硬块，无臭，在空气中易吸收水分和二氧化碳而潮解，渐渐变成粉末状的碳酸钙而失去杀菌效果。

【作用与用途】本品在水产养殖上是使用十分广泛的消毒剂和环境改良剂，还可清除部分敌害生物。氧化钙与水混合时生成的氢氧化钙并放出大量热，能快速溶解细胞蛋白质膜，使其丧失活力，从而杀死池中的病原体和残留于池中的敌害生物等。对大多数繁殖型病原菌有较强的消毒作用。氧化钙的消毒作用强弱与解离的氢氧根离子浓度有关。同时本品能提高水体的碱度，调节池水pH值，能与铜、锌、铁、磷等结合而减轻水体毒性，中和池内酸度。因 Ca^{2+} 浓度的增加，可提高水生植物对磷的利用率，促进池底厌氧菌群对有机质的矿化和腐殖质分解，使水中悬浮的胶体颗粒沉淀，透明度增加，有利于浮游生物生长，调节养殖生态环境。由于 CaO、$Ca(OH)_2$ 和 $CaCO_3$ 的共同作用，提高池底的通透性，既改善池底环境又增加钙含量，为动植物提供必不可少的营养物质。

【用法与用量】(1) 清塘消毒

①干法清塘。在苗种放养前 2~3 周的晴天进行。在池中留水 6~10 厘米，在池底的各处掘若干个小潭，小潭的多少及其间距，以能泼洒遍及全池为度。将本品放入小潭中，溶解后不待其冷却即向周围遍洒，务必使全池都能泼到。第二天再用泥耙将淤泥与石灰浆调和一下，使石灰与塘泥充分混合，达到除野的目的。使用量一般为 60~150 克/$米^2$，可迅速清除野鱼、大型水生生物、细菌，尤其是致病菌。对虾池底泥中的弧菌杀灭可达 80.0%~99.8%，24 个小时内 pH 值达 11 左右。

②带水清塘。一般水深 1 米用量为 400~750 克/$米^2$。具体视淤泥多少、土质酸碱度等而定。带水清塘可以避免清塘后加水时又将病原体及敌害生物随水带入，效果较好。

(2) 疾病的防治

在疾病流行季节，每月全池遍洒本品1~2 次，可预防水产养殖动物体表细菌、真菌和藻类病，同时可杀灭部分池中的致病菌。

①在柱状纤维黏细菌、细菌性败血症或嗜酸性卵甲藻病流行的季节，每月用本品全池泼洒 1~4 次，浓度为 20~30 毫克/升，有较好的防治作用。

②在池塘循环水养鱼中，每隔 10~15 天交替使用上述剂量的本品和 1 毫克/升浓度的漂白粉，有防病作用。

③用20毫克/升浓度本品，连用2天，隔1天再加5毫克/升浓度的食盐，可治疗草鱼烂鳃病，并抑制出血病。

④用15~30毫克/升浓度遍洒，每月施用1次，可改良水质，控制NH_4^+和NO_2^-含量，从而预防氨类细菌性败血症的发生和流行。

⑤用10~15毫克/升浓度，可改善养鳗鲡池的水质。

⑥用15~20毫克/升浓度，可除去水中铁离子和其他胶态物质。

⑦水中蓝绿藻过多时，可用25~30毫克/升浓度泼洒，有较好的抑制效果。

⑧将生石灰磨成粉均匀撒于青苔上，可使青苔连根烂掉，使用量视青苔多少而定，但要特别注意腐烂的青苔大量耗氧，会引起池塘缺氧。

⑨对虾池用15~30毫克/升浓度，可使池水的pH值达到8.2~9.0，使用本品后7~10天可使95%以上的对虾在24个小时内蜕壳，避免了互相蚕食，并使水中含菌总量从每毫升6 600个下降到900个，其中弧菌由125个下降到10个；使水中80%~90%的絮状物吸附沉淀，改善底质。

⑩每隔5~15天用15~40毫克/升浓度全池泼洒1次，可防治河蟹烂鳃病、蜕壳不遂症、着毛症、青苔着生或某些中毒症，并可维持其微碱性、溶氧充足、水质清新的生活环境，有利于河蟹幼体生长。

⑪每隔4~5天用25~50毫克/升浓度水体遍洒1次，或浸浴20分钟，可洗净患水霉的病灶，将患病鳖放入箱内用沙埋没，放在太阳下晒30~60分钟，可防治水霉病、穿孔病和白斑病。

⑫在温室养鳖的氨中毒症可用大量换水和30毫克/升浓度

遍洒进行治疗。

⑬在育珠蚌的疾病流行季节，每隔 15 天用本品 10～45 毫克/升浓度遍洒 1 次，经常注入新水，可防治烂鳃病和蚌瘟病。

⑭使用多年的紫菜等海藻类附着器具用 2%～3%溶液浸泡 1～2天，再用淡水清洗，太阳曝晒，干燥储藏，对海藻养殖中绿藻孳生有防治作用。

【注意事项】本品易在空气中吸收水和二氧化碳而潮解，潮解后效果减低。应注意防潮，最好现用现配，在晴天用药，不宜久储。

7. 蛋氨酸碘粉

蛋氨酸碘粉（methionine iodine powder）为红棕色粉末。

【作用与用途】用于水体和对虾体表消毒，预防对虾白斑病。

【药理作用】本品为蛋氨酸与碘的络合物。在水中释放游离的分子碘而起杀微生物作用，碘具有强大的杀菌作用，也可杀灭细菌芽孢、真菌、病毒、原虫。碘主要以分子（I_2）形式发挥作用，其原理可能是碘化和氧化菌体蛋白的活性基因，并与蛋白的氨基结合而导致蛋白变性。由于碘难溶于水，在水中不易水解形成碘酸。在碘水溶液中具有杀菌作用的成分为元素碘（I_2）、三碘化物的离子（I^{3-}）和次碘酸（HIO），其中 HIO 的量较少，但杀菌作用较强；在碱性条件下，反之，碘在水中的溶解度很低，且有挥发性，但在有碘化物存在时，因形成可溶性的三碘化合物，碘的溶解度增高数百倍，又能降低其挥发性。故在配制碘溶液时，常加适量的碘化钾，以促进碘在水中的溶解。

【用法与用量】拌饵投喂：每 1 000 千克饲料，以本品计，对虾用 100~200 克，每天 1~2 次，2~3 天为 1 个疗程。

【注意事项】勿与维生素 C 类强还原剂同时使用。

8. 聚维酮碘

聚维酮碘（betadine；povidone-iodine，PVP-I）又名聚乙烯吡咯烷酮碘。化学名称为 1-乙烯基-2-吡咯烷酮均聚物与碘的复合物。

【性状】本品为黄棕色至红棕色无定形粉末，在水或乙醇中溶解，溶液呈红棕色，酸性。在乙醚或氯仿中不溶。含有效碘（I）应为 9%~12%。

【作用与用途】本品是由分子碘与 PVP 结合而成的水溶性、能缓慢释放碘的高分子化合物，两者间保持动态平衡。与纯碘相比，其毒性小，溶解度高，稳定性较好。其杀菌活性是通过表面活性剂 PVP 提供的对菌膜的亲和力，将其所载有的碘与细胞膜和细胞质结合，使巯基化合物、肽、蛋白质、酶和脂质等氧化或碘化从而实现的。一般在较低浓度下使用，杀菌力反而强。为广谱消毒剂，对大部分细菌、真菌和病毒等均有不同程度的杀灭作用，主要用于鱼卵、水生动物体表消毒。

【用法与用量】①预防草鱼出血病，浸浴，一次量，每立方米水体，聚维酮碘 60 克，15~20 分钟。

②鲑鳟鱼卵消毒防病，浸浴，一次量，每立方米水体，聚维酮碘 60~100 克，15 分钟，对 IHV 和 IPN 病毒以及细菌、真菌等病原体有杀灭作用。

③鳗鲡烂鳃病治疗，浸浴，一次量，每立方米水体，聚维酮碘 0.8~1.5 克，24 个小时，连续 2 次。

④治疗寄生有水霉菌的虹鳟亲鱼，直接在病灶上用 1%聚维

酮碘涂抹。

⑤用3%聚维酮碘滴片，可提高珍珠品质。

【注意事项】①密闭遮光保存于阴凉干燥处。

②其杀菌作用因池水的有机物会抑制碘的作用，所以一般实际使用剂量往往提高。使用者应根据池水中有机物的数量而适当提高药物使用量。

（二）杀虫药物

1. 氯化钠

氯化钠（sodium chloride）又称食盐。

【性状】本品为无色、透明的立方形结晶或白色结晶状粉末，无臭，味咸。易溶于水，水溶液显中性反应，在乙醇中几乎不溶。有杂质时易潮解。

【作用与用途】用作消毒剂和杀菌剂、杀虫剂。其水溶液可用作高渗剂，通过药浴法改变病原体或其附着生物的渗透压，使细胞内液体发生平衡失调而死亡或从固着处脱落。主要用于防治细菌、真菌或寄生虫等疾病。

【用法与用量】用浓度为1%~3%的氯化钠溶液浸泡淡水鱼种5~20分钟，可防治烂鳃病、白头白嘴病、赤皮病、竖鳞病、鳗鲡烂尾病、牛蛙红腿病、河蟹甲壳溃疡病、真菌病等。其浸浴时间长短主要随水温高低而定。鳗鲡苗入池前用浓度为0.8%~1.0%的氯化钠溶液浸浴2个小时有防病作用；用浓度为0.5%~0.7%的氯化钠全池遍洒可防治鳗鲡烂鳃病、烂尾病、体表溃疡病、水霉病等。虹鳟水霉病防治，幼鱼用1.0%的食盐浸浴20分钟，成鱼用2.5%的食盐浸浴10分钟。鳜水霉病防治用1.0%食盐加食醋数滴浸浴病鱼5分钟有较好的效果。鲢、鳙细菌性败血症用2.0%的食盐浸浴5~10分钟可杀菌和促进伤口愈合。

在淡水鲳越冬期间，越冬池的盐度控制在0.5%左右，可防治白皮病；3.0%~5.0%全池遍洒可防治罗非鱼水霉病、红头病及烂鳍病；与小苏打（碳酸氢钠）合用，即0.4%浓度的食盐加0.4%浓度的小苏打混合泼洒，可治疗水霉病、竖磷病。

使用浓度为0.03%的食盐全池泼洒，可抑制车轮虫病；用2%浓度的食盐浸洗鱼卵15分钟或3%浓度的食盐浸洗5分钟，均可有效地杀灭鳃隐鞭虫、车轮虫和部分舌杯虫。用1%浓度的食盐浸洗鱼卵10分钟，可杀灭附着在鱼卵表面的累枝虫和钟形虫；用3%~4%浓度的食盐，消毒鱼种5分钟，可杀灭纤毛虫、鞭毛虫及嗜子宫线虫等；用3%浓度的食盐浸洗30分钟，可杀灭鱼鲺；用1%浓度的食盐浸洗病鱼30分钟，可使50%的钩介幼虫脱落。

治疗蛙红腿病和蝌蚪出血病、赤皮病可用10%的食盐浸浴10~20分钟；在水体中使用浓度为3~5毫克/升的食盐可防治蝌蚪气泡病；2%~5%的食盐浸泡病蛙10~15分钟可治疗棘胸蛙烂嘴病。

龟鳖用3%~5%的食盐浸浴2~10分钟，可防治白斑病、绿毛龟颈部溃疡病及水霉病；3%~10%的食盐浸浴病蟹3~5分钟，连续1周，防治蟹步足溃疡病、烂肢病和真菌病。

淡水育珠蚌的烂斧足病防治，可先把病蚌双壳上的污物和藻类洗去，再用3%的食盐浸浴15分钟。

由亚硝酸盐中毒引起的鲫、鲴、罗非鱼等褐血病一般可用25~50克/米^{3}水体的食盐进行防治。用药前应先测池水中氯化物、亚硝酸盐浓度及池水体积，并按下述公式1和公式2计算实际用量。施药后约24个小时，可使褐血病得到缓解。

公式1：氯化物加入浓度（毫克/升）=6×水中亚硝酸盐浓

度（毫克/升）-水中氯化物浓度（毫克/升）；

公式2：氯化物实际用量（克）= 池水面积（米^2）×平均水深（米）×氯化物加入浓度（毫克/升）。

【注意事项】①在药物贮存过程中注意密封保存，防潮。

②用本品药浴时，不宜在镀锌容器中进行，以免中毒。

③不同养殖鱼类鱼苗对盐度的耐受力不同。对淡水鱼要严格控制其用量和浸浴时间。用2.2%浓度的食盐浸泡罗非鱼开始死亡时间为180分钟、荷元鲤为135分钟；草鱼和鲢在2.0%浓度的食盐中开始死亡时间为120分钟；2.1%浓度的食盐浸浴，草鱼开始死亡时间为100分钟、鲢为75分钟。在水温20~25℃条件下，对淡水白鲳的安全浓度为10~40毫克/升。对淡水驯养鳗鲡，其使用浓度和时间要谨慎，同时盐分易使体表黏液消失时，应认为已使其抵抗力降低。对体弱的鳗鲡，不适当的浓度可引起摄食不良、浮头等，还可因盐分过高促使水质不断发生变化，此时要交换水体，控制投饵量。鲤可生活在食盐浓度为1.7%的水体中。

2. 硫酸铜

硫酸铜（copper sulphate）又被称为蓝矾。

【性状】本品为深蓝色的三斜系结晶或蓝色透明结晶性颗粒，或结晶性粉末。无臭，具金属味，在空气中易风化，可溶于水（1∶3）和甘油（1∶3），微溶于乙醇（1∶500）。水溶液呈酸性（5%水溶液pH值为3.8）。

【作用与用途】本品中的铜离子与蛋白质中的巯基结合，干扰巯基酶的活性，因而对病原体有杀灭作用，同时还可阻碍虫体的代谢或和虫体的蛋白质结合成蛋白盐而有较强的杀灭作用，可杀灭寄生于鱼体上的鞭毛虫、纤毛虫、吸管虫以及指环虫等。对伤口也有收敛作用。本品除了用作杀虫剂和控制藻类生长，还可杀灭真菌和某些细菌，如水霉病、丝状细菌病和柱状纤维黏细菌病等。

【用法与用量】①浸浴：对于鱼等水生动物，温度为15℃时，可用8克/米^{3}水体的硫酸铜浸浴20~30分钟，可防治鱼种口丝虫、车轮虫病和河蟹的蟹奴病等；对鳖等水生动物（如防治鳖钟形虫病），硫酸铜的用量可提高到10克/米^{3}水体。

②泼洒：防治鱼类的原虫病，常用0.5克/米^{3}水体硫酸铜与0.2克/米^{3}水体的硫酸亚铁全池遍洒，或仅用0.7克/米^{3}水体的硫酸铜全池遍洒。若治疗虾、蟹拟阿脑虫病，其全池遍洒用量可提高到1克/米^{3}水体。防治淡水鲳的原虫病，可用1.5克/米^{3}水体全池遍洒。

③食场挂袋：每个食台挂3袋，每袋装本品100克，但用药的总量不应超过全池泼洒药的剂量；发病季节，每周使用1次。

用500毫克/升浓度浸浴30秒，可防治虹鳟VHS病（病毒性出血性败血症）和柱状软骨球菌病、烂鳍病。用500毫克/升浓度浸浴1~2分钟，每隔48个小时浸浴1次，经3~4次药浴后，可治愈虹鳟某种低温性柱状纤维黏细菌病。用2毫克/升浓度浸浴2个小时，再用海水冲洗，隔天重复1次，也可用0.5~1.0毫克/升浓度全池遍洒，治疗石斑鱼的白斑病和其他海水鱼的淀粉卵状甲藻病。预防鳗鲡的鳃霉病用0.7毫克/升浓度全池遍洒，连续用药2天。用1毫克/升浓度全池遍洒防治鲻鱼水霉病。对虾养成期间，用0.5~1.0克/米^{3}水体浸浴24个小时后，大量换水，并施肥（最好为有机肥）。用1.0~1.5毫克/升浓度可防治甲壳类藻类附生病、黑鳃病、丝状细菌病引起的黄鳃病和烂鳃病等。用5毫克/升浓度浸浴1~3分钟，防治对虾卵水霉病。用硫酸铜水溶液浸洗病蛙，并结合服抗菌药物，可治疗牛蛙红腿病。在发病季节每隔10天使用硫酸铜与硫酸亚铁合剂（5：2）1次，可预防或治疗某些轻度的细菌性和寄生虫性鱼病。用硫酸铜与金霉素分别以0.5~2.0毫克/升浓度与0.5毫克/升浓度全池遍洒，5~8个小时后进水，防治对虾黑鳃病和丝状细菌病。硫酸铜还可与下列药品混合使用：与漂白粉（含有效氯30%）分别以8克/米^{3}水体与10克/米^{3}水体配成合剂，浸浴鱼种20~30分钟（10~15℃）或15~20分钟（15~20℃），可防治水生动物的原虫病；与金霉素分别以0.5~2.0克/米^{3}水体与0.5克/米^{3}水体全池遍洒，5~8个小时后进水，防治对虾纤毛虫病；与生石灰配成波尔多液（用硫酸铜0.675克/米^{3}水体和生石灰15克/米^{3}水体，两者分别溶解后对冲混合），并立即全池遍洒，可防治多种寄生虫病。

【注意事项】①硫酸铜有一定的毒副作用，如引起引起水生动物的骨骼坏死，造血功能下降，降低肠道中的胰蛋白酶、淀粉酶的活性，影响其摄食与生长和铜的残留积累作用，故不能经常使用。用量过大除对环境造成污染外，还可能引起休克和死亡。因此，目前欧盟已将其列为禁药。

②硫酸铜水溶液对金属有腐蚀性，使用时不能用金属容器贮存和盛放，溶解硫酸铜时水温不应超过60℃，否则要失效。并应选择晴朗的清晨（鱼不浮头）用药，投药后，应充气增氧，防止死亡藻类消耗溶氧，影响水质。

③本药的药效与水温成正比，并与水中有机物和悬浮物含量、溶氧、盐度、pH值成反比。因此，要根据池塘的水温、有机物和悬浮物含量、溶氧、盐度、酸度及碱度确定其合适的用药浓度。本药在各种水质中的推荐用量为：软水（总硬度为

40~50 克/米^{3}水体）用 0.25 克/米^{3}水体；中度硬水（总硬度为 50~90 克/米^{3}水体）时用 0.5 克/米^{3}水体；硬水（总硬度为 100~200 克/米^{3}水体）用 1 克/米^{3}水体。以上三种情况下，均可在第 3 天以同剂量减半再用 1 次。

④本药对鱼等水生动物的安全浓度范围较小，毒性较大（尤其是对鱼苗），一般淡水鱼的用量较海水鱼低，因此要谨慎测量池水体积和准确计算出用药量（铜离子浓度一般保持在 0.15~0.2 克/米^{3}水体为宜）。硫酸铜对各种鱼类的安全浓度分别是：加州鲈鱼苗为 1.42 克/米^{3}水体，云斑鮰鱼苗 24 个小时的 LD_{50} 为 0.340 克/米^{3}水体，安全浓度为 0.017 克/米^{3}水体。水中铜离子浓度达 0.012 克/米^{3}水体时，鲑鳟鱼苗的吃食就明显减少，超过 0.017 克/米^{3}水体时就停止吃食。体长 8 厘米以上的对虾，安全浓度上限为 40 克/米^{3}水体，中国对虾幼体的安全浓度为 0.23 克/米^{3}水体。红螯虾苗 96 个小时的 LD_{50} 为 15.07 克/米^{3}水体，安全浓度为 0.94 克/米^{3}水体。0.8~1.0 克/米^{3}水体浸浴不到 48 个小时，可引起河蟹活动剧烈甚至死亡。中华稚鳖安全浓度为 94.9 克/米^{3}水体。5~10 微克/升能抑制蓝藻等固氮及光合作用。

⑤本品应贮存于干燥通风处。

3. 硫酸亚铁

硫酸亚铁（ferrous sulfate）一般是与硫酸铜配合使用。

【性状】本品为淡蓝绿色柱状结晶或颗粒，无臭，味咸涩。在干燥空气中易风化，在潮湿空气中则氧化成碱式硫酸铁而成棕色，易溶于水（1.0∶1.5），水溶液可迅速氧化。

【作用与用途】本品为抗贫血药和作杀虫辅助药物。它可使黏膜细胞脱落，为硫酸铜等药物杀灭寄生虫扫除障碍。可用于原虫类、中华鳋等寄生虫的防治。也可防治赤潮生物污染。此外，本品还有收敛作用。

【用法与用量】用于贫血病的治疗，用量为每50千克鱼体0.3~0.6克，连服5~7天为1个疗程，与维生素C、维生素B_1、维生素B_2合用效果更好。常与硫酸铜配合成杀虫剂使用，使用浓度为0.7毫克/升（$CuSO_4$为0.5毫克/升，$FeSO_4$为0.2毫克/升）。

【注意事项】①硫酸亚铁在空气中易风化、氧化，因此应密封保存。

②本品与碳酸氢钠、磷酸盐类及含鞣质的药物混用可产生沉淀。

4. 福尔马林

福尔马林（formalin）是甲醛的水溶液，含甲醛37%~40%，并含有8%~15%甲醇。后者为稳定剂，可防止甲醛聚合，以利于福尔马林的长期保存。

【性状】为无色或几乎无色澄清液体，有强烈的刺激性气味，易挥发，水溶液呈弱酸性，有腐蚀性。福尔马林的沸点为96℃，相对密度为1.081~1.096，呈弱酸性。当长期存放或温度降至5℃以下时，易凝聚成白色沉淀的多聚甲醛。溶液的甲醛浓度越高，越易发生凝聚。产生了白色沉淀的福尔马林液体，加热后可再变得澄清。福尔马林应在常温下保存而不应放入冰箱内。福尔马林能与水或醇以任何比例混合。

【作用与用途】本品为强烈挥发性广谱抗菌杀虫剂，能与蛋白质中的氨基酸结合而使蛋白质变性后酶失活。对细菌、芽孢、病毒、寄生虫、藻类和真菌均有杀灭作用。在水产养殖上常用于鱼（虾、蟹）种的消毒与杀虫，特种水产养殖品种的疾病防治和养殖场所用工具等的消毒。

【用法与用量】福尔马林用于治疗鱼病主要采用小水体短时间浸浴的方法，其用量随水温有所不同。对于淡水鱼种一般10℃以下用浓度为0.25毫升/升，10~15℃用浓度为0.22毫升/升，15℃以上用浓度为0.16毫升/升，浸洗时间为15~30分钟。对于水体量较少（不超过200立方米）的水泥池或水族箱，可用浓度为0.01~0.03毫升/升全池遍洒，隔日1次，直到完全控制病情为止。但不同病原和不同鱼类其用量也不尽相同。

（1）真菌病

鲤或乌鳢水霉病：浓度为0.03毫升/升，全池遍洒，浸泡5~10个小时，换水。

罗非鱼水霉病：浓度为0.015~0.020毫升/升，全池遍洒。

中华鳖毛霉病：在鳖入池前用浓度为0.2毫升/升浸浴，20~30分钟后放入隔离池中暂养，并根据治疗效果可适当地增加浸泡次数。

对虾镰刀菌病：亲虾进入越冬池前用浓度为0.3微升/升浸洗5分钟，并严防虾体受伤。

（2）细菌和病毒

鲤白云病：发病后在池塘中使用福尔马林遍洒，使池水药物浓度为0.010~0.015微升/升，同时投喂抗菌药物，连喂6天为1个疗程。

东方鲀白口病：对可能被病毒污染的水源用福尔马林消毒，使池水药物浓度为0.025~0.030毫升/升，经用药24~36个小时后再使用。

中华绒螯蟹蟹种消毒：将福尔马林用水配成含甲醛0.05%~0.50%浓度的水溶液，用于蟹种消毒，浸泡20~40分钟，可杀灭体表和鳃部寄生的细菌、病毒和原虫。

中华绒螯蟹拟阿脑虫病：用福尔马林全池遍洒，使池水药物浓度达 0.030~0.035 毫升/升。

鳗鲡烂尾病：用福尔马林全池泼洒，使池水药物浓度达 0.02~0.03 毫升/升。

鲤痘疮病：用福尔马林全池遍洒，使池水药物浓度达 0.02 毫升/升，3 天后再遍洒 1 次，使池水药物浓度达 0.20 毫升/升。

对虾褐斑病、头胸甲烂死病和红腿病：治疗用福尔马林全池遍洒 2 次，使池水药物浓度达 0.02~0.03 毫升/升。

（3）寄生虫

虾、蟹纤毛虫病：全池泼洒福尔马林 1~2 次，使池水药物浓度为 0.025~0.030 毫升/升。当池水药物浓度达 0.02~0.03 毫升/升，12~24 个小时后大量换水。

中华绒螯蟹藤壶和薮枝螅病：用 0.1%福尔马林溶液浸浴 20 分钟可杀灭该寄生虫。

车轮虫病、舌杯虫病、指环虫和三代虫病：一般用0.015~0.030 毫升/升水体遍洒，或用 0.030 毫升/升水体的浓度浸浴 24 个小时。对鳜和鳗鲡锚头鳋、车轮虫、指环虫等寄生虫病，用 0.030 毫升/升水体的浓度全池遍洒，停止流水 0.5~12.0 个小时，或在流水中用 0.07~0.10 毫升/升水体的浓度全池遍洒。在鳜鱼网箱养殖中或孵化缸中的遍洒浓度为 0.15~0.20 毫升/升水体。

小瓜虫病：一般可用浓度为 0.015~0.025 毫升/升水体的福尔马林全池泼洒，隔日 1 次，连续 5~7 天，或以 0.1%的浓度药浴 10 分钟。治疗石斑鱼小瓜虫病，用福尔马林 0.02~0.04 毫升/升水体全池遍洒，12~24 个小时后换水；预防淡水白鲳小瓜虫病，在鱼种入越冬池前用 0.03 毫升/升水体的浓度浸浴10~20 分钟，治疗时用 0.03 毫升/升水体的浓度全池遍洒，并停止流水 1

个小时，每天1次，连用3天；鳗鲡小瓜虫病，用0.04毫升/升水体的浓度浸浴8个小时后换水，重复用药2~3次。

（4）设施和生产工具消毒

对养殖温室可用浓度为3%~4%的福尔马林熏蒸消毒；对渔具可用浓度为1%的福尔马林喷雾消毒。

（5）用于水产动物标本和尸体的消毒防腐

使用浓度为5%~10%。

【用法与用量】①福尔马林应保存于棕色玻璃瓶中，存放在阴凉温差变化不大的地方。

②使用时不宜与氨、苯酚和氧化剂混合。

③温度对甲醛消毒作用有明显影响，随着温度上升，杀菌作用加强。用福尔马林治疗鱼病时，水温不应低于18℃。

④福尔马林有很强的腐蚀性和毒性，避免皮肤直接接触。若眼触及，应立即用水冲洗。

⑤福尔马林为强还原剂，可明显降低水的溶解氧含量，使用中要防止水中缺氧。福尔马林对微囊藻等浮游生物杀伤力较大，使用后常引起水质变化，对鳗鲡的摄食有不良影响。

⑥福尔马林对不同鱼类的 LC_{50} 和安全浓度是不同的。体重在0.7~1.0克的鲤96个小时的 LC_{50} 大于100克/米^{3}水体。鳗鲡24个小时的 LC_{50} 为300~1 000克/米^{3}水体（随水温而变化）。中华鳖稚鳖的安全浓度为45.9克/米^{3}水体。对体长为1.3~1.9厘米的翘嘴鳜苗的安全浓度为2.04克/米^{3}水体。

5. 敌百虫

敌百虫（metrifonate）的别名为马佐藤（trichlorfon，dipterex，trichlorphon）。敌百虫在食用鱼体内的残留量很低，因此，在食用鱼上的正常使用对人是无害的。敌百虫对寄生虫的作用见表1-1。

表1-1　敌百虫对某些寄生虫的作用

寄生虫名称	浓度/（毫克·升$^{-1}$）	100%死亡的时间/小时
鲺	0.25	6.00
鱼鳋	0.15	ND
锚头鳋	0.20	24.00
指环虫	>0.15	0.30~6.00
三代虫	0.25	6.00
车轮虫	2.00	87.00
鱼蛭	0.50	96.00
嗜子宫线虫	0.50~1.00	24.00
复口吸虫	5.00	24.00

【性状】本品为白色结晶或结晶性粉末，有芳香味。在空气中易吸湿、潮解；在水、乙醇、醚、酮及苯中溶解；在煤油、汽油中微溶。水产养殖中用的多是含有有效成分为90%的晶体敌百虫。

【作用与用途】胆碱酯酶抑制剂。该药与虫体的胆碱酯酶相结合，抑制胆碱酯酶活性，虫体失去水解破坏乙酰胆碱的能力，乙酰胆碱在体内大量蓄积，从而虫体神经失常，先兴奋，后麻痹，最后中毒死亡。该药也能抑制宿主胆碱酯酶活性，增强宿主的肠胃蠕动能力，而促使虫体排出体外。无论以何种途径给药，该药都能很快吸收。体内代谢较快，主要由尿排出。

【用法与用量】用于杀灭水生动物体内外寄生的吸虫、蠕虫以及甲壳类动物等。

90%晶体敌百虫单独使用，用0.2~0.5毫克/升的浓度，全池泼洒，可杀死单殖吸虫、甲壳类、水蜈蚣、蚌、虾和鱼鲺等；

或者用5毫克/升的浓度浸浴30分钟。

对等足目动物（isopod）的寄生，用2毫克/升的浓度浸泡1个小时。

对于涡虫类（turbellarian）寄生物，用1.0毫克/升的浓度泼洒，每2天使用1次，共使用3次。

对于锚头鳋，每周1次，共使用4次；而对于其他寄生桡足类（海虱除外）、其他的单殖吸虫、鲺以及水蛭，通常治疗1次就足够了。

【注意事项】①敌百虫安全范围较窄，即使治疗量动物也会出现不良反应，有些鱼类对该药特别敏感。敌百虫的毒性依鱼类的不同而不同。鲤、白鲫的安全浓度为1.8~5.7毫克/升，虹鳟鱼为0.18~0.54毫克/升。鱼虱成虫和幼虫在12~24个小时内的致死浓度范围为0.2~0.3毫克/升。

②鳜、加州鲈、淡水白鲳、虾、蟹对敌百虫极为敏感，不宜使用。

③敌百虫与碱性物质配伍或结合能迅速分解成毒性更大的敌敌畏，因此禁止与碱性药物配伍使用。但可与面碱合用，也可与硫酸亚铁合用，这些合剂可以降低敌百虫的用量。

④如果长期施用敌百虫，会造成寄生虫产生抗药性，使施用量成倍增长，而且效果反而越来越差。

⑤敌百虫呈酸性，不能用金属容器存放、配制和喷洒。

⑥敌百虫有致畸胎的可能。

⑦敌百虫在10~27℃条件下使用效果最好，因为这是幼虫繁殖与生长的温度。

⑧敌百虫在水溶液中会缓慢地变成毒性更强的敌敌畏，使用时应注意。

6. 高锰酸钾

高锰酸钾（potassium permanganate）为一种强氧化剂，对细菌及一些寄生虫类有杀灭作用。可以防治鱼类的各种细菌、原虫和单殖吸虫病。

【性状】高锰酸钾为黑紫色、细长的菱形结晶或颗粒，带蓝色的金属光泽，无臭，与某些有机物接触可以发生爆炸。

【作用与用途】主用于消毒。由于水体消毒和水产动物的体表消毒作用，可以起到防治水产养殖动物细菌性疾病的作用；还可杀灭原虫类、单殖吸虫类和锚头鳋等寄生虫。常用于杀灭形成孢囊的原虫、蠕虫如指环虫、三代虫及寄生甲壳类动物如锚头鳋、中华鳋等。此外，它还有氧化毒物与改良水质的作用。

【用法与用量】①池塘消毒：遍洒，一次量，每立方米水体，鳗鲡池预防弧菌病，8~10 克；对虾虾苗池或亲虾越冬和育苗设施消毒，100~200 克。

②鱼体消毒：遍洒，一次量，每立方米水体，斑点叉尾鮰肠道败血症和柱形病，2~3 克。

③缓解鱼滕精毒性和降解抗毒素 A 的毒性：遍洒，一次量，每立方米水体，1~2 克。

④虾、蟹消毒：浸浴，一次量，每立方米水体，对虾丝状体细菌病，2.5~5.0 克，浸浴 4~6 个小时后大量换水；或 5~10 克，浸浴 1 个小时，可使防治效果保持 5~10 天。

⑤其他水生生物消毒：浸浴，一次量，每立方米水体，蛙肤霉病，10~20 克，浸浴 2~3 个小时；鳖肤霉病，15 克，浸浴 20 分钟，连用 2 次。

⑥消毒入池的鳖种：急性鳃腺炎，每立方米水体用量 15 克，浸浴 20 分钟。

【注意事项】①本品及其溶液与有机物或易氧化物接触，均易发生爆炸。禁忌与甘油、碘和活性炭等研和。

②溶液宜新鲜配制，久放则逐渐还原至棕色而失效。

③本品不宜在强阳光下使用，因阳光易使本品氧化而失效。

④本品的药效与水中有机物含量及水温有关，在有机物含量高时，本品易分解失效。

⑤本品对鱼等水产动物药浴的致死浓度依鱼的种类不同在20~62 克/米^{3}水体范围内变化。使用浓度过高会大量杀死水中各种生物，其尸解耗氧，此时应采取增氧措施。

二、内服药物

（一）中草药

1. 大黄

大黄（*Rheum officinale* Baill）又名马蹄黄、将军。具有广谱抗菌作用，是推荐使用的中草药类。

【作用与用途】主要用于防治水产养殖动物的传染性疾病。

【用法与用量】①每千克大黄加 20 倍 0.3%氨水浸浴 12 个小时后全池泼洒，泼洒大黄量为 2~4 毫克/升。

②每 100 千克鱼种用 0.50~0.75 千克大黄拌饵投喂，连续 3~5 天为 1 个疗程。

2. 大蒜

大蒜（*Allium sativum* L）的鳞茎入药。其中的大蒜素具有良好的杀菌作用，是推荐使用的中草药类。

【作用与用途】主要用于防治水产养殖动物的各种传染性疾病。

【用法与用量】每 100 千克鱼类用大蒜泥 0.2 千克均匀添加

在饲料中，连续投喂 7~10 天。

3. 甘草

甘草（*Glycyrrhiza uralensis* Fisch）的干燥根及根茎入药。其中的甘草多糖具有良好的免疫刺激作用，是推荐使用的中草药类。

【作用与用途】主要用于防治水产养殖动物的各种传染性疾病。

【用法与用量】每 100 千克鱼类用甘草粉末 0.3 千克均匀添加在饲料中，连续投喂 5~7 天为 1 个疗程。

4. 黄芪

蒙古黄芪（*Astragalus membranaceus* Fisch）的干燥根入药。其中的黄芪多糖具有良好的免疫刺激作用，是推荐使用的中草药类。

【作用与用途】主要用于防治水产养殖动物的各种传染性疾病。

【用法与用量】每 100 千克鱼类用黄芪粉末 0.1~0.2 千克均匀添加在饲料中，连续投喂 7~10 天。

5. 黄连

黄连（*Coptis chineensisi* Franch）的干燥根茎入药。

【作用与用途】主要用于防治水产养殖鱼类的赤皮病、白头白嘴病和细菌性败血症。

【用法与用量】每 100 千克鱼类用黄连粉末 0.2~0.5 千克均匀添加在饲料中，连续投喂 5~7 天。

6. 五倍子

本品为漆树科植物盐肤木（*Rhus chinensis* Mill）叶上的虫

瘿，主要由的五倍子蚜（*Melaphis chinensis* Baker）寄生而形成。

【作用与用途】主要用于防治水产养殖鱼类由细菌和真菌引起的疾病，如鱼类的细菌性烂鳃病、腐皮病、溃疡病、肤霉病等。

【用法与用量】五倍子捣碎后用开水浸泡一定时间，连渣带汁一起泼洒，使池水中的药物达到2~4毫克/升的浓度。

（二）抗菌（生）素类

1. 注射用青霉素钠

注射用青霉素钠（benzylpenicillin sodium for injection）为白色结晶性粉末。

【作用与用途】主用于防治革兰氏阳性菌的感染，如链球菌引起的疾病。产后亲鱼预防继发性感染。也可用于防治中华鳖的细菌性败血症、疖疮和皮肤创伤感染，由气单胞菌引起的鳗鲡赤鳍病，鱼类细菌性肾脏病和疖疮病等。

【用法与用量】肌肉注射：一次量，每千克体重产后亲鱼为5万~20万国际单位，中华鳖细菌性疾病为4万~5万国际单位；体重为2~16千克患细菌性肾脏病和疖疮病的虹鳟为2.2万国际单位；治疗体重为180克的鳗鲡患赤鳍病为0.2万国际单位，连续2~3次。

2. 注射用硫酸链霉素

注射用硫酸链霉素（streptomycin sulfate for injection）的无菌粉末，按照干燥品计算，每毫克的效价不得少于720链霉素国际单位。

【作用与用途】由革兰氏阴性菌引起的感染，如鱼类的打印病、竖鳞病、疖疮病、弧菌病等，中华鳖的穿孔病、红斑病等细菌性疾病。与青霉素合用预防产后亲鱼感染。

【用法与用量】肌肉注射：一次量，每千克体重鱼类为200毫克，中华鳖为40~50毫克。

3. 甲砜霉素粉

甲砜霉素粉（thiamphenical powder）为白色或类白色粉末。

【作用与用途】用于防治嗜水气单胞菌、肠炎菌等引起的鱼类细菌性败血症、链球菌病以及肠炎病、赤皮病等。

【用法与用量】拌饵投喂：一次量，每千克体重，鱼类为50毫克（本品），连用3~4天。

4. 氟苯尼考粉

氟苯尼考粉（florfenicol powder）为白色粉末。

【作用与用途】主用于防治鱼类巴氏杆菌、弧菌、金黄色葡萄球菌等细菌引起的感染。也用于防治嗜水气单胞菌、肠炎菌等引起的鱼类细菌性败血症、肠炎、赤皮病等。

【用法与用量】拌饵投喂：一次量，每千克体重，鱼类，以氟苯尼考计为10~15毫克，1天1次，连用3~5天。

5. 磺胺间甲氧嘧啶片

磺胺间甲氧嘧啶片（sulfamonomethoxine tablets）为白色或微黄色片。

【作用与用途】用于鱼类的竖鳞病、赤皮病、弧菌病、烂鳃病、白头白嘴病、白皮病、疖疮病和鳗鲡的赤鳍病等的防治。也可用于防治孢子虫等感染。

【用法与用量】拌饵投喂：一次量，每千克体重，鱼类细菌性疾病用量为50~200毫克（分2次投喂）连用4~6天；鱼孢子虫、鞭毛虫等原虫病用量为0.8~1.0克，连用4天，停药3天后再连用4天；龟、鳖类的疾病用量为300~500毫克，连用5~7天。

【注意事项】①首次用量加倍。

②本品治疗细菌性肠炎、赤皮、烂鳃等疾病时，最好全池遍洒漂白粉、强氯精等消毒剂。

6. 磺胺对甲氧嘧啶片

磺胺对甲氧嘧啶片（sulfametoxydiazine tablets）白色或微黄色片。

【作用与用途】用于鱼类的竖鳞病、赤皮病、弧菌病、烂鳃病、白头白嘴病、白皮病、疖疮病和鳗鲡的赤鳍病等的防治。还可用于防治孢子虫等的感染。

【用法与用量】拌饵投喂：一次量，每千克体重，鱼类患细菌性疾病时，用量为50~200毫克（分2次投喂），连用4~6天；鱼类患孢子虫、鞭毛虫等原虫病时，用量为0.8~1.0克，连用4天，停药3天后再连用4天；防治龟、鳖类的疾病则使用300~500毫克，连用5~7天。

【注意事项】①首次用量加倍。

②本品治疗细菌性肠炎、赤皮、烂鳃等疾病时，最好全池遍洒漂白粉、强氯精等消毒剂。

7. 磺胺二甲嘧啶片

磺胺二甲嘧啶片（sulfadimidine tablets）为白色或微黄色片。

【作用与用途】用于防治养殖鱼类的竖鳞病、赤皮病、弧菌病、烂鳃病、白头白嘴病、白皮病、疖疮病和鳗鲡的赤鳍病等的防治。

【用法与用量】拌饵投喂：一次量，每千克体重，鱼类细菌性疾病用量为100~300毫克（分2次投喂），连用4~6天；鱼孢子虫、鞭毛虫等原虫病用量为1.0~1.5克，连用4天，停药3天后再连用4天；龟、鳖类的疾病用量为400~600毫克，连用5~7天。

【注意事项】①首次用量加倍。

②本品治疗细菌性肠炎、赤皮、烂鳃等疾病时，最好全池遍洒漂白粉、强氯精等消毒剂。

8. 磺胺噻唑片

磺胺噻唑片（sulfathiazole tablets）为白色或微黄色片，遇光颜色逐渐变深。

【作用与用途】主用于防治鱼类的细菌性肠炎、竖鳞病、赤皮病、弧菌病、烂鳃病、白头白嘴病、白皮病、疖疮病、链球菌病和日本鳗鲡的赤鳍病等。其他参见磺胺间甲氧嘧啶。

【用法与用量】拌饵投喂：一次量，每千克体重，鱼类细菌性疾病，80~250毫克（分2次投喂），连用4~6天；鱼孢子虫、鞭毛虫等原虫病，1.0~1.2克，连用4天、停药3天后再连用4天。

龟、鳖类疾病，一次量，每千克体重，450~600毫克，连用5~7天。

【注意事项】应与适量碳酸氢钠合用，首次用量加倍。

9. 甲氧苄啶片

甲氧苄啶片（trimethoprim tablets）为白色或类白色结晶性粉末，无臭，味苦。

【作用与用途】用于防治鱼类的竖鳞病、赤皮病、弧菌病、烂鳃病、白头白嘴病、白皮病、疖疮病和鳗鲡的赤鳍病等。

【用法与用量】拌饵投喂：一次量，每千克体重，鱼类的疾病用量为50~200毫克（1天2次），连用4~6天；龟、鳖类的疾病，用量为300~500毫克，连用5~7天。

【注意事项】①本品与磺胺类、四环素等联用有协同作用。

②本品不应单独使用，常以 1∶5 比例与磺胺类药物合用。

③首次用量加倍。

④使用本品后的休药期为 15 天。

10. 噁喹酸

噁喹酸（oxolinic acid）为白色或类白色结晶或结晶性粉末，无味。在二甲基甲酰胺或三氯甲烷中微溶，在水、甲醇或乙醇中几乎不溶；在甲酸或氢氧化钠试液中易溶。

【作用与用途】有广谱杀菌作用，但抗菌谱和抗菌活性均不如氟喹诺酮类强，而且易产生耐药性。主要对革兰氏阴性杆菌有良好的抗菌作用，敏感菌有气单胞菌、弧菌、爱德华菌等。用于治疗鱼、虾的细菌性疾病。

【用法与用量】 拌饵投喂：一次量，每千克体重，鲈鱼目鱼类类结节病，以噁喹酸用量为 10~30 毫克，连用 5~7 天；鲱鱼目鱼类疖疮病，用量为 5~10 毫克，连用 5~7 天；鱼类（香鱼除外）弧菌病，用量为 5~20 毫克，连用 3~5 天；香鱼弧菌病，用量为 0.5~2.0 毫克，连用 3~7 天；鲤鱼目类肠炎病，用量为 5~10 毫克，连用 5~7 天；鳗鲡赤鳍病，用量为5~20 毫克，连用 4~6 天；鳗鲡赤点病，用量为 1~5 毫克，连用 3~5天；鱼类溃疡病，用量为 20 毫克，连用 5 天；对虾的弧菌病，用量为 6~60 毫克，连用 5 天。

【注意事项】①本品对温血水生动物的毒性强，限用于冷血动物。

②以噁喹酸为残留标示物，鱼的肌肉与皮为 300 微克/千克。

11. 噁喹酸散

噁喹酸散（oxolinic acid powder）为白色或类白色结晶或结

晶性粉末。

【作用与用途】用于治疗鲈鱼目鱼类的类结节病，鲱鱼目鱼类的疖疮病，香鱼的弧菌病，鲤科鱼类的肠炎，鳗鲡的赤鳍病、赤点病和溃疡病，对虾的弧菌病等。

【用法与用量】拌饵投喂：一次量，每千克体重，鲈鱼目鱼类类结节病，以噁喹酸散计用量为10~30毫克，连用5~7天；鲱鱼目鱼类疖疮病，用量为5~10毫克，连用5~7天；鱼类（香鱼除外）弧菌病，用量为5~20毫克，连用3~5天；香鱼弧菌病，用量为0.5~2毫克，连用3~7天；鲤鱼目类肠炎病，用量为5~10毫克，连用5~7天；鳗鲡赤鳍病，用量为5~20毫克，连用4~6天；鳗鲡赤点病，用量为1~5毫克，连用3~5天；鱼类溃疡病，用量为20毫克，连用5天；对虾的弧菌病，用量为6~60毫克，连用5天。

【注意事项】①对鳗鲡使用本品时，食用前25天期间鳗鲡饲养用水日交换率平均应在50%以上。

②对不同鱼类使用本品后的休药期不同，五条鰤为16天；香鱼为21天；虹鳟为21天；鳗鲡为25天；鲤为21天。

12. 恩诺沙星片

恩诺沙星片（enrofloxacin tablets）为类白色。

【作用与用途】用于防治水产动物的细菌性疾病，如嗜水气单胞菌、荧光极毛杆菌、鳗弧菌、爱德华菌等引起的感染。

【用法与用量】拌饵投喂：一次量，每千克体重，淡水鱼类细菌性疾病，用量为10~50毫克（或每千克饲料0.5~1.0克），连用3~5天。

【注意事项】①因为本品大剂量使用会损伤肝脏，对肝、肾受损的水产动物慎用。

②使用本品后的休药期为16天。

13. 诺氟沙星、盐酸小檗碱预混剂

诺氟沙星、盐酸小檗碱预混剂（norfloxacin and berberine hydrochloride premix）为诺氟沙星、盐酸小檗碱与淀粉配制而成。鳗鲡用含诺氟沙星和盐酸小檗碱分别为9%和2%；鳖用含诺氟沙星和盐酸小檗碱分别为2.5%和0.8%。

【作用与用途】用于防治鳗鲡嗜水气单胞菌与柱状杆菌引起的赤鳃病与烂鳃病，鳖的红脖子病、烂皮病。

【用法与用量】拌饲料投喂：对控温条件下饲养的鳗鲡和中华鳖，每千克鳖饲料中添加15克（本品），连用3~5天。

【注意事项】①因为本品大剂量使用会损伤肝脏，对肝、肾受损的水产动物慎用。

②使用本品后的休药期为500度·日。

14. 盐酸环丙沙星、盐酸小檗碱预混剂

盐酸环丙沙星、盐酸小檗碱预混剂（ciprofloxacin hydrochloride and berberine hydrochloride premix）为盐酸环丙沙星（10%）、盐酸小檗碱（4%）与淀粉配制而成。

【作用与用途】用于治疗鳗鲡顽固性细菌性疾病。

【用法与用量】拌饲料投喂：对控温条件下饲养的鳗鲡，每千克鳖饲料中添加15克盐酸环丙沙星、盐酸小檗碱预混剂，连用3~5天。

【注意事项】①因为本品大剂量使用会损伤肝脏，对肝、肾受损的水产动物慎用。

②使用本品后的休药期为16天。

15. 维生素C磷酸酯镁、盐酸环丙沙星预混剂

维生素C磷酸酯镁、盐酸环丙沙星预混剂（magnesuim ascorbic acid phosphate and berberine hydrochloride premix）为维生素C磷酸酯镁（10%）、盐酸环丙沙星（1%）与淀粉配制而成。

【作用与用途】用于杀灭鳖体内外病原菌，促进伤口愈合，加速机体康复。也用于预防细菌性疾病的感染。

【用法与用量】拌饲料投喂：对温室中饲养的中华鳖，每千克鳖饲料中添加5克维生素C磷酸酯镁、盐酸环丙沙星预混剂，连用3~5天。

【注意事项】①参见恩诺沙星片。

②使用本品后的休药期为500度·日。

（三）免疫刺激剂

所谓免疫刺激剂（immunologic stimulant）是指能够调节动物免疫系统并激活免疫机能，增强机体对细菌和病毒等传染性病原体抵抗力的一类物质。近年来，国内、外均开展了将免疫刺激剂用于水产养殖动物传染性疾病预防的研究，其主要目的是为了将免疫刺激剂用于预防使用化学药物难以奏效的水产养殖动物的病毒和细菌性疾病。免疫刺激剂是通过激活养殖鱼类自身的免疫防御机能而达到预防疾病的目的，这里将水产动物用免疫刺激剂的种类、特性和使用方法等作简要介绍。

1. 免疫刺激剂的作用机制

水产养殖动物的免疫机制可以分为特异性和非特异性免疫。所谓非特异性免疫就是机体对非特定的病原体的防御机制。其中分布在鱼类体表黏液、血液和肾脏等器官中的溶菌酶（lysozyme），就是一种在补体（complement）的协同作用下，可以将细菌溶解的酶。补体是存在于鱼类黏液和血液中的一组蛋白质，其活化途径有两条：一是能被抗原抗体复合物激活的经典激活途径，二是能被与抗体无关的细菌脂多糖（lipopolysaccharide，LPS）和肽聚糖等激活的替代途径。无论哪种途径活化的补体都能将菌体溶解。鱼类的补体与哺乳动物的相比，后者通过替代途径发挥的作用更大。在细胞性防御因子方面，由吞噬细胞将进入机体内的病原体吞噬后，依靠存在于巨噬细胞、嗜中性白细胞中的过氧化物酶等将病原体杀死、消化，同时还包括能对异体细胞和病毒感染细胞具有杀伤活性的天然杀伤细胞（natural killer cell，NK）。所谓特异性免疫机制，是针对特异性病原的由 T 淋巴细胞和与 T 细胞相关联的能产生抗体的 B 淋巴细胞所发生的体液性免疫组成的。迄今为止的研究结果表明，鱼类可以产生 IgM、IgY 和 IgZ 等类型的抗体，但是，不产生 IgG 等类型的抗体。

虾类虽然没有产生抗体的机能，但是，也是依靠细胞性和体液性防御因子完成机体的免疫防御过程。细胞性防御因子主要包括血细胞和淋巴样器官等固着性细胞。血细胞又可以分为大颗粒细胞、小颗粒细胞和无颗粒细胞等 3 种类型。其中大、小颗粒细胞已被确认具有较强的吞噬活性。对于大型病原体及进入机体内的大量细菌，当血细胞无法吞噬时，即可能形成血细胞层而将其包围，在组织细胞的协助下形成球状物，将异物与周围的细胞隔开。淋巴样器官是位于中肠腺前方的小组织，是能捕捉进入体内的异物而保护机体的主要器官。液性防御因子主要包括酚氧化酶前体（prophenoloxidase，proPO）活化系统、植物凝血素和杀菌素等。所谓 proPO 活化系统，就是虾类血细胞中存在的 proPO 被细菌的 LPS、霉菌的 β-1，3-葡聚糖等激活，经过丝氨酸蛋白酶而形成酚过氧化物酶，将鱼虾类体内的酪氨酸和二羟基苯丙氨酸等酚系物质氧化，最终生成黑色素的一系列反应。作为这个串联反应中间产物的苯醌和最终产物的黑色素，可以起到包围进入机体的异物而将其杀灭的作用。

2. 免疫刺激剂的种类与特性

现有的研究结果已经证明，能激活鱼、虾类免疫系统的免疫刺激剂有很多种。根据其来源，大致可以分为来自细菌的肽聚糖和LPS；放线菌的短肽；酵母菌；海藻的β-1，3-葡聚糖和β-1，6-葡聚糖以及来自甲壳动物外壳的甲壳质、壳多糖等其他免疫激活物质。

将上述各种免疫激活物质投与鱼类时，可以提高溶菌酶和补体的活性，增加机体中补体的C3成分；不仅可以增强巨噬细胞和嗜中性白细胞的吞噬活性，而且还可以提高这些细胞的杀菌活性；激活自然杀伤细胞（NK），增强其杀伤异物细胞的活性外，还能促进巨噬细胞白细胞介素-2（interleukin-2，IL-2）。除了能增强鱼类的非特异性免疫机能外，还具有增强机体产生特异性抗体的功能。对养殖虾类投予免疫刺激剂，首先是能提高虾体内大、小颗粒细胞的吞噬和杀菌活性，促进其血细胞趋化因子的释放；提高proPO活化系统的活性，从而增强其机体对各种传染性病原的抵抗力。

（1）革兰氏阳性菌与菌体肽聚糖

部分革兰氏阳性菌的灭活菌体具有激活动物免疫机能的作用，其作用的主成分就是菌体细胞壁中的肽聚糖。并非所有的革兰氏阳性菌都具有这种功能，而只有特定的菌种和特定的菌株具有这种免疫激活功能。

将属于革兰氏阳性菌的嗜热双歧杆菌（*Bifidobacterium thermophilum*）细胞壁中提取的肽聚糖投予鱼类后，在提高鱼体的巨噬细胞和嗜中性白细胞的吞噬能力与过氧化物酶活性的同时，还能增强溶菌酶的活性。对养殖虾类投予这类物质可以提高其粒细胞的吞噬活性并增加细胞中超氧化歧化酶的生成量，同时提高酚氧化酶的活性。由于这类免疫刺激剂激活了水产动物的免疫机能，已经证明可以提高虹鳟（*Oncorhynchus mykiss*）对弧菌病、五条鰤（*Seriola quinqueradiata*）对链球菌病和日本对虾（*Penaeus japonicus*）对弧菌病与病毒性血症的抵抗力。

（2）革兰氏阴性菌与菌体LPS

将部分革兰氏阴性菌及其细胞壁中LPS投予鱼类后，可以增加鱼类血液中白细胞的数量和提高其吞噬活性。增强日本鳗鲡（*Anguilla japonica*）对爱德华菌病的抵抗力。用杀对虾弧菌（*Vibrio penaeicida*）的灭活菌体注射、浸泡和投喂日本对虾，可以促进对虾体内产生血细胞趋化因子和提高血细胞的吞噬活性，增强日本对虾对弧菌病的抵抗力。

（3）从放线菌中提取的短肽

从属于放线菌的橄榄灰链霉菌（*Streptomyces olivogriseus*）的培养液中提取的短肽类物质投予鱼类后，可以提高供试鱼的巨噬细胞的吞噬活性和杀菌能力，能增强虹鳟对肾脏病等传染性疾病的抗病力。

（4）酵母菌与菌体多糖

酵母菌的细胞壁中存在大量的β-1，3-葡聚糖、β-1，6-葡聚糖和甘露聚糖（mannan）等多糖类物质，尤其是含有较多的β-1，3-葡聚糖。将从酵母菌中提取的β-1，3-葡聚糖投予鱼体，可以提高鱼体内巨噬细胞及其他白细胞的吞噬和杀菌活性，同时还可以提高IL-2和补体的活性。将啤酒酵母菌细胞壁成分投予对虾，也可以提高血细胞的吞噬活性、酚氧化酶和超氧化歧化酶的产生能力。通过激活免疫机能，可以使斑点叉尾鮰（*Ictalurus punctatus*）对迟缓爱德华菌（*Edwardsiella tarda*）病、鲑科鱼类对肾脏病和弧菌病的抗病力。湖北省安琪酵母股份有限公司生产的免疫多糖（酵母细胞壁），其中主要含有β-葡聚糖不低于20%，α-甘露聚糖肽不低于20%，肽类及蛋白质不低于30%，几丁质不低于2.0%，经过对南美白对虾（*Penaeus vannawei*）、日本鳗鲡和中华鳖（*Pelodiscus sinensis*）的大量试验研究证明，该产品对多种水产动物的免疫系统有良好的刺激作用，是一种优质免疫刺激剂。

（5）真菌与真菌多糖

将从蘑菇中提取的β-1，3-葡聚糖投予鱼类后，可以增强鱼类白细胞吞噬活性，提高补体和溶菌酶的活性，促进特异性抗体的生成。将这种β-1，3-葡聚糖投予对虾后，也可以增强血细胞的吞噬活性和提高酚氧化酶的活性。由于免疫刺激剂激活了免疫机能，可以有效地预防鲤（*Cyprinus carpio*）的气单胞菌病、五条鰤的链球菌病和日本对虾的弧菌病与病毒性血症。

（6）海藻与海藻多糖

将从海带中提取的β-1，3-葡聚糖添加在培养液中，可以刺激鲑（*Salmo salar*）的巨噬细胞产生超氧化歧化酶。此外，髓藻属的多种海藻、苏萨海带、帕纳普海带和裙带菜属的一些种类中的热提取物，投予鱼类后，利用在实验室条件下的攻毒试验，证明日本鳗鲡对迟缓爱德华菌，五条鰤对链球菌的抵抗力明显上升。

（7）甲壳质与壳多糖

从甲壳类和昆虫的外壳中提取的甲壳质与壳多糖，投予鱼类后，可以增强鱼类的白细胞吞噬活性和杀菌能力，提高体内溶菌酶活性和对各种传染病的抵抗力。

（8）其他免疫刺激剂

如左旋咪唑等化学合成物质，本来是作为杀虫剂使用的，现在已经研究结果证明这种物质还具有增强鱼类白细胞的吞噬活性和杀菌活性，使溶菌酶的活性上升，提高虹鳟对弧菌病的抵抗力。从中草药中提取的许多成分，如干草素、莨菪碱等也已经被初步的试验研究结果证明，是很有开发前景的水产用免疫刺激剂。

3. 免疫刺激剂的正确使用方法

每种免疫刺激剂的有效剂量都存在使用上限和下限，对水产动物采用间隔一定时间定期投予免疫刺激剂较长期连续投的效果好，而且只有在投予量和方法正确的前提下，免疫刺激剂才能正常地发挥作用。从 *B. thermophilum* 菌中提取的肽聚糖，每天按 0.2 毫克/千克体重的剂量投予，对鱼、虾是适宜的剂量，如果每天按该剂量的 10 倍投予，供试鱼、虾的免疫系统的机能就会趋于与未使用免疫刺激剂的对照组相同。此外，用该物质作为鱼、虾的免疫刺激剂时，采用连续投喂 4 天停用 3 天或者连续投喂 7 天停用 7 天的投予方式，其效果较连续投喂好。

关于免疫刺激剂投予的时间与期间，如果能做到在水产动物传染性疾病的多发季节里连续投喂为好。其理由主要是在免疫刺激剂的实际使用时，当连续投予免疫刺激剂一段时间后，一旦停用时，养殖动物就可能开始发病。这可能是因为在使用免疫刺激剂期间，即使有细菌或病毒性病原进入了水产动物机体，但是，由于机体的免疫机能在免疫刺激剂的作用下，表现出较高的免疫活性，抑制了病原体增殖而并未将其消灭或排出体外的缘故。采用安琪酵母股份有限公司生产的免疫多糖（酵母细胞壁）作为水产养殖动物的免疫刺激剂时，在各种传染性疾病的流行高峰时期，可以采用连续投予的方式，而在一般养殖时期则可以采用连续投予 2 周，间隔 2 周后再进行第 2 个投喂周期的方式进行。

需要特别注意的是，免疫刺激剂是通过激活水产动物的免疫系统而发挥抗传染病的功能的，如果水产动物的免疫系统已经衰弱至不能激活的状态，免疫刺激剂也就难以发挥其作用了。所以，从改善水产动物的饲养环境、加强营养和饲养管理入手，尽量减少抑制水产动物免疫系统的环境因素，是提高免疫刺激剂使用效果的重要途径。

第四节　给药方法与施药技术

不规范地使用渔用药物不仅会影响药物的疗效，贻误治疗疾病的最好时机，还可能导致药物对鱼类机体和养殖环境的污染。

一、治疗方法的种类及选择

（一）治疗方法的种类

鱼类疾病的治疗方法，主要有口服法、浸浴（药浴）法、注射法和局部涂抹法等。

（1）口服法

此法用药量少，操作方便，不污染环境，对不患病鱼、虾类不产生应激反应等。常用于增加营养、病后恢复及体内病原生物感染，特别是细菌性肠炎病和寄生虫病。但其治疗效果受养殖动物病情轻重和摄食能力的影响，对病重者和失去摄食能力的个体无效，对滤食性和摄食活性生物饵料的种类也有一定的难度。

另外有一种强制性的口服方法——口灌法，能够保证药物摄入比较充分，用药量准确，是一种有效的治疗方法。但操作比较麻烦，用药过程易造成鱼体损害，是一种只能作为最后采取的治疗措施（在病鱼不摄食时使用）或试验研究使用的方法。

（2）药浴法

按照药浴水体的大小可分为遍洒法和浸泡法。根据药液浸泡浓度和时间的不同，浸泡法又可以分为瞬间浸泡法、短时间浸泡法、长时间浸泡法、流水浸泡法。遍洒法是疾病防治中经常使用的一种方法。浸泡法用药量少，操作简便，可人为控制，对体表和鳃上病原生物的控制效果好，对养殖水体的其他生物无影响，是目前工厂化养殖中经常使用的一种药浴方法。在人工繁殖生产中从外地购买的或自然水体中捕捞的亲鱼、亲虾、亲贝等及其受精卵也可采用浸泡法进行消毒。

（3）注射法

鱼病防治中常用的注射法有两种，即肌肉注射和腹腔注射法。此法用药量准确，吸收快，疗效高（药物注射）、预防（疫苗、菌苗注射）效果好等，具有不可比拟的优越性，但操作麻烦，容易损伤鱼体。适用对象是那些数量少又珍贵的种类，或是用于繁殖后代的亲本。治疗细菌性疾病用抗生素类药物，预防病毒病或细菌感染用疫苗或菌苗等。

（4）涂抹法

具有用药少，安全、副作用小等优点，但适用范围小。主要用于少量鱼、蛙、鳖等养殖动物，以及因操作、长途运输后身体受伤或亲鱼等体表病灶的处理。适用于皮肤溃疡病及其他局部感染或外伤。

（5）悬挂法

用于流行病季节来到之前的预防或病情较轻时采用，具有用药量少、成本低、方法简便和毒副作用小等优点，但杀灭病原体不彻底，只有当鱼、虾游到挂袋食场吃食及活动时，才有可能起到一定作用。目前常用的悬挂药物有含氯消毒剂、硫酸铜、敌百虫等。

（二）治疗方法的选择

选择治疗鱼类疾病的适宜方法，主要可以从以下三个方面考虑。

1. 根据患病鱼类的状况

患病后的鱼类的摄食量一般都是趋于下降的，游泳的速度也变得比较缓慢，常出现离群独游的现象。对于食欲严重衰退的鱼类群体，即使将药物拌在饲料中投喂，也只有尚未丧失摄食能力的鱼类能吃进药饵，因此，难以达到药物治疗的目的。

还需要注意的是，如果是具有摄食能力的鱼类吃进了过多的药饵，还可能会导致药害现象的发生，而如果摄食药饵量太少，由于药物在鱼类体内不能达到抑制病原体的药物浓度，就不仅不能达到控制疾病的目的，反而还有可能导致病原菌对药物产生耐药性。此外，未被鱼类摄食的药饵，可能在水体中不断地释放药物，可能会对养殖水体中的微生态环境产生不良的影响。因此，采用拌药饵投喂的给药方式时，一定要考虑患病的鱼类是否尚有摄食能力。

2. 根据病原体的特性

细菌、病毒、真菌和各种寄生虫都可能成为鱼类的病原体，因为不同的致病生物对药物的感受性是不完全相同的。所以，能治疗百病的药物是没有的。因此，在决定采用某种药物治疗养殖鱼类的疾病之前，必须要首先确认病原，对疾病作出正确的诊断，在此基础上选择适宜的药物，才有可能做到对症用药。

对于养殖鱼类的病毒性疾病，目前尚没有药物能进行有效的治疗。对患病毒性疾病的鱼类用药，主要目的是在于为了控制病原性细菌对鱼类的二次感染。对于由病原菌引起的鱼类疾病，一般采用抗菌药物进行治疗，在这种情况下，还需要注意针对患病鱼类究竟是全身性感染还是局部性感染，选择不同的给药方式。如对于鳗鲡的爱德华菌病，由于病原菌可以通过血液在全身流动，所以采用在饵料中拌药物投喂的方法，可以获得良好的治疗效果。而对于车轮虫病和体表寄生的部分寄生虫病，由于寄生虫寄生部位是鳃和体表，药物能直接接触到病原体。因此，对这些寄生性疾病的治疗采用药液浸浴法是比较适宜的。

由寄生虫引起的各种疾病，如在体表寄生的原生动物、大型吸虫和甲壳动物等，采用药液浸浴法能获得良好的效果，而对于寄生在鱼类的消化道的棘头虫、线虫等体内寄生虫，必须采用拌药饵投喂的给药方式，才有可能获得比较理想的治疗效果。

在治疗寄生虫病时，要根据寄生虫的生活史中的薄弱环节采用适宜的治疗方法。如对于鱼类锚头鳋病的进行药物治疗时，由于这种寄生虫的头部深深地寄生在鱼体内，药物是难以将已经寄生在鱼体上的锚头鳋杀灭的。在药物治疗锚头鳋病时，就要根据锚头鳋的生活史针对其幼虫，即尚在养殖水体中营自由生活的无节幼体和桡足幼体阶段的锚头鳋幼虫用药。

3. 根据药物的类型

能溶于水或者是经过少量溶媒处理后就能溶于水的药物，不仅可以作为拌药饵投喂的药物使用，同时也可以作为药浴用药物使用。但是，对于不溶于水的各种药物就不能作为药浴用药物。既能用于拌药饵投喂又能作为药浴用的药物是很少的，药物的生产商是根据药物的使用途径和方式制备的不同剂型，在选择和使用某种药物时，必须认真地阅读使用说明书。根据药物不同的剂型，有些药物在消化道内不易吸收，而比较易于通过鳃吸收。因此，在采用某种药物治疗养殖鱼类的疾病之前，比较深入地了解拟使用药物的特性和使用方法是很重要的。

二、选择药物的依据

（一）依据药物的抗菌（虫）谱

从患病的鱼类中分离病原菌（或者寄生虫），进行革兰氏染色和鉴定其种类后，根据不同药物的抗菌（虫）谱，就可以大致明确什么抗菌（虫）药物可能是治疗某种疾病的有效药物，首先可以从药物的抗菌（虫）谱中选择病原菌比较敏感的几种抗菌（虫）药物。

最近，人们注重将具有较广抗菌谱的抗菌药物作为渔用药物的研究开发对象，即希望用一种药物就可能对多种病原菌有效。现在已经研制出来了一些同时对革兰氏阴性和革兰氏阳性病原菌都有抑菌作用的药物。其实，为了不对鱼体内和养殖环境中微生态环境造成破坏，筛选窄谱抗菌（虫）药物是更值得注意的。

（二）致病菌药物敏感性测定

抗菌药物敏感性试验（Antimicrobial Sensitivity Test，AST）简称药敏试验（或耐药试验），旨在了解病原菌对各种抗生素的敏感（或耐受）程度，以指导药物治疗中合理选用抗生素药物的微生物学试验。某种抗生素如果能以很小的剂量抑制、杀灭致病菌，则称该种致病菌对该抗生素“敏感”。反之，则称为“不敏感”或“耐药”。为了解致病菌对哪种抗生素敏感，以合理用药，减少盲目性，就应该进行药敏试验。药敏试验的大致过程是：从患者的感染部位（病灶）采取含致病菌的标本，接种在适当的培养基上，于一定条件下纯化培养菌株。如果采用纸片琼脂扩散法（K-B 法）完成药敏试验，就可将分别沾有一定量各种抗生素的纸片贴在培养基表面（或用不锈钢圈，内放定量抗生素溶液），培养一定时间后观察抑、杀菌结果。由于致病菌对各种抗生素的敏感程度不同，在药物纸片周围便出现不同大小的抑制致病菌生长而形成的“空圈”，称为抑菌圈。抑菌圈大小与致病菌对各种抗生素的敏感程度成正比关系。因此，可以根据药敏试验结果有针对性地选用抗生素。最近已有自动化的药敏试验仪器问世，可以使药敏试验更加迅速、准确。

对水生动物致病菌的药敏试验结果不仅可为科学地选择治疗药物提供重要参考，避免渔用药物的滥用或者误用，而且通过监控病原菌的耐药性变迁，还可用于评价研制渔用药物中新药的抗菌谱和抗菌活性等药效学特征。目前，在水生动物疾病防控中滥用抗生素的现象比较普遍，致使抗药致病菌急剧增加，甚至因长期大量使用广谱抗生素，大量杀伤了水生动物体内正常微生物，失去微生物的相互制约作用，从而使一些少见的或一般情况下的非致病菌大量繁殖，引起所谓“二次感染”的情况屡有发生，给药物治疗水生动物感染性疾病造成人为的困难。因此，在水产养殖中提倡对水生动物致病菌进行药敏试验，对于做到精准用药和坚持合理用药是十分重要的。

目前常用的药敏试验方法有：纸片琼脂扩散法（K-B 法）、稀释法、E 试验、检测细菌耐药性的方法。稀释法又可分为液体稀释法和琼脂稀释法。在人医和兽医方面，检测细菌耐药性的方法还包括耐甲氧西林金黄色葡萄球菌（MRSA）的检测、耐万古霉素肠球菌（VER）的检测、耐青霉素肺炎链球菌（PRP）的检测、超广谱β-内酰胺酶（ESBL）的检测和β-内酰胺酶的检测。

对于水生动物致病菌药敏试验主要采用纸片琼脂扩散法（K-B法）和稀释法进行。

（1）纸片琼脂扩散法（K-B法）

该方法是将含有定量抗菌药物的药敏片（药敏片），贴在已接种了待测试致病菌的琼脂培养基表面上，药敏片中所含的药物在琼脂培养基中扩散，随着扩散距离的增加，抗菌药物的浓度呈对数减少，在纸片的周围形成药物浓度梯度。导致药敏片周围能抑菌的药物浓度范围内的致病菌不能生长，而处于药物抑菌浓度范围外的致病菌则可以生长。因此，在药敏片周围形成透明的抑菌圈。不同抑菌药物的抑菌圈直径因受药物在琼脂培养基中扩散速度的影响而可能不同，抑菌圈的大小即可以反映测试致病菌对药物的敏感程度，并与该药物对测试致病菌的MIC呈负相关。

药敏片可以购买或者自制。自制药敏片时，取新华1号定性滤纸，用打孔机将其打成6.0毫米直径的圆形纸片。取圆形纸片50片放入清洁干燥的青霉素空瓶中，瓶口以单层牛皮纸包扎。经15磅[①] 15~20分钟高压消毒后，放在37℃温箱或烘箱中数天，使其完全干燥。

接着，向上述含有50片滤纸片的青霉素瓶内加入药液0.25毫升，并翻动滤纸片，使各滤纸片充分浸透药液，翻动滤纸片时不能将其捣烂。同时在瓶口上记录药物名称，放37℃温箱内过夜，待其干燥后即密封，如有条件可真空干燥。切勿让药敏

① 磅：英美制重量单位，1磅合0.453 592 37千克。

片受潮，置阴暗干燥处保存，制作好的药敏片的有效期一般为3~6个月。

需要注意的是药敏片的质量一定要标准，这是做好药敏试验的关键。如果药敏片质量参差不齐（制作药物纸片时，如果选择的滤纸厚薄不一致，或者有缺损，就会导制备的药敏片中药物含量不均匀），常常引起抑制菌环不规则，使药敏结果判断不准确。因此，药敏片间差和准确度都一定要达到标准。同时，为了保持药敏片中的药物活性，药敏片的 pH 一般要求为中性；同时将其置放低温条件（-10℃）下保存，避免潮湿。盛装药敏片的容器自低温处取出时，应防置在室温条件下平衡至少 10 分钟后再打开包装容器，避免冷凝水影响到药效。

抗菌药的稀释剂通常用纯水。一般可按商品药使用说明书上的配制。按 1.0 克药物需加多少毫升水或配多少毫克饲料，就相当于配制试验药液所加纯水的毫升数。如 10.0 克药物可配 50.0 千克饲料，其换算方法为 1.0 克本品加 5 000.0 毫升纯水。此溶液即为用于做药敏试验的药液。

因为不同的致病菌对同种药物的敏感性可能是不相同的，采用药敏片法测定相同药物对不同种类的致病菌的抑菌效果时，可能会观察到直径不同大小的抑菌环。如果致病菌不纯，该供试致病菌在试验中所产生的抑菌环，与纯培养状态下菌株所产生的抑菌环大小差异比较大，就会影响对药敏试验结果判断的准确性，最终导致水生动物执业兽医在疾病治疗中，难以参考药敏试验结果选择到合适的药物。

一般而言，应该避免直接挑取初分离的菌落完成药敏试验，除非在暴发性疾病流行的紧急情况下，当革兰染色提示出分离微生物为单一种类时，可以直接挑取分离菌落做药敏试验。但是，其结果也仅能作为药敏试验结果的初步报告，随后必须用标准方法重复完成药敏试验。

在涂有致病菌的平皿上，药敏片中的抗菌药物在琼脂内向四周扩散，其药物浓度呈梯度递减。因此，在药敏片周围一定距离内的致病菌生长受到抑制。在经过一定时间培养后可形成一个抑菌圈（图 1-1）。

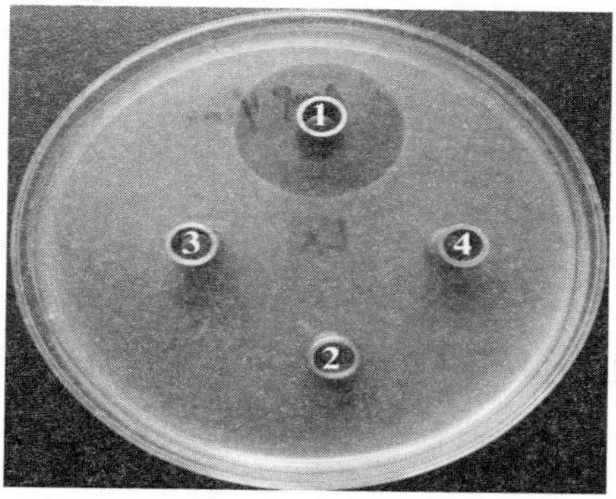

图 1-1　牛津杯法抑、杀菌试验结果

注：操作方法是在“超净台”中，用经（酒精灯）火焰灭菌的接种环挑取待试细菌于少量生理盐水中制成细菌混悬液，用灭菌棉拭子将待检细菌混悬液涂布于平皿培养基表面，要求涂布均匀致密。

以无菌操作将灭菌的不锈钢小管（内径 6 毫米、外径 8 毫米、高 10 毫米的圆形小管，管的两端要光滑，也可用玻璃管、瓷管），放置在培养基上，轻轻加压，使其与培养基接触无空隙，并在小管处标记各种药物名称。每个平板可放 4～6 支小管。等待 5 分钟后，分别向各小管中滴加一定数量的各种药液，勿使其外溢。置适当温度条件下培养一定时间，观察结果。

抑菌圈越大，说明该菌对此药物越敏感，反之就敏感性越差，若无抑菌圈形成，就说明该菌对此供试药物具有耐药性。其抑菌圈直径大小与药物浓度、划线细菌浓度有直接关系。因此，药敏试验的结果，应按抑菌圈直径大小作为判定敏感度高低的标准（表 1-2）。

表 1-2　药敏试验结果判定标准

抑菌圈直径（毫米）	20 以上	15~20	10~14	10 以下	0
敏感度	极敏	高敏	中敏	低敏	不敏

注：①具体对于不同的致病菌菌株，不同的抗生素纸片需参照 NCCLs 的标准或者 CLSI 标准。②药敏试验判定标准参考表 1，多黏菌素抑菌圈；在 9 毫米以上为高敏，6~9 毫米为低敏，无抑菌圈为不敏。

影响药敏片试验结果的主要因素有很多，首先是培养基。致病菌药敏试验所用的培养基种类较多，在一般情况下，可以参照美国国家临床实验室标准化委员会（NCCLS）统一要求的水解酪蛋白（Meller-Hinton，M-H）培养基，因为这种培养基中含有的低胸腺嘧啶是与磺胺类药物竞争的物质。因此，进行致病菌药敏试验的效果比较好。此外，这种培养基中还含有适量的 Ca、Mg，在培养基中起到触媒的作用。但是，有些致病菌对培养基中的成分有特殊的要求，这类特殊的微生物就需要用特殊的培养基才能完成药敏试验。例如，对于弧菌（*Vibrio* sp.）中的专性嗜盐菌株、美人鱼发光杆菌杀鱼亚种（*Photobacterium damselae* subsp. *piscicida*）、发光杆菌美人鱼亚种（*Photobacterium damselae* sub sp. *Damiselae*）和杀鲑弧菌（*Vibrio salmonicida*）的药敏试验培养基要用添加有 1.5% NaCl 的 MHA 培养基；柱状黄杆菌（*Flavobacterium columnare*）、嗜鳃黄杆菌

（*Flavobacterium branchiophilum*）的药敏试验培养基要用经过稀释的 MHA 培养基（或者采用 Cytophaga agar，配方是 0.05%（W/V）胰蛋白胨，0.05%酵母膏，0.05%醋酸钠，0.02%牛肉膏，1.0%琼脂，pH 7.2~7.4）；而嗜冷黄杆菌（*Flavobacterium psychrophilum*）的药敏试验培养基要用 Cytophaga agar 培养基（或者采用 TYE agar，配方是 0.14%胰蛋白胨，0.04%酵母膏，0.05% $MgSO_47H_2O$，0.05% CaCl $2H_2O$，1.0%琼脂，pH 7.2）、海豚链球菌（*Streptococcus iniae*）的药敏试验培养基要用添加 5.0%羊血的 MHA。培养基中还有适量的 Ca、Mg，在培养基中起到触酶的作用，其含量的变化，可影响氨基糖苷类和四环素对部分致病菌的药敏试验结果，这些物质的含量过高，抑菌圈会变小，含量过低，抑菌圈就会很大。

致病菌药敏试验的培养基厚度大约为 4.0 毫米，若培养基厚度大于 4.0 毫米，会使细菌出现耐药；若厚度小于 4.0 毫米，则可能导致本应耐药的容易出现敏感。所以，试验时最好不要把药敏片放在中央部位，而应均匀地排布在平皿周围的培养基上。制作药敏试验的培养基用水中的一些物质，主要是 Ca、Mg、A1 等矿物质离子，也会在很大程度上影响着药敏试验的结果。

其次是药敏片。药敏片材质的好坏，对药物稳定性和活性有很大影响。加工药敏片的滤纸一般是使用加厚型的滤纸，因为这种滤纸杂质少，对药物保存无太大影响。如果使用普通滤纸的话，被水浸润后会呈碱性，并且含有大量无机离子，所以使用普通滤纸加工的药敏片对药物有较大的影响。药敏片的 pH 一般要求为中性，这样才适合保持药物自身的特性。药敏片的厚度要求大约 1.0 毫米，这样才有利于细菌的生长和药物的扩散速度。药敏片的直径在 6.00~6.35 毫米之间，纸片的厚度和直径大小都会影响药敏试验的结果。

药敏片的片间差和质量好坏是决定药敏试验成败的关键。如果是从商店购买的药敏片，就可能会有抑菌环偏大或偏小的问题，纸片之间又存在很大的片间差。因此，纸片在用前必须检验其片间差和准确度，只有都达到标准要求后才能使用。同时要注意药敏片的保存，因为有些种类的药敏片，如青霉素类，在保存中因为受潮湿环境的影响容易降低其药物的活性。

其三是致病菌。由于各种致病菌对药物的敏感性不同，产生的抑菌环大小不同，如果供试致病菌不纯，试验中所产生的抑菌环大小与该菌种在纯培养状态下产生的抑菌环大小存在较大的差异，直接影响到判断结果的准确性。因此，需要对各种致病菌提纯后，分别进行不同的药敏试验。药敏试验时，需要将提纯后的菌种配制成一定浓度的菌液。NCCLS 制定的标准是要求菌液浓度在 1.5 亿/毫升左右。若菌液浓度过高，该菌会对所有药物产生耐药；反之，菌液浓度过低，该菌会对所有药物均敏感。最精确的方法是使用分光光度计测定新鲜培养物菌悬液的吸光度，确定菌液浓度。

药敏试验中要将菌液均匀地涂在培养基上，使细菌均匀分布，这样才能使试验结果不会出现较大的偏差。涂菌后 15 分钟才能贴药敏片。由于涂菌后，细菌要有一段时间的适应过程，但是时间不能过长，否则会使细菌产生耐药。贴药敏片时，每取一种药敏片必须烧一下镊子口，避免药敏片之间相互混淆，以提高药敏试验的准确性。药物杀灭细菌存在一定的量比，药敏试验培养基上细菌层越厚抑菌圈就越小，反之抑菌圈就越大。根据一种药物抑菌圈的有无或者大小，只能判断出该药对细菌有没有效果，但是其敏感性的高低需要通过科学严谨的试验来确定。药物的敏感程度需要根据药敏试验的结果，并结合以上因素做综合分析，才能得出科学的结论，而片面地根据药敏圈的大小来决定敏感与否，结果就会不够准确。

其四是培养时间。对于水生动物致病菌一般培养温度和时间为在28℃条件下培养24～48小时为宜，有些抗菌药扩散速度比较慢如多粘菌素，可将已放好抗菌药的培养基平皿，先放置于4℃冰箱内2～4小时，使药敏片中的抗菌药预扩散，然后再放28℃温箱中培养，这样就可以推迟细菌的生长，而得到较大的抑菌圈。

最后，药敏试验后，应选择高敏药物用于疾病的治疗，也可选用两种药物协助使用，以减少耐药菌株的产生。在选择高敏药物时应考虑药物的吸收途径，因为我们药敏试验是药液直接和细菌接触，而在给水生动物用药的时候，必须通过机体的吸收才能使药物达到一定的效果，所以在实际用药时，高敏药物一定要配合适宜的给药方法，这样才会达到理想的治疗效果。

（2）液体培养基稀释法

该方法适用于需氧及兼性厌氧的快速生长型致病菌，如肠杆菌科、葡萄球菌属和肠球菌属；嗜血杆菌属、奈瑟菌属、肺炎链球菌及其他链球菌等菌株，还适用于厌氧菌、酵母样真菌及支原体等。

根据每种药物致病菌种类和感染部位的不同，选择不同的抗生素浓度稀释范围，用M-H肉汤以$2n$进行倍比稀释抗菌药物（如256、128、64、～0.125……）。将稀释后的药物加入试管，或加入冷却至45～55℃ M-H培养基中，立即在无菌条件下制作系列药物浓度梯度的药敏试验试管（图1-2）。

用无菌生理盐水或M-H肉汤培养基，将菌液配置成10^6个/毫升浓度的菌悬液。在配制好的含药浓度梯度液体培养基

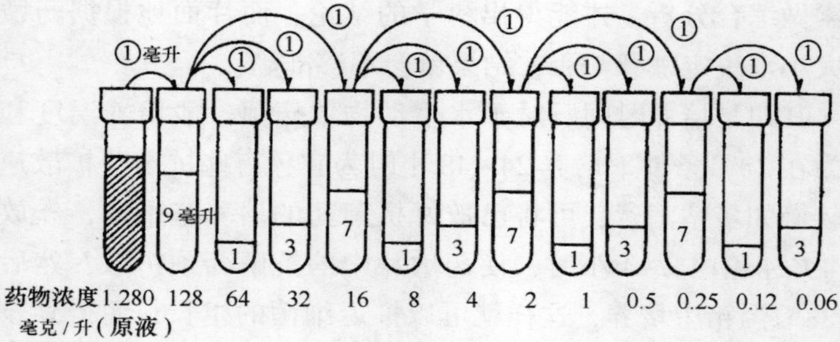

图 1-2 试管内药敏试验的试管内药物添加方法
（仿日本化学疗法学会，1975）

试管中加入上述供试致病菌的菌悬液。制备好的药物敏感测试试管放置于培养温度和时间为28℃条件下（注意根据致病菌的特性选择培养适宜温度），培养一定的时间后，再观察试验结果。

液体培养基稀释法获得的是供试药物对致病菌的最小抑菌浓度（minimal inhibitory concentration，MIC）和最小杀菌浓度（minimal bactericidal concentration，MBC）。MIC的判读即为肉眼观察无致病菌生长试管中的最低药物浓度，为该供试药物的MIC。MBC的判读即为供试药物杀灭99.9%或以上受试致病菌所需的最低浓度。具体做法是将高于MIC 1~3个稀释度的试管中的培养液，转接种于相应的培养基平皿上，在28℃恒温条件下培养18~24小时，与无致病菌生长的平皿对应的药敏试管中的药物浓度，即判为杀灭99.9%或以上受试菌所需的MBC（图1-3）。

（三）抗菌素的作用方式

在药物疗法中使用的各种抗菌药物都是能对细菌的细胞产

图 1-3　试管内药敏试验结果

生作用，而对鱼类和人体的细胞不会产生危害的，这是因为药物具有选择性毒性的缘故。在选择抗菌素类药物作为鱼类疾病的药物时，首先要了解这种药物的作用原理。除了要明确该药物的作用原理外，还应该弄清楚药物对病原菌究竟是抑菌作用还是杀菌作用，这些问题对于确定药物的投予量和投予方法都是非常重要的。

药物对病原菌的抑菌和杀菌作用的机制有所不同。使用具有抑菌作用的药物后，病原菌的数量不会减少，药物在鱼类体内以有效的药物浓度并保持一定的时间，因为药物只能抑制病原菌的增殖，最终还要依靠机体的免疫防御机能的作用使疾病痊愈。而具有杀菌作用的药物则是通过直接杀死鱼类体内的致病菌而产生治疗效果的。

由于抑菌和杀菌药物的作用机制不同，使用具有抑菌作用的药物就必须要使药物的有效浓度在鱼类体内维持一定的时间，需要准确计算初次用药量和再次使用的维持量。使用杀菌作用的药物，则不需要考虑药物在鱼类体内维持一定时间的杀菌浓度。

在抗菌类药物中，通常将磺胺类和抗生素类药物定为具有抑菌作用的药物，而将呋喃类药物定为具有杀菌作用的药物。不过，当大剂量的使用抑菌性药物时，其药物也会显示出杀菌效果。所以，对于抗菌素类药物而言，其抑菌和杀菌作用只是药物使用剂量的差异，而不存在本质的不同。

（四）第一次选用药物和第二次选用药物

在鱼类的养殖过程中，由于多次使用同一种药物，会导致病原菌的耐药性逐渐增强，最后就会导致具有抑、杀菌效果的药物越来越少的局面。如果通过对病原菌进行药物敏感性试验，在疾病的治疗初期就选用病原菌最敏感的药物，就可能随着病原菌对药物产生耐药性而无法再获得有效的治疗药物。因此，为了避免这种现象的出现，在使用药物治疗鱼类的疾病之前，就应该根据药物的种类和特性，决定不同药物的使用顺序。譬如，将磺胺类和抗生素类等比较容易引起病原菌产生耐药性的药物作为第一次选用药物，而将对已经产生耐药因子的耐药性病原菌也有杀菌效果的合成抗菌药物，如萘啶酸、噁喹酸和吡咯酸等作为第二次选择用药物，只对第一次选择药物失去疗效的情况下使用。在决定使用药物的顺序时，最好是能将磺胺类药物作为第一次选择用药，抗生素类药物作为第二次选择用药，而将各种化学合成药剂作为第三次选择用药，但是，由于各种条件的限制，这种用药顺序在鱼类疾病防治实践中也不是绝对的。

虽然病原菌对萘啶酸等第二次选择用药物不会产生耐药因子，但是病原菌能很快获得对这些药物的短期耐药性，因此，在实际防治鱼类疾病时，应该严格控制这类药物的使用次数。当第二次选择用药物失去效果后，还必须从第一次选择使用的药物种类中筛选有效的药物，由于病原菌对药物的耐性程度每年都会不断地变化，当磺胺类和抗生素类药物停止使用一段时间后，病原菌又可以恢复对这些药物的敏感性。

三、药物治疗

对患病鱼类的药物治疗，虽然是在所采用的所有预防疾病的措施失效，疾病已经发生的情况下，不得已采取的办法。但是，药物治疗疾病也是鱼类疾病防治的重要部分。采取的药物治疗措施得当，是可以将因疾病造成的损失控制在最低范围内的。下面根据不同的用药途径，分别介绍需要注意的主要内容。

（一）制作药饵投喂

1. 投喂药饵的标准量

首先，要根据药物的种类决定用于预防和治疗疾病的基本用药量。在各种渔用药物的使用说明书中经常可以看见“按每千克鱼体用××毫克药物，拌和在饲料中……”或者“在每千克饲料中添加××%的药物……”的表达方式。需要说明的是，所谓标准用药量，是指对鱼类的单位重量或者单位饲料中添加药物用药的量，与实际用药量，即“标准用药量×鱼体总重量（千克）”或“标准用药量×饲料总重量（千克）”之间是有差别的。

虽然在鱼类养殖的实际生产中，计算标准用药量有各种方法。但是，只有根据鱼类的体重计算标准用药量，才是正确的方法。这是因为鱼类属于变温脊椎动物，其体温随水体温度的变化而变化，而水体温度变化又直接导致鱼类摄食量的变化。如果是根据饲料量制作含药物一定剂量的药饵的话，那么，就有可能因为鱼类在不同的季节摄食不同量的饵料而导致摄取药物剂量的差别。其次，在现代鱼类养殖业中，为了获得较高的经济效益，养殖业者需要经常对养殖的鱼类按规格进行选择，通常是将规格相同的个体饲养在一起。因此，即使对于实施群体饲养的鱼类，其个体间的饵料摄食量也是不会有太大差异的。

所谓标准用药量，就是根据不同的药物种类，对鱼类投药后能在短时间内在其体内上升达到有效药物浓度并能维持一定时间的药物剂量。如果超剂量地对鱼类给药，使鱼类体内的药物浓度高于有效药物浓度，只能使鱼类机体受到药物的伤害，而对于疾病的治疗是没有任何意义的。与此相反，如果给药量过少，药物在鱼类体内不能达到有效药物浓度，尤其是具有抑菌作用的药物就难以达到治疗疾病的效果。

为了推测饲养在水体中鱼类的总重量，可以根据在放养时记录的总数，结合每次对鱼类进行选别时的统计数字进行核对，并根据每天的投饵量和死亡数量等进行校正，就不难获得池塘中相对准确的饲养鱼类数量了。

将药物添加在鲤的饲料中，长时间投喂鲤，在鱼体重和水温等条件相对稳定的情况下，饲养鲤每天的摄食量也是比较稳定的。根据鱼类体重确定投饵量，通常以投饵率表示。需要注意的是，水产养殖生产中制定的投饵率表是不能根据鱼类的饱食量计算的，而是应该根据鱼类能出现最高的饵料效率的投饵量计算的。因此，一般按鱼类饱食量的80%计算为宜。

对于每天的投饵率固定的鱼类，将投喂药物的标准量采用在饲料中的添加率表示，也与按鱼类体重计算的标准用药量具有相同的意义。譬如，磺胺类药物的标准用药量按鱼类体重计算一般是每千克100毫克，如果是在饲料中按0.5%的比例添加药物，再按2.0%的投饵率投喂鱼类，就正好合适，而如果将这种药饵的投饵率提高到3.0%的话，按鱼类体重计算就已经达到了每千克150毫克的用药量。标准用药量、投饵率和添加率的关系见表1-3。

在水温变化不大的季节里，鲤、鲫、草鱼和团头鲂等鱼类的投饵率一般均比较稳定，按照表1-3的方式制定标准用药量、投饵率和药物添加率之间的关系表是可能的，但是，对于翘嘴鳜等以鲜活鱼类为食的鱼类而言，就难以制定出这样的投饵率表了。

表1-3 标准用药量、投饵率和添加率之间的关系（根据鱼类体重计算的标准用药量和投饵率可以知道药物在饲料中的添加量）

投饵率/%	药物在饲料中的添加率/%					
	0.01	0.05	0.10	0.50	1.00	5.00
5	5	25	50	250	500	2 500
4	4	20	40	200	400	2 000
3	3	15	30	150	300	1 500
2	2	10	20	100	250	1 000
1	1	5	10	50	100	500

注：表中数值表示按每千克鱼类体重添加药物的毫克数（毫克/千克鱼体重）。

2. 药物的剂型与饲料

鱼类的饲料大致可以分为人工配合饲料和鲜活鱼虾等动物性饵料，前者又可分为粉状和颗粒状两种，后者可能是直接利用鲜活鱼或者用鲜鱼做成的鱼糜。拌药饵投喂法就是要将药物混合在饲料中投喂，为了避免药物的损失和让鱼类能摄食药饵，使用者必须熟知药物的剂型和饲料、饵料的关系。

（1）脂溶性药物制剂

不溶于水的药物制剂虽然可以与任何种类的饲料和饵料混

合使用，但是，根据饲料和饵料种类的不同，药饵的制作方法也有所不同。在配合饲料中，如果是将药物拌在颗粒和微粒饲料中，可以首先采用相当于饲料重量5.0%~10.0%的油（鱼油）与药物充分混合，然后将颗粒饲料加入其中混合，使油和药物的混合物吸附在饲料的表面，阴干20分钟后投喂，可以获得良好的治疗效果。对于粉状饲料和鱼糜可以将准备好的药物直接混合在其中即可。

（2）水溶性药物制剂

能溶于水的药物制剂可以直接用水稀释后，将颗粒饲料放在其中并稍加搅拌，随着水分被吸入饲料内，药物也被吸附在饲料上。需要注意的是，对于微粒饲料，由于颗粒比较小，遇水后颗粒很容易散开，为了避免这种现象的发生，可以将药物用水稀释后，首先加入一定量的淀粉搅拌成稀糊状后，再与微粒饲料混合。对于粉状饲料可以直接加入用水稀释后的药液中搅拌成糊状，做成块状药饵后投喂。由于鲜鱼和鱼糜中含有大量的水分，与药液混合后容易流失，一旦投入水中后其中的药物可能很快地散失到水体中，很难被鱼体摄入其体内。

因此，水溶性药物制剂添加在颗粒饲料中比较适宜，而不宜直接添加在鲜鱼和鱼糜中。在鲜鱼和鱼糜中添加时，需要采用黏附剂等措施，尽量防止药物流失。

（3）药物散剂

在药物中添加一定比例的乳糖、酵母粉等做成的制剂，称为药物散剂。在鱼类中的药饵中，当饲料的比例过大时，就会妨碍消化管对药物的吸收。因此，在制作鱼类的药饵时，应该注意尽量提高药物在药饵中所占的比例。

磺胺类药物添加在不同饲料中的效果见表1-4。

表 1-4　饲料的种类与磺胺类药物的添加方法（仿原，1972）

饲料的种类	磺胺药物的剂型	添加方法	效果
微粒饲料	纯粉	混合在油中	○
	盐化	用水溶解	×
	盐化	混合在油中	×
颗粒饲料	盐化	用水溶解	○
	纯粉	混合在油中	○
	盐化	混合在油中	×
鲜鱼饵料	纯粉	—	×
	盐化	—	×
湿颗粒饲料	纯粉	—	○
	盐化	—	×

注：○表示效果好；×表示效果差。

3. 药物与饲料的混合方法

为了提高药物对鱼类疾病的治疗效果，将药物均匀地拌和在饲料中是非常重要的，这是保证鱼类均匀摄食药物饲料的前提。

（1）用颗粒饲料制作药饵

当采用颗粒饲料做药饵时，以水溶性药物最好，其次是脂溶性药物，而药物散剂最差。

在制作药饵时，可以将水溶性药物用相当于饲料重量 3.0% 左右的水溶解后，将颗粒饲料加入其中，让水分被吸入饲料中即可。如果水分过多不仅不能短时间为饲料所吸收，而且还可能导致颗粒饲料的外层散落，结果是固形部分中不含有药物，药物只是吸附在散落的粉末中，投喂鱼类后就不能获得期待中的治疗效果。微粒饲料由于其粒子较小，表面比较粗糙，很容易吸入水分而散开，因此不宜作为水溶性药物的吸附物。可以用相当饲料重量5.0%~10.0%的油与药物充分混合，然后与微粒饲料混合，使其吸附在微粒饲料的表面。这种方法当然也适用于颗粒饲料。在颗粒饲料中添加药物的方法与药饵入水后的溶出量的关系见表1-5。

表1-5　在饲料中添加磺胺甲基嘧啶的方法与入水后的溶出量（仿原，1984）

添加方法	添加药物后即投喂			添加药物后间隔一段时间后投喂**	
	添加率/%	30秒后饲料中含药量*	30秒后饲料溶出量	30秒后饲料中含药量	5秒后饲料中含药量
纯粉→油→微粒饲料	0.25	99.7	2.9	72.9	85.4
盐化→油→微粒饲料	0.25	37.2	62.0	63.2	67.2
纯粉→油→颗粒饲料	0.50	80.3	3.6***	—	—
盐化→油→微粒饲料	0.50	34.4	75.6	—	—
盐化→水→微粒饲料	0.50	63.0	15.7	73.4	94.0
盐化→水→微粒饲料→油	0.50	67.5	23.4	66.9	100.0

注：*表示与入水前含量的比例（%）；**放置时间：微粒饲料为4天，颗粒饲料为1天；***是因为纯粉不溶于水，可以从颗粒饲料上脱落，故从水中检测的溶出量很少。

将颗粒饲料与药物混合时也可以用搅拌机械进行，以减轻劳动强度。

（2）用粉状饲料做药饵

粉状饲料做成药饵的过程是比较简单的，无论是对于水溶性药物还是脂溶性药物均是适宜的。将水溶性药物用水溶解后与粉状饲料充分混合，做成块状后即可投喂。而对于脂溶性药物，可以首先将粉状饲料分成3等份，将药物添加在1份饲料中充分搅拌均匀，再加入第2份饲料继续搅拌均匀，最后加入第3份饲料混合，这样分成3个阶段混合，就可能使药物在饲料中分布的更为均匀。如果只是制作少量的药饵，还可以将饲料和药物放在塑料袋中，充入少量气体后，通过上下左右翻动塑料袋而使饲料和药物混合均匀后投喂鱼类。

（3）用鲜鱼和鱼糜做药饵

由于鲜鱼和鱼糜中含有大量的水分，药液与其混合后容易流失，一旦投入水中后其中的药物可能很快地散失到水体中，被鱼体所摄入的药物量是非常少的。现在，翘嘴鳜等养殖鱼类的人工配合饲料尚为开发成功，采用口服给药的方式投喂药物是比较困难的，有人曾尝试将药物首先混合在黏合剂中再黏附在鲜鱼和鱼糜中投喂，据报道称取得了较好的效果。

（4）用湿颗粒饲料做药饵

为了防治鲑科鱼类的疾病，养殖业者通常是利用鲜鱼的鱼糜或者鱼粉与药物混合后制作成湿颗粒药饵喂鱼。用鱼肉和鱼粉制作的湿颗粒药饵投喂五条鰤的试验结果表明，分别对体重为22~106克的五条鰤投喂沙丁鱼肉（A组）、在沙丁鱼鱼糜中加入10.0%的粉状饲料（B组）和在沙丁鱼鱼糜中加入50.0%的粉状饲料（C组）3种药饵，在这3种药饵中均按每千克鱼体重100.0毫克的剂量添加了土霉素。投喂五条鰤后，定时取样测定鱼体肝脏内土霉素的量，结果发现，C组试验鱼肝脏中药物含量最高，B组试验鱼肝脏内药物含量稍高于A组。这种结果说明药饵中的粉状饲料添加量越大，对药物的黏附性能越好，投入水中后能有效地防止药物散失，从而有利于试验鱼摄入更多的药物。

4. 投饵量与投饵次数

为了治疗鱼类的疾病，不仅要将药物均匀地拌和在饲料中，还需要考虑怎样投喂才有利于鱼类摄取药饵。一般而言，鱼类的个体越大、饲养水温越高，对饲料的摄食量也越大，但是，如果以鱼类的单位体重考量摄食量，就会发现规格越小的鱼类按体重计算的摄食量越大。

药物在药饵中的浓度越大，即药饵中饲料的比例越小越有利于增强对鱼类疾病的治疗效果。为了探讨投喂药饵的量与治疗效果的关系，有人以虹鳟为试验鱼进行了投饵量对鱼体吸收药物影响的研究。分别对 3 组试验鱼投喂相当于其体重 1.0%、2.0%和 3.0%的含有磺胺甲基嘧啶的药饵后，定时测定鱼体内的药物浓度，结果发现投饵量越大的试验组鱼体内的药物浓度越低。一般而言，鱼类体内的药物浓度与治疗效果是呈正相关的，即体内的药物浓度越高治疗效果就会越好。所以，为了提高对鱼类疾病的治疗效果，药饵中饲料的比例越小越利于鱼类对药物的吸收。

然而，对鱼类的人工饲养都是以池塘和网箱为单位进行的大批量饲养的，而尽量地使饲养的鱼类快速生长是所有饲养者的希望。在鱼类的饲养过程中，当饲料的投喂量不足，或者饲料的品质不均匀，个体间的摄食不均匀，就会导致鱼类个体出现较大的差异。投喂药饵的目的就在于治疗疾病，让患病的鱼类均匀地摄食到药饵是获得满意治疗效果的前提。投喂药饵时减少投喂量也是有一定限度的，一般的经验是采用平时投饵量的一半为宜。

由于减少了投饵量，每天的投饵次数也是必须要考虑的。对虹鳟进行每天 1 次投喂饱食量或者分为 3 次投喂后，对供试鱼摄食状况的检查结果表明，每天投喂 1 次饵料的试验鱼能全群平均摄食。因此，以治疗疾病为目的投喂药饵时，因为投饵量比平时减少，以 1 次投喂全天的饵料量为宜。空腹的鱼体更容易使药饵中的药物进入鱼体内而达到药物的有效浓度，所以，不是特别需要的话，投喂药饵的当天以不追加投饵为好，必要时则以投喂不添加药物的普通饵料为宜。

需要注意的是，投饵量越少使所饲养的鱼类均匀摄食就越困难，因此，精心投喂药饵是必需的。

5. 开始投喂药饵的时间

发现饲养的鱼类患病并且确认病原体后，就要尽量做到及时地用药。但是，根据饲养鱼类的摄食和游动状态、死亡数量和外观症状等进行综合判断，也是很有必要的。在通常的情况下，当每天的死亡数量达到了全群的 0.1%以上时，就应当开始投药治疗。

6. 投喂药饵的期间

在各种渔用药物的使用说明书中，都根据其药物治疗疾病的种类，对投药量、投药方法、投药期间作了明确的记载。对渔用药物而言，投药期间较短的为 3 天，较长的为 10 天左右。

在不同的国家和地区，因为养殖的鱼类品种和养殖环境不同，对渔用药物的投药期间也有不同的规定。在美国，采用磺胺类药物治疗鱼类疾病的投药期间为患病鱼类的死亡停止后继续投药 10 天；而在日本，所有水产医药品的投药期间都规定在 5～7 天以内，并且在药物使用说明书中特别注明不能连续投药 8 天以上。我国的渔用药物和鱼类的品种较多，其养殖形态也有较大的差异，不能简单地与国外的用药期间相比。一般而言，采用抗菌素类药物的最短疗程为 5～7 天，对于一般急性传染性疾病，当病情缓解后还应继续用药 2~3 天。用杀虫药物治疗鱼类的寄生虫病时，还应该根据寄生虫的生活史周期以及当时的环境条件，灵活地掌握药物的用量与用药程序。如在鱼类体表寄生的锚头鳋，由于虫体头部深深地寄生在鱼体内，全池泼洒的用药方式是难以将寄生在鱼体上的锚头鳋杀灭的。药物只能消灭养殖水体中的锚头鳋幼虫（即处于无节幼体和桡足幼体阶段的锚头鳋），因此，为了达到彻底消灭养殖水体中锚头鳋的目的，就需要根据当时的水温决定间隔用药的时间，譬如，养殖水体的水温是 24~27℃，一般就需要每间隔 5 天用药 1 次，连续 3 次用药，才能达到彻底消灭锚头鳋的目的。

（二）浸浴（药浴）

对患病鱼类进行药液浸浴虽然有几种不同的方式，但是其主要过程都是将药物首先溶解在饲养水中或者用某种容器盛装的水中后，再将鱼类放入药液中浸浴，以清除寄生在鱼类体表的病原生物。与将药物拌在饵料中使鱼类口服药物的给药方法相比，鱼类口服的药物是经过消化道吸收而进入身体的各个部位的，而用于浸浴鱼类的药液除了能直接清除寄生在体表的病原生物外，还能通过患病部位和鳃部被鱼体吸收。

1. 水量的测定

由于药物要稀释在水中制备成一定的浓度，因此首先要正确地测量拟用药的水体。如果在容器中浸浴鱼类，只需要准确计算加入容器中的水即可。当浸浴法用于饲养池时，就必须丈量池水面积和水深，才能准确计算出池水体积。

2. 药物的浓度

根据药物的种类而决定药物的浓度，决定药物的使用浓度主要是以对鱼类安全为前提。需要特别注意的是，水温与药物的毒性具有密切的关系，即水温越高，药物对鱼类的毒性越强，因此，在水温较高的条件下，应当适当地降低药物的用量。

3. *浸浴的方法*

根据药液浸浴的浓度和时间的不同，可以将浸浴的方法分为如下几种。

（1）瞬间浸浴法

将鱼类放养在盛有药液的容器中，浸浴数十秒至1分钟时间的浸浴方法。如采用高浓度食盐水浸浴鱼类，以清除鱼类体表和鳃部寄生原虫，由于食盐水的浓度比较高，所以一定要注意控制好浸浴时间。

（2）短时间浸浴法

短时间浸浴法一般是在流水饲养池中应用，首先是控制进水阀停止注水，并将定量的药物溶解后均匀泼洒到池水中，这是一种不需要捕捞鱼类的施药方法，经常被用于治疗在鱼类体表发生的疾病和鱼类的细菌性鳃病。使用这种方法时，一定注意泼洒药液要均匀，如果出现池水中缺氧的现象，还应当注意及时地向池水中充气，补充池水中的溶氧量。对治疗鱼类的疾病而言，该法不失为一种好方法，但是，浸浴后的药液如何处理则是一个尚待解决的问题。

（3）流水浸浴法

在药物处理的过程中不停地向饲养池中注水，在一定的时间内用高浓度的药液从注水口滴加，使药物均匀地分布在饲养池中，这种方法也可以看成是短时间浸浴法的另一种形式。该法常被用于对鱼苗孵化池中受精卵水霉病的防治。这种方法虽然有不伤害治疗对象的优点，但是，也存在药物废液难处理的问题。

(4) 长时间浸浴法

在静水饲养池中，全池均匀泼洒低浓度的药液，治疗鱼类体表和鳃部的各种寄生虫。浸浴后的药物在池水中分解，一般不需要对药物废液进行处理。

(5) 恒流浸浴法

这是一种常在水族馆等封闭的循环水系统中使用的方法，将一定量的药物添加在水体中循环流动，预防各种寄生虫病。

(三) 涂抹法

在鱼类体表患病部位涂抹浓度较高的药液以杀灭病原体。此法适用于产卵后的受伤亲鱼的创伤处理等。这种方法具有用药量少、方便、安全、无副作用等特点。涂抹时一定要注意将鱼类的头部向上，防止药液进入鳃部和口腔，产生危险。

(四) 注射法

采用注射器将定量的药物经过鱼类的腹腔或者肌肉注射进入机体内。注射法较拌药饵投喂法进入机体内的药量更为准确，而且具有吸收快、疗效好、用药量少的特点，但是，操作比较麻烦，也容易造成鱼类受伤。所以，除对名贵鱼类、亲体和人工注射免疫疫苗时采用注射法外，一般较少采用该给药方法。

四、药物治疗效果的判定

对患病鱼类使用药物后的药物疗效通常可以从以下几个方面进行判定。

(一) 死亡数量

在投药后的 3~5 天内，如果选用的药物适当，患病鱼类每天的死亡数量会逐渐下降而显示出药物的治疗效果。若是用药 5 天后死亡率仍然未出现下降的趋势，即可判定用药无效。

（二）游动状态

健康的鱼类往往是集群游动，而患病后的鱼类大多是离群独游，或者是静卧在池底不动。采用拌药饵投喂的方式给药时，由于出现了这种症状的鱼类大多已经失去了食欲，所以难以获得治疗效果而控制死亡现象的发生，采用药液浸浴的方式就有可能治愈症状较轻的鱼类。如果选用的药物有效的话，患病鱼类的游动状态也会逐渐改善。

（三）摄食量

在患病后的鱼类摄食量一般都会下降，用药后摄食量应该逐渐恢复到健康时的摄食水平。

（四）症状

不同的疾病具有各自不同的典型症状，如果用药后其症状得到改善或者消失，即可以判定药物治疗是有效的。

（五）病原菌保有率

在发病的前期和发展期，鱼类群体中的病原菌保有率均很高，随着患病症状的逐渐改善，保菌率也会逐渐下降。药物治疗效果的判定不仅要依据死亡率的下降和临床症状的消失，还需要通过检查鱼类群体中的病原菌保有率的高低，从细菌学角度判定是否已经痊愈。

（六）抗体效价的变化

因为患病的鱼类痊愈后，其体内会存在对引起该疾病的病原体的抗体，通过测定这种抗体的效价，不仅可以对病情作出判定，而且也可以了解鱼类患病的历史。

（七）病理组织图像

通过组织切片，比较正常与患病组织的差异，以判断药物治疗的效果。这种方法虽然是最有效的方法，但是，由于这种方法的过程比较复杂，因此一般都较少采用。

五、治疗失败后的对策

（一）对病原体的鉴定是否正确

当对鉴定病原体出现错误时，就可能选用完全没有治疗作用的药物，结果必然是药物治疗失败。因此，对病原菌的正确分离和鉴定，是药物治疗疾病成功的基础。当出现药物治疗失败时，就应该对引起疾病的原因进行重新确认。

（二）对病原菌的诊断正确而治疗失败

1. 由耐药性致病菌引起的疾病

从患病的鱼类中分离病原菌并进行药物敏感性试验，根据试验结果选用致病菌敏感的药物。特别是对于由于产生耐药因子而形成的多种药物耐性菌，要注意使用第 2 次选择药物。

2. 致病菌的二重感染现象

最初致病菌对抗菌药物的敏感已经被消灭，但是，对所用的抗菌药有耐药性的菌株则得以繁殖，引起更为严重的感染或菌群失调。这样的现象虽然不常发生，可是一旦发生后就不易治疗，预后严重。对于发生二重感染的鱼类，需要再次选择新的病原菌敏感药物，作紧急治疗处理。

3. 投药量、投药期间不足

如果药物的使用者为了节约生产成本，随意减少用药量或者缩短用药期间，结果导致药物在鱼类体内不能达到清除或者消灭致病菌的有效药物浓度，或者未能达到彻底清除病原体所需的维持有效药物浓度的时间，特别是对于只具有抑菌作用的抗菌药物就不能达到有效治疗疾病的目的。因此，为了获得理想的治疗效果，就必须根据药物使用说明书中规定的用药量与给药方案使用药物。

六、药物防治鱼病面临的困难与问题

人类发展水产养殖业的历史，就是一部与水产养殖动物各种疾病作斗争的历史。目前，具有我国传统特色的水产养殖业正在逐渐步入微利时代，人们在养殖过程中能否成功地防治水产养殖动物的疾病，从经济利益的角度而言，将直接关系到水产养殖的成败。

随着水产养殖业集约化程度不断提升，养殖对象逐渐增多，养殖密度不断加大，工农业中产生的废弃物等对淡水养殖水域造成的污染以及水产养殖业自身产生的污染日益加重，导致我国淡水水产养殖环境日趋恶化，各种病害对水产养殖动植物的危害趋于严重。据不完全统计，最近几年间，比较严重危害水产养殖动植物的病害高达100多种，由于水产养殖动植物病害造成的经济损失高达数百亿元以上。由于我国的淡水水产养殖环境在短时期内难以从根本上得到改善，水产养殖动物病害防控的严峻局面在短时期内也将是难以彻底改变的。

面对水产养殖动植物各种严重疾病的频繁发生，养殖业者为了尽量减少经济损失而采用药物治疗的措施也是无可非议的。问题就是养殖业者在选择和使用药物时，不可避免地会面临着如下的一些困难与问题，导致他们无法做到所谓的科学选择和规范使用药物。

（一）基础研究有待加强

迄今为止，已经被农业部批准使用的大部分渔药是直接从兽药、农药和化工产品移植而来的，几乎还没有用于水产养殖动物疾病防治的专用药物，这些药物对不同的水产养殖动物究竟如何使用才算是科学或者规范用药，至少大多数渔药在科学研究层面尚无结论，只能参照对其他陆生动物的使用方法使用渔药。而对水产养殖动物用药与对陆生动物用药又是存在许多方面差异的，主要原因如下。

1. 水产养殖动物的种类很多

各类水产养殖品种有上百种，其中仅养殖鱼类就有近 50 种（包括草鱼、青鱼、鲢、鲤、鳙、鲫、鳜、黄鳝、短盖巨脂鲤、乌鳢、斑点叉尾鮰、罗非鱼、鳗鲡、鲈、鲷、鲆、鲽、鲟等），养殖甲壳类有近 20 种（包括对虾、刀额新对虾、罗氏沼虾、梭子蟹、锯缘青蟹、中华绒螯蟹等），贝类也有 20 余种（包括扇贝、牡蛎、鲍、文蛤、蛏蚶、缢蛏、毛蚶、杂色蛤、贻贝、三角帆蚌、珍珠蚌等），两栖类和爬行类有近 10 种（包括牛蛙、中华鳖、乌龟、黄喉拟水龟、鳄龟等）。不同种类的水产养殖动物的生理特性差异很大，对药物的耐受性、药物的效应以及药物的代谢规律存在差异，正是由于在科学研究层面上，关于各种药物对不同水产养殖动物的药理和药效特点了解还很不全面和深入，科学工作者没有告诉养殖业者对某种水产养殖动物究竟怎样选择和使用药物才算是规范的，从客观上增加了养殖业者正确选用渔药的困难。

2. 用药的效果要受到水体环境和理化特性的影响

水产养殖动物生活在各种类型的养殖水体中，用药的效果或多或少要受到水体环境和理化特性的影响。水产养殖的水域包括淡水、海水、咸淡水，水产养殖的类型又有池塘养殖、湖泊围网养殖、滩涂养殖、浅海与深海网箱养殖等，水产养殖模式还有粗放式、半精养式、工厂化养殖等。正是由于养殖水域、类型和模式的不同，构成了水产养殖动物生态环境与生活习性的复杂关系，也必然会影响到各种渔药在水产动物体内的药物动力学效应。而且水产养殖动物还具有变温的特性，相对于恒温的陆生动物而言，水生动物的生理代谢受水温的直接影响。在使用渔药时如果不根据水温的变化而适当调整药物剂量、休药期等用药方案，就难以收到良好的用药效果。由于科学研究结果尚没有全面阐明药物的效果与环境因子的相互关系，养殖业者只能凭自己的经验选择和使用药物。因此，凭经验选择和使用渔药，做到满足规范用药的可能性是很小的，而造成盲目用药的可能性是存在的。

（二）渔药使用中的特殊困难

1. 群体用药定量困难

当在同一个水体饲养鱼类中部分个体患病水产养殖动物的群体受药特点，要求人们在选择和使用渔药时，既要所选择的药物具有高效、强效和速效的特点，还需要注重施药方法的有效、安全（不仅使养殖动物安全，还要包括水产品安全和环境的安全）和低成本等方面的要求。与用药物治疗陆生动物疾病时可以实施个体用药处理不同，由于在同一个水体中饲养的水产养殖动物患病后难以实施个体隔离，即使采用药物饵料治疗时也必然是群体受药，其结果往往是群体中正在患病而需要获得药物的个体，却因为食欲下降或丧失而难以得到适量的药物，与此相反，该群体中健康个体则因为食欲旺盛而摄取了大量的带有药物的饵料，导致药物在这部分水产动物体内的浓度过高，引起药害或者药物残留现象的发生。

2. 药物使用者的专业知识局限性

我国从事水产养殖生产的大多数人员不仅对各种渔药的特性、科学使用药物的技术与方法等缺少必要的专业知识，而且在从事的水产养殖生产过程中对各种水产养殖动物病害的预防没有正确的认识，不少养殖业者将药物防治作为控制水产养殖动物各种病害的唯一措施。当水产养殖动物的病害发生时，又由于缺乏必要的诊断条件和可供决策选择药物的基本数据为支撑，自身具备的水产动物疾病学和病理学知识也不能满足对疾病进行正确诊断的需要，也就不可能做到对症用药和科学用药。盲目用药必然会导致用药效果差和用药次数增多，使病原菌更容易产生耐药性，最终导致在水产养殖动物疾病防治中药物用量逐年加大的局面。

3. 规范用药基础数据积累不够

关于规范使用各种渔药积累的科学数据不够，某种药物对不同种类的水产养殖动物究竟如何使用是规范或者正确的，没有科学研究的相关结论。近年来，有关部门组织的一些用药知识普及与宣传，专家们也只能讲一些水产动物疾病防治的常识，而仅仅依靠这些用药常识是没有办法做到规范用药的。因为渔药的使用者只有在充分了解相关环境因子、致病菌对药物的敏感程度等基本参数、具备合格的药物后，才能根据常识选择和规范使用药物，而这些基本参数是现在的水产养殖业者难以获得的。正是这些限制因子导致养殖业者难以做到规范用药，结果是一些有害的使用渔药的观念在水产养殖用药过程中盛行。

（1）“治病先杀虫”

现在许多从事水产动物养殖的业者在采用药物防治疾病

时，无论所养殖的水产动物是发生了什么疾病，一律首先要使用杀虫类药物。这种做法无疑从根本上背离了“对症用药”的防治疾病的基本原则。其实，虽然有一些寄生虫能引起水产养殖动物发生寄生虫病，但是，已经有大量的调查结果表明，能对水产养殖动物造成严重危害的疾病，主要是由病毒、细菌、真菌等致病微生物引起的所谓传染性疾病，而由于各种寄生虫的寄生引起的所谓寄生虫病，对水产养殖动物造成严重危害的现象还是很少见的。如果水产养殖动物患的就是由病毒、细菌和真菌等微生物引起的传染性疾病，那么，使用杀虫药物对这些病原体是几乎没有作用的。滥用杀虫药物更为严重的后果是，对于已经身患疾病的水产养殖动物而言，不对症地大量使用杀虫药物无异于是雪上加霜。同时，这样使用药物也可能贻误治疗疾病的最佳时机和因为对患病的水产动物形成药物刺激而加重其病情。在水产养殖动物机体上有少量寄生虫的寄生是非常普遍的现象，而有少数寄生虫的寄生也并不意味着养殖动物就已经患上了寄生虫病。在大多数情况下，水产养殖动物身体上携带少量寄生虫并不会影响机体的健康与正常生长。如果企图利用杀虫药物将水产养殖动物身上的寄生虫全部消灭，既是不可能的，也是没有必要的。而经常在没有必要使用杀虫药物时使用这类药物，不仅不能达到防治水产养殖动物疾病的目的，还存在药物污染养殖水体、破坏水体生态结构、导致寄生虫产生严重的抗药性的危险，一旦寄生虫病真的发生，反而无药可用。频繁而大量地使用杀虫药物还会影响水产养殖动物的品质、危害消费者的身体健康。

（2）“猛药能治病”

在水产养殖生产中，许多业者在决定渔药的剂量时，大多不会按照其药物的说明书上规定的剂量用药，而是习惯于采用超剂量用药方式用药。有些养殖业者判定杀虫药物使用效果的标准，就是看用药后所饲养的水产动物是否会出现躁动不安，甚至跃出水面的现象，即养殖动物如果不被药物刺激到出现躁动不安的现象，就认为不是好药或者是用药剂量还不足。其实，当水产养殖动物发生疾病后，水产养殖生产者急于控制疾病的蔓延和高效治疗疾病的心情是可以理解的，但是，大剂量地使用药物甚至超过有效剂量的数倍用药，事实上是不仅不能有效地控制疾病，而且药物无论对养殖水体还是对动物的危害都是很大的。因此，在养殖生产中严格地按照渔药说明书上规定的剂量，严格控制使用药物的剂量，是获得良好疗效的前提。

(3)“泼洒没有错”

与防治人体和家禽（畜）的疾病的用药途径相比，采用药物防治水产养殖动物的疾病确实在用药途径方面存在一定的困难。首先，这是因为生活在水体中的水产养殖动物在发病的初期阶段往往难以发现，大多数情况下都是在养殖生产者发现有死亡现象后，才注意到水产养殖动物的病情。而此时同池饲养的大多水产动物可能均已经感染了病原体，部分水产动物还可能已经病入膏肓，甚至已经丧失了摄食能力。对于基本丧失食欲的水产动物口服药物就存在一定困难，正是存在这样的问题，不少地方的水产养殖业者无论治疗水产动物的什么疾病，使用的是什么药物，一律采取了泼洒给药的用药途径。但是，除旨在杀灭养殖用水和水产动物体表致病菌的水产用消毒剂，以及用于杀灭水体和水产动物体表的部分寄生虫的水产用杀虫剂适宜采用全池泼洒的用药方式给药外，其他渔药采用全池泼洒的方式给药往往就难以达到良好的疗效，特别是抗生素类药物是不能采用全池泼洒的给药方式或按用药剂量减半后作为预防用药的。

4. 坚持“以防为主，防重于治”的基本方针

（1）防治鱼病的几个难点

“以防为主，防重于治”是防治水产养殖动物疾病的基本方针，是必须要坚持的。强调疾病的预防之所以对水产养殖动的特别重要，首先是因为水产养殖动物是生活在水里的，在疾病的发生初期难以被及时发现，当患病后的水产养殖动物被养殖业者发现时，往往已经是整个鱼群都已经发展到了病入膏肓的危重阶段，此时即使采取了正确的治疗措施也可能已经为时过晚，难以获得理想的疗效了。其次，因为现在的水产养殖方式大多是对水产养殖动物实施集约化养殖，而对大量的养殖动物同时给药是比较困难的，既不能做到像对待陆生饲养动物猪、牛一样逐尾口灌给药，也难以做到逐尾注射给药，患病后的水产养殖动物往往因为丧失食欲而不能摄食拌有治疗药物的饵料。其三，将拌有治疗疾病的药物饵料投放在养殖水体中以后，每尾鱼摄入的药物剂量就只能依靠鱼体自由摄食饵料的多少决定了。通常的结果是不该摄食药物饵料的健康鱼体因为食欲旺盛而摄食了大量药物饵料，而需要药物治疗的患病鱼体则因为丧失了食欲反而没有摄食或者摄食量过少，未能摄入能达到治疗疾病目的的药物量。其四，采用药物治疗水产养殖动物的疾病时，难以避免因药物在水体中的扩散而导致对水环境的污染，特别是因为我国的水产养殖水体大多是开放式的，药物污染的危害可能因为养殖用水的随意排放而造成更大的危害。其五，当水产动物患病后不仅会影响其生长，而且还会影响其商品价值。因此，提倡对水产动物疾病的预防是具有特殊意义的。

（2）预防鱼病的几个途径与问题

预防水产动物疾病的具体措施比较多，归纳起来可以分为生态预防、免疫预防和药物预防3个途径。一般而言，采用生态预防和接种疫苗的预防措施，预防水产动物的疾病是比较理想的。这两种预防水产动物疾病的措施不仅是我国水产行业相关主管部门长期以来所提倡的，也是水产科学工作者长期以来的主要研究内容。不过，生态预防水产动物疾病的措施往往是一个系统工程，需要涉及对许多养殖相关因子的严格调控，因此，普通的养殖业者往往难以完全掌握和自由操作。此外，还有一些生态预防调控措施是需要与降低水产动物在单位水体内的放养量等相联系的，或者是需要降低一部分产量来获取质量的提升。因此，生态预防措施与现在人们正在追求的集约化水产养殖模式，或者是“高投入、高产出”的养殖方式之间，还是存在或多或少的矛盾的。

通过免疫接种疫苗预防水产动物的疾病，已经被国内外的研究结果证明是有效的，也是具有良好的应用前景的。但是，由于疫苗具有很强的特异性，在理论上一种疫苗只能预防一种疾病，而水产动物疾病种类很多，对水产动物的每种疾病均依靠接种相应的疫苗进行预防，至少在现在还是不可能做到的。而水产动物接种一种或者两种疫苗，又是难以预防在其养殖期间可能发生的其他疾病。此外，由于水产动物在水中生活，也难以根据免疫接种程序的需要定时将其捕捞起来实施多次免疫接种。所以，对于可能受到多种疾病危害的水产动物，完全依靠免疫接种达到预防水产动物疾病的理想效果，执行起来也是比较困难的。

为了避免采用药物防控养殖水生动物疾病导致的水产品中药物残留，人们不约而同地将防控养殖水生动物疾病的目光集中在免疫学技术的应用上。尤其是自从 1942 年 Duff 的对养殖鱼类接种细菌性灭活疫苗获得成功以来，在世界范围内掀起了鱼用疫苗研制的热潮。迄今为止，已经有近百种鱼用疫苗在不同国家和地区进入到商品化应用阶段了，而正处于实验室研究阶段的鱼用疫苗种类可能更多。由于挪威和日本对部分鱼用疫苗的应用获得了成功，常被人们作为鱼用疫苗防控养殖水生动物疾病成功的典范给予称道。

我国养殖鱼类大多是属于温水型鱼类，这类鱼体的免疫系统已经是比较完备。因此，在养殖鱼类中应用免疫学技术预防传染性疾病是具有物质基础的。几十年来，已经有大量研究结果证明，采用免疫预防的方式可以有效地预防养殖鱼类的一些传染性疾病，免疫预防鱼类的疾病是避免药物污染和减少损失的最有效的途径。我国农业部也先后批准了草鱼出血病细胞灭活疫苗，草鱼出血病活疫苗，鱼嗜水气单胞菌败血症灭活疫苗，牙鲆鱼溶藻弧菌、鳗弧菌、迟缓爱德华菌病多联抗独特型抗体疫苗，鱼虹彩病毒灭活疫苗，鰤格氏乳球菌灭活疫苗（BY1 株），大菱鲆迟缓爱德华菌活疫苗（EIBAV1 株）等研制和引进单位的申请，部分鱼用疫苗已经获得新兽药证书。然而，较长时期以来，鱼用疫苗在我国的研制、推广和应用却并不顺利。究其原因，我们认为有以下几点是需要注意的。

① 鱼用疫苗研究中存在的问题

面对鱼用疫苗我们首先要回答的问题是，为什么我国的养殖鱼类疾病如此之多，商品化鱼用疫苗却如此至少，鱼用疫苗为什么如此难以批准呢？回顾我国研发鱼用疫苗的大多数工作就不难发现，可能是因为各种原因造成的吧，大多数鱼用疫苗的研究均没有按照疫苗所要求的标准去完成研究内容。大多数鱼用疫苗的研究工作均停留在实验室水平上，而且部分研究中对疫苗的评价标准也不尽科学，不少研究者甚至是在用一些非科学的东西在做着科学的事情。在鱼用疫苗的研究中，判定免疫效果的方法有待改进。至今部分研究者对鱼用疫苗效果的判定方法，大多采用攻毒的方法，其实这样评价标准本身就是欠科学的。

其次，缺乏对各种水生动物病原微生物致病机理的深入研究结果，正是由于对病原微生物的致病机理不清楚，阻碍了鱼用疫苗科学研制的进程。如鱼用疫苗的应用效果是与免疫接种途径有关的，而疫苗的最有效的接种途径应该是与病原微生物的感染途径一致为宜。也就是说不知道病原微生物的感染途径是难以确定疫苗的科学接种途径的。

其三，尚缺乏对养殖鱼类免疫器官系统发育研究方面的基础资料，动物的免疫器官发育程度是决定免疫程序的主要依据。正是由于缺乏这些基础资料，甚至有人采用疫苗浸泡鱼类受精卵的荒唐鱼用疫苗免疫接种方法。

其四，忽视了对疫苗应用地病原微生物血清型等本底的研究。在疫苗推广应用过程中，经常需要回答的一个问题是，为什么某种鱼用疫苗在甲地应用效果很好，而到了乙地后免疫效果就不理想？主要原因可能就是对疫苗使用地病原微生物血清型及其抗原变异情况等没有弄清楚。此外，在鱼用疫苗在推广与应用的过程中也应该继续监测病原体表面抗原的变异问题，不然，疫苗使用一段时间后免疫保护效果就会下降或者消失。

正如人用霍乱疫苗的开发和应用过程中，就是在连续监测免疫预防效果的基础上，不断地改进疫苗的制备工艺的。由美国马里兰大学疫苗发展中心研制的 CVD103-Hgr 霍乱弧菌减毒株，最初是由瑞士的血清疫苗研究所生产。此菌株为稻叶型 A^-

B^+株。所谓A^-B^+就是霍乱菌毒素中的有毒部分A亚单位没有了，而无毒部分B亚单位依然存在。这个疫苗口服一次是安全的，具有高的免疫原性，当免疫接种北美的志愿者后，再以有毒菌株感染攻毒时可以保护其受免者不得霍乱。但是，这种疫苗在印尼所做共约67 000人的大规模现场观察中，与对照组相比，却没有统计学上显著差别。其原因至今尚未明了。

后来，由瑞典歌德堡大学的Holmgren等研制的口服福尔马林灭活全菌体加B亚单位霍乱疫苗，是由灭活霍乱弧菌全菌体加B亚单位组成，接种途径也是口服。1980年在孟加拉的现场观察中3次免疫，短期内（半年）可提供85%的保护，但是，3年后这种疫苗就只能提供50%的保护。

最近，由越南研制了口服灭活全菌体霍乱疫苗。与前述疫苗不同之处是，这种疫苗不加B亚单位。因此也不用服碳酸氢钠中和胃酸或以肠溶衣将之包裹，生产服用比较简单。它包括两种弧菌：01及E1Tor霍乱弧菌。值得提出的是疫苗中含有569B株，其优点是该株可使疫苗中含毒素共调菌毛（TCP）。此疫苗在越南已做了大规模的现场观察，服苗两次，间隔两周。在服苗后的8~10个月，该疫苗的保护率可以达到60%。

人用霍乱弧菌疫苗的研究与应用过程说明，在疫苗的研制与应用中，是不可能做到一劳永逸的。对于疫苗的开发者而言，需要在疫苗的应用过程中，不断地观察疫苗实际免疫效果的变化、分析其原因，通过不断地针对疫苗出发菌株抗原的变异改进疫苗的制备工艺与程序，才能保证疫苗始终具有良好的免疫防御效果。

② 鱼用疫苗应用中存在的问题

首先，利用从某地获得的病原微生物作为疫苗的出发株制备的疫苗，均具有自身特有的血清型。而在疫苗应用前如果没有完全弄清楚该疫苗应用地的病原生物血清型，不明白疫苗出发出发株的血清型与疫苗预防对象血清型之间的关系时，良好的免疫保护力就是难以保证的。因为疫苗良好的免疫保护力是与血清型存在相关性的。不清楚该疫苗出发株的血清型是否能覆盖免疫接种地病原微生物的血清型，就有可能导致对免疫接种地病原微生物在免疫胁迫下，加速其病原微生物表面抗原的“漂变”，不仅会失去疫苗的免疫保护作用，还可能由于导致病原微生物出现更多血清型，给防控带来更多的困难。

其次，疫苗的使用者往往不大注意养殖鱼类存在免疫临界温度的问题。也可能是由于我国水产养殖方式大多低温季节放养鱼种，为了省事的养殖业者大多愿意选择此时进行免疫接种，结果就是因为此时的环境温度处于温水性鱼类的免疫临界温度以下，导致免疫接种没有实际意义。

其三，疫苗的使用者往往不注意养殖环境对鱼类免疫效果影响的问题。由于我国的淡水鱼类养殖大多实施多品种、多规格混养的模式，而一种病原（如嗜水气单胞菌）可以感染同池饲养的多种不同规格的鱼类，仅接种同池饲养的某种鱼可能难以出现良好的免疫预防疾病的效果。在恶劣的养殖环境中，即使接种疫苗也是难以让受免鱼类获得良好的免疫保护力的，因此，完全依靠疫苗达到预防养殖鱼类各种病害发生几乎是不可能的，尤其是在我国的养殖模式是没有办法规范的前提下，免疫接种成败的关键可能还是养殖模式。

其四，一般而言，刚孵化出来的仔、幼鱼的特异性免疫系统尚未完善，仔、幼鱼的细胞免疫机制需要在孵出 2 周后，而体液免疫机制则需要在 4~6 周后才能建立（不同鱼类的免疫系统完备所需时间不同）。因此，鱼类自孵化后到免疫系统发育完善、能产生特异性免疫应答之前的一段时间内，主要是依靠来自母体的所谓母源免疫保护自身的。如果对免疫系统尚未发育完备的仔、幼鱼实施免疫接种疫苗时，就有可能导致受免鱼体产生免疫耐受。这是因为处于早期发育阶段的仔、幼鱼的免疫系统尚未完全形成，不仅不可能对外援性抗原物质产生特异性识别和相应的免疫应答，而且由于机体尚处于不能识别自我与非我的阶段，因而就可能诱导其免疫相关细胞产生所谓的"禁忌克隆"，导致受免鱼对接种的抗原产生免疫耐受。

因此，为了避免因免疫接种诱导的这种免疫耐受现象的行程，对仔、幼鱼进行免疫接种时，要对不同养殖鱼类的免疫系统的形态和机能进行深入了解，选择适宜的免疫接种时机与受免鱼体的规格。

③ 对鱼用疫苗应用效果认识误区

我们在鱼用疫苗的研究与推广中，存在一些误区：如每当谈到鱼用疫苗的有效性时，经常有人举出挪威、日本鱼用疫苗应用成功的例子，目的在于说明采用鱼用疫苗替代化学药物（主要是抗生素）是有可能的。其实，挪威、日本之所以能将鱼用疫苗开发、应用的比较成功，是有其特殊原因的。如从本质上讲，因为这几个国家的国土面积相对狭小，不同地方环境和气候差异不大，病原微生物的变异也比较小，从某种意义上讲，他们使用的鱼用疫苗实际上就是"自家疫苗"。而我国的国土面积相对于挪威与日本要辽阔得多，不同地方因为环境、气候存在很大差异，病原微生物由于长期对环境的适应，已经发生了较大变化。而我国相关法律规定不允许使用"自家疫苗"，具有特定血清型的疫苗难以保护不同地方病原菌引起的疾病，是完全可以理解的。

不少的养殖业者片面理解了免疫预防的作用，认为一旦对鱼类注射了某种疫苗，就将像养殖鱼类送进了保险柜一样，无论在什么环境下均不会发生这种疾病了。其实，采用疫苗进行免疫接种永远只是防控养殖鱼类疾病的辅助措施之一，受免鱼类最终发病与否，主要是决定于能否保持良好的养殖环境、自始至终给予优质的饵料等养殖管理措施。只有在良好管理措施执行到位的前提下，免疫接种预防疾病的效果才能充分彰显出来。

在有些时候，正是由于养殖业者对实施免疫接种后的养殖鱼类放松了养殖管理，导致了疾病的暴发，此时，养殖业者通常会将疾病发生的原因归结为免疫接种是没有作用的。

药物预防水产动物的疾病是对生态预防和免疫预防的补充和加强，也是水产养殖业者经常采用的措施。我国现有的渔药种类比较多，包括消毒剂、驱杀虫剂、水质（底质）改良剂、抗菌药、中草药 5 大类，达 100 多种渔用药物。渔药的种类虽然很多，其实适宜于用作水产动物疾病预防的药物则是十分有限的。首先，抗生素类药物是不能作为水产动物疾病的预防药物的。这是因为无论是抑菌还是杀菌抗生素药物，均需要到达一定浓度后才能显示其作用，当药物浓度不能达到抑、杀菌效果时，就很容易导致致病菌产生耐药性。一些关于抗生素类渔用药物的宣传资料中提到“治疗时用××毫克/千克，预防时剂量减半”，这些说法是不负责任的，也都是极端错误的。滥用抗生素必然导致致病菌耐药性的增加，而细菌之间的耐药因子（R^+）是可能在细菌之间相互传导的，对公共卫生产生危害的后果将比水产品中的药物残留更为严重。

杀虫药物也是不能作为水产养殖动物疾病的预防药物。这是因为水产养殖用杀虫药物绝大多数都是由农药转化而来，而杀虫药物的使用途径主要是依靠全池泼洒，在养殖水体中多次泼洒杀虫药极容易导致对水体和水产动物的药物污染。

此外，关于预防用杀虫药物的依据不清楚，有宣传资料中介绍“在疾病流行季节，每间隔 10～15 天用药 1 次”，这种说法是缺少科学依据的。也有人认为，如果能从水产动物身体上发现寄生虫就要用杀虫药物，理由是“寄生虫导致水产动物机体的创伤后，为传染性病原的入侵创造了条件”。问题是任何水产动物身体上携带寄生虫是一个常态，在任何季节、任何水体，对任何水产动物进行寄生虫的系统检查，都是可以检查出或多或少的寄生虫（有检查水产动物寄生虫经验的人，不难从任何一种水产动物身体上查出多种寄生虫），如果是以在水产动物体内外检查到寄生虫作为决定使用杀虫药物标准的话，可能就需要在水产养殖过程中每天都使用药物杀虫了。在一个养殖水体中是否需要使用杀虫药物杀虫，主要是根据寄生虫的感染强度决定的，只有寄生强度达到了对水产动物的健康可以造成威胁的前提下，才需要使用杀虫药物。

现在，有人将微生态制剂鼓吹为能改善养殖水质（底质）的“灵丹妙药”，企望通过在养殖池塘中泼洒芽孢杆菌或者光合细菌达到调节池塘养殖环境的目的，甚至是解决水产养殖中所有的问题。其实，现在水产养殖业中应用的微生态饲料添加剂和微生态调节剂，主要是枯草芽孢杆菌、地衣芽孢杆菌、蜡样芽孢杆菌、双歧杆菌、粪肠球菌，屎肠球菌、乳肠球菌、嗜酸乳杆菌、乳酸乳杆菌、酿酒酵母和沼泽红假单胞菌等。在水产养殖中，也是将微生态制剂作为饲料微生态添加剂和水质微生态调节剂使用的。

① 对水产动物体内微生态结构的影响

与陆生动物一样，水产动物肠道内定植着种类较多、数量庞大的菌群。不同种类和处于不同生长阶段的水产动物肠道菌群组成各不相同，而且不同研究者及不同试验条件下进行研究的结果表明，其水产动物肠道优势菌群也不尽相同。有人报道淡水鱼类肠道内专性厌氧菌以A、B型拟杆菌属等为主，还有人报道淡水鱼类肠道内好氧性和兼性厌氧细菌以气单胞菌属、肠杆菌科等为主。鲤科鱼类肠道菌群主要为假单胞菌属和气单胞菌属。淡水养殖池中的罗非鱼、草鱼、鲤等肠道菌群中，弧菌属、气单胞菌属是胃肠道中主要的兼性厌氧菌，主要的专性厌氧菌是A型和B型拟杆菌属。草鱼鱼种肠道菌群的优势菌群为气单胞菌属、假单胞菌属、肠杆菌科等。而海水鱼肠道菌群相对简单，主要为弧菌属的种类，且不易分离到专性厌氧细菌。如果将尼罗罗非鱼逐渐从淡水转入海水中饲养后，发现肠道内专性厌氧菌减少或消灭。

水产动物肠道菌群的数量、组成与鱼的种类、栖息水域、是否投饵、投饵时间、饵料种类和鱼体生理状况等因素有关。淡水鱼肠道内细菌数量在 $10^5 \sim 10^8$ 个/克，海水鱼肠道内细菌数量在 $10^6 \sim 10^8$ 个/克。在未投饵的16尾斑点叉尾鮰肠道中，有15尾没有肠道细菌，未投饵的3尾红点鲑也没有，但摄食后2小时的鱼体消化道中就能检测到许多肠道细菌。草鱼饱食状态下肠道细菌数量平均为 8.7×10^6 个/克，空肠状态下肠道细菌数量平均为 7.29×10^6 个/克。比较草鱼正常菌群与肠炎病原菌关系时发现，发生肠炎的草鱼，点状产气单胞菌、大肠杆菌、肠球菌显著增加，而乳酸杆菌、双歧杆菌、厌氧菌与需氧菌比值显著下降。

因为水产动物与陆生动物生活环境的巨大差异造成了其肠道菌群结构有较大差异。大多数水产动物的幼苗孵化后便直接暴露于水环境中，立即与水环境中的微生物发生关系，并且在它们的生长过程中，消化管与外界直接相通，与外环境中的水和外界微生物群频繁接触，使得消化道内环境并不稳定。因此，水产动物消化道内菌群的更替和定植，与陆生动物很不相同。在陆生动物的消化道中，往往革兰氏阳性菌占优势，而在鱼类、贝类消化道中，往往能发现大量的革兰氏阴性菌。因此，与陆生动物相比，水产动物益生菌群在组成、变化甚至选择难度上都有着自身的特点。

如果将来自陆生动物消化道和其他环境中的微生物，制备成用于水产动物的微生态制剂，对水产动物消化道及其养殖水体中微生物的种群结构究竟有多大的影响？这些进入水产动物体内的所谓有益菌，是如何发挥菌体分泌物的作用、竞争性抑制作用、刺激免疫系统的作用和夺氧等微生态制剂的功能的？是开发水产用微生态制剂要弄清楚的首要问题。近年来，在不少地方已经从患病鱼类体内分离到枯草芽孢杆菌、蜡样芽孢杆菌，这些能引起鱼类病变的细菌是否来自人们将其作为微生态制剂使用制剂中的一员？真的是值得研究的。无论如何人们都不应该忘记，在本质上任何一种微生物都是不存在所谓“有益的”或者“有害的”之区分的，如果将其放对了地方，微生物就可以发挥其有益的作用，从而被认为是所谓的有益菌；而一旦将其放错了地方，即微生物学中的所谓“异位”，它们就有可能成为致病菌而产生各种危害。

② 对水产动物生活环境的影响

水产养殖业者都知道的一句行话，即“养鱼就是养水”，大意就是只有将养殖水体中的水质调节好了，养殖鱼类才是安全的。自古以来，我国的水产养殖业者就懂得采用各种有机肥或者无机肥料来调节养殖水质，其实，这些投放到养殖水体中的肥料不过是在为水体中各种微生物提供营养物质。因此，在水产养殖中谈到的“养水”在本质上也就是在培养各种微生物，养殖水质的优劣也就是由各种微生物决定的。而不同水体中微生物种群的组成实际上就是由水体中营养物质等“培养条件”所决定的。

我们对于养殖池水，尤其是对于饲养鲢、鳙池塘水质的控制，讲究的是所谓“肥、活、嫩、爽”的判断依据，至于何谓“肥、活、嫩、爽”的养殖水质，则不同的养殖业者可能均有自己的评价标准，事实上这种难以统一的水质标准实际操作起来也是比较困难的。因此，我们至今尚无关于评价各种水产动物的养殖水体的水质标准。也就是说养殖不同水产动物的优质水质究竟是由哪些种类的微生物在起作用？各自的种群数量以多少为宜？各种微生物之间究竟存在什么关系？人们均知道得甚少。

目前，大多数微生态制剂均被人们用于养殖水体的水质改良，将其作为水产用各种微生态制剂的主要卖点。至于这些“有益”微生物进入到不同理化条件的养殖水体后，命运究竟会怎么样？似乎人们很少关心。其实，任何一种微生物，只有在能满足其营养需求和繁殖条件的基础上，才能存活下来。当人们将某种微生态制剂泼洒在不同水质条件的养殖水体中时，构成微生态制剂的某种细菌所面对的是形形色色水质条件的养殖水体，如果期待这种微生态制剂在不同的水质条件下均能发挥出一样的作用与功效，是没有这种可能性的。如果养殖水质不能满足这种组成微生态制剂中细菌繁殖和生存的需求条件，那么，即使泼洒再多的微生物进入养殖水体也必然面临全军覆灭。而如果养殖水质条件能满足这些细菌的需求，那么这种人为添加到养殖水体中的细菌就可能大量繁殖而替代掉水体中的原籍菌群而成为优势菌群。

总之，在这里出现的问题是，在不知道养殖水体理化条件的前提下，泼洒对营养需求和生态环境具有严格需求的微生态制剂，就必然对其使用效果无法预期。此外，如果泼洒到水体中的微生物能够繁殖和存活下来，对原籍菌群究竟是产生了哪些影响？这些影响对于池塘中的固有微生态结构有何种程度的调整？这些需要我们进一步去研究。

如上所述，能作为预防水产动物疾病的渔用药物，实际上只有消毒剂、水质（底质）改良剂和单纯的中草药3类药物可供人们考虑选择使用。

七、渔药使用中存在的问题

（一）不重视对患病鱼类的病原学诊断

由于大量渔用药物（其中还包括各种新型抗生素类药物）不断地投放市场，经验性治疗也能解决鱼类一部分疾病的治疗问题，因此，许多养殖者愈来愈不重视对患病鱼类的病原学检测，这是当前应该在渔用药物使用之前特别重视的问题。因为在使用渔用药物之前，对导致疾病发生的病原体不清楚，就可能因导致针对性不强而造成药品浪费，以致菌群失调，增加耐药菌流行，而且还可能使那些局部的难治性感染和特殊病原体的感染因为得不到及时的、恰当的治疗，最终导致疾病的大面积暴发。

准确地鉴定出疾病的病原体和对疾病作出正确的诊断，是正确选用渔用药物和获得良好药物疗效的基础。

（二）不了解病原菌耐药状况

耐药性是指细菌与药物接触后，对药物的敏感性下降直至消失，致使药物的疗效降低至无效。细菌产生耐药性，是多数抗菌药物较长期使用后必然出现的现象。随着抗菌素类药物在水产养殖中应用数量增多和时间的延长，鱼类的致病菌对各种抗菌素的耐药性也在不断变化。因此，对养殖水域中病原菌对各种抗菌药物的敏感性进行监测，及时了解致病菌耐药性的变化趋势，对于正确选用药物和确定各种药物的使用剂量都是十分重要的。

（三）不重视提高鱼类免疫功能

药物对控制疾病固然非常重要，往往对有效控制疾病起重要的作用。但是，任何药物在疾病的治疗中都不是决定因素。决定因素是鱼类的内因，是机体的免疫力和机体的抵抗力。毫无疑问，只有鱼类的机体还存在一定的抵抗力和免疫力时，药物才能发挥其治疗作用。在鱼类患病期间，可以采取以下措施增强其机体的抵抗力和免疫力。

1. 减少人为干扰，避免对鱼类的应激性刺激

在鱼类患病时，应该尽量为其创造安静和舒适的生活环境，使患病后的鱼类能获得充分静养的条件，一般不要进行捕捞和运输，以及能对鱼类造成应激性刺激的其他活动。

2. 在饵料中增加营养

在其饵料中增加高糖、高蛋白类物质，使鱼类能在摄食量下降的条件下，仍然能满足机体的营养和能量需求。

3. 适当应用免疫激活剂

如在饲料中添加β–葡聚糖等具有免疫激活功能的物质，以激活鱼类自身的免疫机能。

（四）不能遵守休药期

渔用药物进入鱼类体内之后，均会出现一个逐渐衰减的过程。因药物的种类、使用药物时的环境水温和鱼类的种类不同，药物在鱼类体内代谢过程所需的时间长短也有所不同。因此，为了保证水产品消费者的安全，避免鱼类体内残留的药物对消

费者健康的影响，每种渔用药物都有其相应的休药期。养殖业者对所饲养的鱼类使用渔用药物后，不能将休药期尚未结束的鱼类起捕上市。

（五）正确对待经验性的用药效果

长久以来，人们都会习惯性认为连续相伴发生的两件事存在着因果关系，并且会固执地以为前一个为因后一个为果。如乌云密布，倾盆大雨，所以人们就认为乌云密布就是下雨的原因。又如大雨过后，道路泥泞，所以就以为雨水就是道路泥泞的原因。这类推理在大部分情形下是都是能起到作用的。

问题就是人们也习惯性地利用这种推理的方式确定某种药物对疾病的疗效，如让患病动物口服某种药物或者进行某种方式的治疗后，通过观察对患病动物者预后状况判断其治疗效果，如果供试动物的疾病症状消失或者痊愈，就认定这种药物和治疗方式是有效的。传统临床医学早期阶段大多是采取的这种方式。

早在18世纪，英国哲学家休谟先生就对这种推理提出了质疑。休谟先生认为，人们从来没有亲身体验或者亲眼证实过因果连接关系本身，人们看到的永远是两个相继发生的现象，所以一切因果关系都是值得怀疑的。他举出了一个例子，公鸡叫了，太阳升起。这两个事件同样是相继发生，但是公鸡叫并不是太阳升起的原因。休谟先生提出，一切因果关系都应该重新审视。

1789年，以Pierre Louis为代表在法国的巴黎学派的医生掀起一次医学革命。他们主张治疗不能依据传统古典理论和盲从权威，而是要观察事实做出推理和决策。正是Louis先生第一次在医药试验设计中引入“对照组”的概念，并且通过实验证实了当时广为流行的放血疗法和吐酒石其实并无任何疗效，从而发出了循证医学的先声。

人类医学试验结果证明，有部分疾病无需治疗也能自动痊愈，例如口腔溃疡，感冒等，对一些患有某种疾病的病人给予安慰剂后，患者在心里暗示下疾病也能够很好地痊愈。这两类情况下医生所进行的药物和治疗都是多此一举的，在这里医生所使用的药物和疗法都是无效的“假治”。疾病自愈现象和安慰剂效应的发现，使人们对药物和疗法的有效性的确定更为谨慎了。

要证明一种水产用兽药的治疗效果，其试验设计应该是在相同的饲养条件下，将一定数量的患病水产动物随机分为至少三个组。第一组是对照组，不做任何治疗与处理，用来观察患病动物的疾病在没有治疗情况下的预后情况。

第二组是使用对照药物组，给患病动物给予已经证明治疗这种疾病有效的药物，目的是观察药物对供试水产动物疾病的治疗效果。

第三组是试验组，给患病水产动物给予供试药物，观察这种药物或疗法的真实治疗效果。

当试验程序全部结束后根据结果进行统计，只有第三组的治疗效果与第二组出现相似的治疗效果并且明显优于第一组，才能证明供试药物或疗法的有效性是真实的。

为什么要一定数量的供试水产动物呢？这是因为统计学的“大数原则”告诉我们，样本越大，统计结果越能稀释掉那些特例也就越能逼近真实情况。为什么要随机呢？因为这样可以有效避免供试患病水产动物由于病情轻重而导致的痊愈效果阶段性差异。另外，为了避免偶然性和针对性，也需要参与试验的样本数量足够大，样本的选取满足随机性。

此外，仅仅设置“对照组”还不够，因为人毕竟不是机器，参与一项试验的操作人员难免会让自己的主观意识干扰客观的试验过程，所以让参与试验操作人员和药物开发者“不知情”，亦即“双盲”，才能得到客观公正的结果。

在上述的试验过程中，为了避免参加试验操作的人员的主观目的，在试验过程中出现自觉或不自觉地对养殖条件等设置不同条件。例如，在知道供试药物组之后，希望该药物出现良好结果而能被盲测认定，可能对供试组动物给予另外的一些处理，或者对供试组动物饲养的更加认真细心，从而使三组试验水产动物并不是处于公平的位置。这些来自试验者的主观偏见会对结果产生影响。

所以，人们后来又改进了盲测的方法，即将试验者的眼睛也“蒙起来”，对所有数据加密，连试验者也不知道哪一组是实验组，而对于结果的统计工作由第三方来进行。这样就能很好屏蔽来自试验者的偏见影响，让试验结果更加客观公正了。

迄今未止，人们确信只有这种大样本随机“双盲对照试验”方法是医学界公认的确定药物疗效的机制，也是一把严格的利剑，可以无情地砍掉那些虚假的疗法。

英国皇家科学院院士、牛津大学教授道金斯认为，最能提高每个人认知能力的科学概念就是“双盲对照试验”。道金斯说：如果所有学校都教其学生如何去做“双盲对照试验”，我们的认知方法和能力将会在以下方面得到提高：① 我们会学会不从零星轶闻中去归纳普遍化结论；② 我们会学会怎样评估一个貌似很重要的结果其实可能只是偶然发生的可能性；③ 我们会学会排除主观偏见是件多么极端困难的事，知道有主观偏见并不意味着不忠实或不公正。这个课程还有更深的意义，它对于打消人们对权威和个人观点的崇拜能起到积极的作用；④ 我们会学会不再受骗于顺势疗法和其他假冒医生的江湖骗子，让他们失业；⑤ 我们会学会更广泛地使用批判性和怀疑的思维习惯，这不仅会提高我们的认知能力，说不定还能拯救世界。

第二章　鱼类主要传染性疾病

第一节　由病毒引起的鱼病及其防治方法

一、草鱼出血病

草鱼出血病（hemorrhagic disease of grass carp）是草鱼鱼种培育阶段最为严重的一种疾病。主要流行于长江流域和珠江流域诸省、市，尤以长江中下游地区为甚，近年来，该病在华北地区也时有发生。流行严重时，发病率达 40%以上，疾病一旦发生，死亡率一般可达 50%以上，严重时死亡率甚至高达 90%以上，这种病的流行，严重影响我国的草鱼养殖。

【病原】病原已经被确认是草鱼呼肠孤病毒（grass carp reovirus，GCRV)，也称为草鱼出血病病毒（GCHV)。属呼肠孤病毒科水生呼肠孤病毒属。该病毒具有不同的株型，已确认的有湖北株 GV-90/14 和湖南株 GV-87/3。这两种病毒株在 11 条核酸带的电泳图谱、毒力和抗原性等方面都有所差别。

根据《动物病原微生物分类名录》的规定，草鱼出血病病毒被确定为三类动物病原微生物。根据《病原微生物实验室生物安全管理条例》的规定，从事该病原毒种、样本有关的研究、教学、检测、诊断等活动必须在一级、二级实验室进行，其病原由兽医行政主管部门指定的动物病原微生物菌（毒）种保藏机构储存。

【症状】病鱼体色发黑，有时在背部两侧出现两条灰白色带。主要症状是表现为在体表、肌肉或内脏器官出血或充血（图 2-1，彩照 1）。体表出血大多在鳃盖、鳍条和腹部，严重时，口腔、眼眶、头顶部也可出血；大多数病鱼在剥去表皮后，可见肌肉上有点状或斑块状出血。患病严重的病鱼，全身肌肉因充血而呈现红色；部分病鱼还可以观察到肠壁、肠系膜、肝、脾、肾和鳔壁等组织器官点状或丝状出血、充血，肠壁充血时，仍具韧性，肠内虽无食物，但是，很少充有气泡或黏液，根据这个症状可区别于细菌性肠炎病。上述症状可在不同的病鱼中交互出现。

草鱼出血病在水温为 25℃时的潜伏期约为 7 天。病毒通过靶器官肾，使鱼的免疫力下降。由于发病多在高温季节，此时细菌繁殖特别快，极易发生继发感染的并发症。

图 2-1　草鱼出血病症状（仿王伟俊）

【流行状况】通常疾病主要发生于 6 月下旬到 9 月中旬。草鱼呼肠孤病毒的传染源主要是带毒的草鱼、青鱼以及麦穗鱼等。从健康鱼感染病毒到疾病发生需 7～10 天。出血病一旦发生，常导致急性大批死亡。在同一个池塘中饲养的草鱼鱼种，往往是生长速度快、长得比较壮的个体首先发病，身体比较瘦小的个体反而发病相对较晚，或者显示出对出血病具有一定的抵抗力。

草鱼出血病于 1972 年首次在湖北发现，为我国发现的第一种鱼类病毒病，主要分布与流行在我国中部和南方地区，北方地区的夏季也有该病流行的报道。

草鱼、青鱼、麦穗鱼感染 GCRV 发病，鲢、鳙、鲫、鲤等其他淡水鱼感染后无临床症状，成为携带病毒的传染源。该病主要发生在鱼种阶段，1 龄以上鱼受其感染发病病例一般不多见。该病通常在高温季节水温为 20～30℃ 容易流行，水温为 25～28℃时容易形成发病高峰期，并造成很高的死亡率，通常存活率低于 30%。受病原污染的水和带病毒的鱼体、寄生虫等都可能是疾病的传播者。

【诊断】当养殖水体的水温在 22～30℃，特别是位于 25～28℃的范围时，草鱼鱼种出现大量死亡，并具“红鳍红鳃盖”、“红肠道”、“红肌肉”的全部或部分症状就可以怀疑是草鱼出血病，需要进一步确诊。不过，在草鱼养殖中，细菌继发感染或者和病毒混合感染会产生相似的临床症状，有些细菌感染的症状也容易掩盖了病毒感染的症状。因此，要正确区分该病与草鱼细菌性肠炎、其他细菌性疾病。细菌性肠炎常有溃疡，肠道内黏液增多、无点状出血，由于糜烂腐败失去弹性。

目前尚无检测 GCRV 的国家或者行业标准。可以用草鱼性腺细胞（ovary of grass carp，CO）或者草鱼肾细胞（kidney of grass carp，CIK）分离病毒后用 ELISA 或者 PCR 鉴定，或者

SDS-PAGE 电泳检查核酸带来确定草鱼呼肠孤病毒，或者直接从病鱼组织（靶器官）中用 PCR 检测病毒 DNA。

【防治方法】草鱼出血病一旦发生，通过药物有效治疗通常是比较困难的。所以要强调采取预防的措施，主要的预防措施如下。

①彻底清除池底过多淤泥，为养殖草鱼创造一个良好的生活环境。在清除养殖池塘底部污泥后，可以采用 200 毫克/升（平均水深 1 米的池塘，用量约为 140 千克/亩）生石灰消毒。

②接种疫苗，进行人工免疫。6 厘米以下的草鱼鱼种，腹腔注射经过适当稀释的草鱼细胞灭活疫苗 0.2 毫升/尾；8 厘米以上的草鱼鱼种注射 0.3~0.4 毫升/尾；20 厘米以上的草鱼注射 0.5~0.6 毫升/尾。还可以利用典型的病鱼自行制备土法疫苗接种，6 厘米以下的草鱼鱼种，腹腔注射经过适当稀释的草鱼细胞灭活疫苗 0.3 毫升/尾；8 厘米以上的草鱼鱼种注射0.4~0.6 毫升/尾；20 厘米以上的草鱼注射 1.0 毫升/尾。

③投喂免疫增强剂，在饲料中添加适宜种类的免疫增强剂，在草鱼出血病流行季节来临之前，开始投喂饲料，每次连续投喂添加有免疫增强剂的饵料 25 天左右。通过增强养殖鱼类自身的非特异性免疫机能，提高抵抗病毒性病原感染的能力。

④养殖期内，每间隔 10~15 天全池泼洒消毒水体 1 次，采用二氧化氯作为消毒剂，使养殖池水中的药物浓度达到 0.2 毫克/升；用三氯异氰尿酸消毒，使水体中的药物浓度达到 0.3 毫克/升；采用漂白粉精作为消毒剂，使水体中药物浓度达到 0.1~0.2 毫克/升。

⑤发病后的药物治疗，先用上述消毒养殖池水的方法全池遍洒后，可用中药大黄粉，按每 100 千克鱼体重用 0.5~1.0 千克计算，拌入饲料内或制成颗粒饲料投喂，1 天 1 次，连用 3~

5 天为 1 个疗程。

二、斑点叉尾鮰病毒病

该病是由疱疹病毒引起的疾病，主要感染斑点叉尾鮰，是斑点叉尾鮰鱼种阶段暴发急性传染病，可导致很高的死亡率。2003 年之前 OIE（世界动物卫生组织）将斑点叉尾鮰病毒病（channel catfish virus disease，CCVD）列为二类疫病。曾列为必须向其申报的疫病。

【病原】病原是一种疱疹病毒——斑点叉尾鮰病毒（*Channel catfish virus*，CCV）。该病毒被国际病毒分类委员会定为鮰疱疹病毒Ⅰ型（*Ictalurid herpervirus* Ⅰ）。

在 2005 年我国公布的《动物病原微生物分类名录》中，将斑点叉尾鮰病毒列为三类动物病原微生物。根据 2004 年公布的《病原微生物实验室生物安全管理条例》中的规定，从事该病原毒种、样本有关的研究、教学、检测、诊断等活动必须在一级、二级实验室进行，其病原由兽医行政主管部门指定的动物病原微生物菌（毒）种保藏机构储存。

【症状】病鱼行为异常，嗜睡、旋转或垂直悬挂于水中，然后下沉死亡；外观上双眼突出、表皮发黑、鳃发白，继而表皮和鳍条基部充血，约有 1%的病鱼嘴部和受伤的背部可能引起黄色坏死区域（图 2-2，彩照 2）。腹部膨大，解剖后可见到肌肉充血，体内有黄色渗出物，肝、脾、肾充血或肿大。胃内无食物，后肾损伤较严重呈水肿，最经典的组织病理是肾管和肾间组织广泛性坏死。

【流行状况】CCV 容易感染斑点叉尾鮰和其他鮰。不同生长期的鱼感染后的临床症状不同，病毒在自然情况下只感染鮰幼鱼和鱼苗，刚孵化的鱼苗的死亡率可达 100%，长至 8 月龄后鱼

图 2-2　斑点叉尾鮰病毒病症状（自丁伯文）

很少或完全不发病。该病在水温在 20℃时的潜伏期为 10 天，25～30℃时为 3 天。在高密度养殖和运输、水污染等环境压力时，易继发其他如柱状黄杆菌的感染而引起疾病的流行和病鱼的大量死亡。

CCV 的传播途径有水平传播和垂直传播两种。水平传播是通过水或寄生虫及污染物传播。水温是重要的条件致病因素，暴发流行的最佳水温为 25～30℃，其中 27℃的死亡率较高，低于 18℃时死亡率明显下降甚至无死亡。此病主要流行于北美，目前我国虽然开展大规模的斑点叉尾鮰养殖，但由于未进行流行病学调查，因此，该病的分布、发生情况尚不清楚。

【诊断】根据流行病学、临床症状和病理变化可作出初步诊断，确诊需进一步做实验室检测。

实验室检测时单由 PCR 检测病原阳性结果的视为可疑。实验室检测时可根据《鱼类检疫方法第 4 部分：斑点叉尾鮰病毒（CCV）》（GB/T 15805.4-2008）国家标准和《OIE 水生动物疾病诊断手册》有关章节进行。CCVD 的诊断首先经细胞培养进行病毒分离，然后用中和试验、免疫荧光、ELISA 或 PCR 鉴定。在细胞培养时，可取病鱼肾和脾，接种到斑点叉尾鮰卵巢细胞（channel catfish ovary，CCO），在25～30℃培养并进行分离病毒；也可以用免疫荧光或ELISA直接检测病鱼组织来快速诊断有临床症状的鱼。由于病毒仅在急性暴发期间能检测到，目前尚无适合检测无症状健康鱼潜在感染的最佳方法，要排除CCV的存在，需在疾病继往史和CCV血清学检测等大量工作后才能确定。

【防治方法】该病的防治主要在预防和使用疫苗。目前的控制措施是在夏季使鱼苗保持低密度，避免环境压力。要在隔离的渔场孵化鱼卵和饲养刚孵化出的鱼苗，要与带毒者完全隔离并远离一切有可能带毒的污染物。这是阻止CCVD在渔场发生的关键。

虽然水温由28℃降到18℃时，死亡率相应的由95%下降到24%，但病原并未消除。这只是一种产生免疫预防的可能性。该病毒经细胞传代后可减毒，使用CCV减毒株制备的疫苗，鮰可获得97%的免疫力。

三、流行性造血器官坏死病

流行性造血器官坏死病（epizootic haematopoietic necrosis，EHN）是由一种虹彩病毒感染赤鲈（*Percafluviatilis*，又名河鲈）、虹鳟（*Oncorhynchus mykiss*）、欧鲇（*Silurus glanis*）和鮰（*Ictalurus melas*）引起的一种疾病。根据我国农业部发布的《一、二、三类动物疫病病种名录》规定，该病被列为二类疫病。OIE将其列为必须申报的疫病。

【病原】病原是一种虹彩病毒，即流行性造血器官坏死病毒（epizootic haematopoietic necrosis virus，EHNV）。属虹彩病毒科蛙病毒属。该病由三种结构相似的病毒引起：流行性造血器官坏死病病毒（EHNV），欧洲鲇病毒（ESV）和欧洲鮰病毒（ECV）。EHNV 发生的地理范围目前仅限于澳大利亚。ECV 和 ESV 仅在欧洲检测到。虽然他们在各自的宿主引起相似的疾病，但这三种病毒可以用分子检测技术加以区分。

在《动物病原微生物分类名录》中，流行性造血器官坏死病毒列为三类动物病原微生物。根据《病原微生物实验室生物安全管理条例》中的规定，从事该病原毒种、样本有关的研究、教学、检测、诊断等活动必须在一级、二级实验室进行，其病原由兽医行政主管部门指定的动物病原微生物菌（毒）种保藏机构储存。

【症状】此病发生时没有典型的临床症状，但引起大量死鱼。疾病暴发往往与养殖密度过高或者水质太差有关。濒临死亡的鱼无平衡能力，鳃盖张开，头部四周充血。有的鱼体色发黑，皮肤、鳍条和鳃损伤或坏死（图 2-3，彩照 3）。病鱼肝表面可见直径为 1~3 毫米的小白点，通常肝、脾、肾造血组织和其他组织坏死，这是导致死亡的主要原因。

图 2-3　流行性造血器官坏死病症状（仿 Ahel）

【流行状况】赤鲈对 EHNV 极其敏感，EHNV 可致赤鲈死亡，赤鲈感染、流行EHN与水质质量差有关。虽然其幼鱼和成鱼都易感，但幼鱼更为易感。12～18℃时潜伏期为10～28天，19～21℃时为10～11天，12℃以下不发病。相比之下，对虹鳟的危害性相对较小。虹鳟自然感染EHNV发生在水温11～20℃，此时的潜伏期为3～10天。刚孵化出的小鱼至体长125毫米的虹鳟幼鱼感染后最容易发生死亡。从刚孵化的小鱼至成鱼无症状的鱼体中检测到病原。每年在具虹鳟鱼群的地方都能发生，使河口处的野生赤鲈重复感染。传染源为病鱼、带毒鱼及受病原污染的水。另外，通过病鱼或带毒鱼粪便、尿液污染的水，并由此在水体中扩散传播，最后引起疾病流行。目前未在雌鱼卵巢中检测到病毒，所以不具垂直传播的可能。

此外，欧洲养殖鮰的ECV和ESV发病率和死亡率很高。

【诊断】目前尚无诊断该疾病的国家和行业标准，可采用《OIE水生动物疾病诊断手册》的EHN有关章节介绍的诊断技术进行诊断。

根据流行病学、临床症状和病理变化可作出初步诊断。但是，由于无临床症状鱼的判断比较困难，需进一步通过实验室病原检测进行确诊。

EHNV、ESV和ECV的检测方法是先利用蓝鳃太阳鱼鱼苗细胞（bluegill fry-2，BF-2）、鲤上皮乳头瘤细胞（epithelioma papulosum cyprini，EPC）、大鳞大马哈鱼胚胎细胞（chinook salmon embryo-214，CHSE-214）培养分离病毒，然后再用免疫荧光、ELISA或者免疫过氧化物酶染色确诊。也可以直接在病鱼组织的切片中经免疫荧光、ELISA或者免疫过氧化物酶染色来诊断，不过，最后还是需要用PCR检测比对基因序列后才能判定为阳性。

【防治方法】目前该病没有有效的药物治疗方法，也没有疫苗可用，唯一可行的控制方法是避免接触病毒。为阻断传染源，应严格执行检疫制度，要求水源、引入饲养的鱼卵和鱼体不带病毒，发现患病鱼或疑似患病鱼必须销毁，实施无害化处理，同时对染疫养殖设施进行彻底消毒。

四、锦鲤疱疹病毒病

锦鲤疱疹病毒病（koi herpesvirus disease，KHVD）是20世纪末确认的一种疾病。目前已经传遍世界各地，是致锦鲤与鲤死亡的主要疾病，并造成极大的损失。根据我国农业部发布的《一、二、三类动物疫病病种名录》中的规定，将锦鲤疱疹病毒病列为二类疫病，为OIE必须申报的疫病。

【病原】病原是锦鲤疱疹病毒（koi herpesvirus，KHV），目前列为疱疹病毒科（herpesviridae）、鲤疱疹病毒亚科（cyprinid herpesvirus）、鲤疱疹病毒属的锦鲤疱疹病毒［也被称为鲤疱疹病毒Ⅲ型（CyHV-Ⅲ）］和鲤痘疮病毒（CyHV-Ⅰ）、金鱼造血器官坏死病毒（CyHV-Ⅱ）同属鲤疱疹病毒属。

2005年中华人民共和国农业部公布的《动物病原微生物分类名录》中，锦鲤疱疹病毒列为三类动物病原微生物。根据《病原微生物实验室生物安全管理条例》规定，从事该病原毒种、样本有关的研究、教学、检测、诊断等活动必须在一级、二级实验室进行，其病原由兽医行政主管部门指定的动物病原微生物菌（毒）种保藏机构储存。

【症状】病鱼停止游泳，眼凹陷，皮肤上出现苍白色的斑块与水泡，鳃出血、黏液增多、组织坏死、也具大小不等的白色斑块；鳞片有血丝，体表黏液增多增稠（图2-4，彩照4）。病鱼一般在出现症状后24~48个小时内死亡。

【流行状况】不同规格大小的锦鲤和鲤只要感染KHV都发

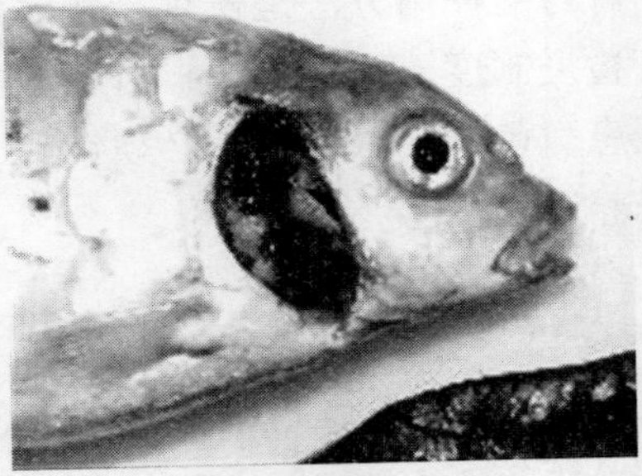

图 2-4　锦鲤疱疹病毒病症状（仿江育林）

生死亡。但是 KHV 不感染共同混养的金鱼、草鱼等其他鱼类。最适发病水温为 23～28℃，水温低于 18℃或高于 30℃时不发生死亡。KHV 的潜伏期为 14 天，当水温在 18～27℃持续的时间越长，疾病暴发的可能性就越大。KHV 暴发后存活 1 年以上的鲤还能将携带的病毒传染给其他的鱼。KHV 的水平传播主要通过受病毒污染的水、带毒鱼和寄生虫传播，其垂直传播方式目前还未确定。

1997 年在以色列首次发现 KHVD，目前该病的流行范围极广，遍及欧洲、亚洲、美洲、非洲，以色列、英国、德国、美国、南非、日本、韩国、中国、马来西亚、新加坡、印度尼西亚等国家均有该病的报道。2002 年 6 月，印度尼西亚爪哇岛暴发 KHVD，随后扩散到其他岛屿，造成大量的锦鲤和鲤死亡，并造成严重的经济损失；2003 年 10 月，日本茨城县的霞浦湖暴发流行 KHVD，造成鲤大量的死亡，死亡量达 1 125 吨。青森县、琦玉县、山根县、长野县和宫崎县也发生大量的鲤死亡，三重县、冈山县、高知县和福冈县有少量死亡。

【诊断】如果养殖水体水温在 18～30℃特别是在 25～28℃

时，大量发病的锦鲤和鲤死亡，不论其大小均发生死亡，发病到死亡时间在24~48个小时内，死亡率在80%~100%，其临床症状是否与细菌病或寄生虫病相类似，都应当高度怀疑是KHV感染。由于KHVD的临床表现与许多细菌、寄生虫感染的临床表现非常相似，而KHVD不能通过观察病鱼的外部特征或临床表现确定，因此，细菌与寄生虫的继发感染往往掩盖KHVD病症。

目前尚无诊断KHV的国家和行业标准，但是可采用《OIE水生动物疾病诊断手册》中指定的方法或参照SN/T 1674-2005病毒分离和聚合酶链反应试验操作规程，进行诊断。KHV虽然可用锦鲤鳍条细胞（KF）分离，产生CPE，但其是灵敏度很低，因而普遍采用PCR、电镜观察和ELISA等方法进行检测KHV或依据观察鳃的损伤和病变等的组织病理变化情况进行确诊。具临床症状的病鱼，可采用上述任何一种方法检测为阳性即可确诊。但无临床症状的带毒鱼，则需要采用两种不同的方法检测，其结果均为阳性才能确诊。

这里将日本学者报道的对鲤疱疹病毒病的监测、防控方法做简要介绍，供相关检测技术人员和鲤养殖业者参考。

1. 鲤疱症病毒病（KHVD）的检测程序

日本从上世纪70年代开始对鲤疱疹病毒病实施全国性检测，检测程序如表2-1。

表 2-1　鲤疱症病毒病（KHVD）的检测程序

责任方	检查步骤
都道府县	（1）流行病学调查；（2）临床检查 → （3）解剖检查 → (4)①(A)PCR 检查（或者）(4)①(B)LAMP 法 → （+，±）/（-）
养殖研究所	（+，±）→ (4)②(A)利用培养细胞检查病毒 → (4)②(B)PCR 检查
判断	+ ； - ； -
其他	参加由独立行政法人水产综合研究中心养殖研究实施的 KHV 病诊断技术认定考试的合格者作为责任人的鱼病指导机构，代替养殖研究所进行的(4)②项检查结果是可以认可的

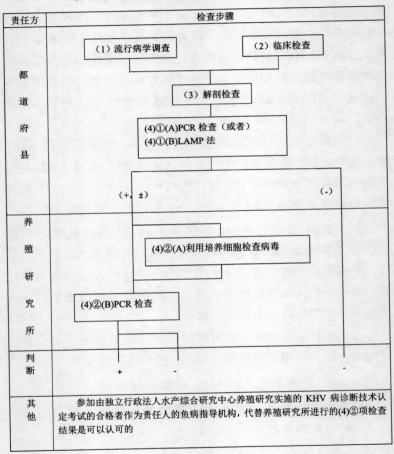

2. 流行病学调查内容与结果

①宿主范围：鲤（*Cyprinus carpio carpio*）和锦鲤（*Cyprinus carpio koi*）。

②流行范围：以色列、欧洲诸国、美国、印度尼西亚、泰国、菲律宾、中国台湾、日本。

③这种疾病在水温在 20~25℃流行。

④由确认该疾病流行地域引进的鱼类，或者与引进的这些鱼类有过接触的其他鱼类。

⑤从已经确认发生过这种疾病的养殖场引进的鱼类，或者是与这些鱼类发生过接触后引进的鱼类。

⑥养殖场的饲养用水，与上述④ 或者⑤中养殖场有关联，或者混入了这些养殖场的饲养用水。

3. 现场检查内容

（1）行为观察

游动缓慢，平衡能力失调，病鱼出现异常游动现象。

（2）外部病症检查

最为典型的病变是鳃丝褪色、糜烂，出现巢状坏死、鳃小片尖端外露。此外，体表黏液增多、鳃丝基部有淤血及出血，眼球内陷。

（3）体表组织镜检

鳃上常可发现鱼波豆虫（*Ichthyobodo*）、车轮虫（*Trichodina*）等原生动物，还可能发现由柱状黄杆菌（*Flavobacterium columnare*）等细菌引起的二次感染。

4. 剖检观察病状

虽然没有特征性的病变出现，但是，常见有内脏出现坏死的现象。

5. 诊断方法

（1）初步诊断方法

① PCR 检查

材料：从鳃、肾脏和脾脏中提取 DNA。

引物：

KHV Sph I-5F：5’-GAC ACC ACA TCT GCA AGG AG-3’

KHV Sph I-5R：5’-GACACA TGT TAC AAT GGT GGC-3’

扩增产物的大小为 290。

反应：94℃30 秒、接着 94℃30 秒、63℃30 秒、72℃30 秒，40 个循环，最后，在 72℃条件下 7 分钟。

② LAMP 法

材料：从鳃、肾脏和脾脏中提取 DNA。

引物：

KHV-FIP：5’-CCC AAA CCC AAG AAG CAG AAA CCC GTT GCC TGT AGC ATA GAA GA-3’

KHV-BIP：5’-CAC TCC CTC CGA TGG AGT GAA ACT GCC CAT GTG CAA CTT TG-3’

KHV-F3：5’-CTG TAT GCC CGA GAG TGC-3’

KHV-B3：5’-AAC TCC ATC GCC GTC ATG-3’

KHV-LF：5’-CCC GCC GCC GCA-3’

反应：65℃、60 分钟。

判定：根据反应液是否发生白浊现象，利用浊度计或者肉眼进行判定。

（2）确诊方法

通过细胞培养进行病毒检查或者 PCR 检查。

① 通过细胞培养方法检查病毒

使用细胞：KF-1 细胞。

接种材料：鳃、肾脏、脾脏等脏器匀浆液。

培养温度：20℃。

CPE：细胞出现严重空泡化。

② PCR 检查

在初步诊断方法中 PCR 的基础上，实施以下检查：

材料：鳃、肾脏、脾脏中提取的 DNA。

引物：

KHV9/5F：5’–GAC GAC GCC GGA GAC CTT GTG–3’

KHV9/5R：5’–CAC AAG TTC AGT CTG TTC CTC AAC–3’

扩增产物的大小为 484 bp。

反应：95℃5 分钟、接着 94℃1 分钟、68℃1 分钟、72℃60 秒，39 个循环，最后，在 72℃条件下 7 分钟。

6. 病理组织学检查

最主要的病理变化特点是鳃上皮细胞增生、肥大而且出现散在的巢状坏死。需要特别注意的是，虽然鳃等组织的细胞核出现着色较深和弱嗜酸性核内包涵体，但是，以此为诊断依据还是有误诊的危险。

7. 类似疾病检查

由于这种疾病具有鳃丝糜烂、坏死，鳃部出现细菌、真菌和原生动物二次感染的情形是比较常见的，特别是容易与柱形病的临床症状相混淆，而且与柱形病发生的混合感染病例还比较多见。因此，当出现成鱼发生高死亡率，而且怀疑其疾病症状类似鲤疱疹病毒病的话，就应该采用 PCR 方法进行诊断。

8. 消毒剂及其消毒方法

（1）饲养用水和排水的消毒

① 杀菌

紫外线 4 000 微瓦·秒/厘米^2。

② 杀菌的方法

采用 15 瓦的紫外线灯管每秒能杀灭 1.0 升饲养用水中的

细菌。

在进水处的上端安装紫外线等照射饲养用水。

水深在5.0厘米以下，从紫外灯管中心到水体底部10.0厘米。

③ 注意

注意紫外灯管的寿命，及时更换。

对于混浊水、悬浮物质过多的养殖水体会对紫外线杀菌效果造成一定的影响，应该首先采用沉淀水槽等清除其中的杂质后再行消毒。

因为紫外灯很容易产生透射现象，要避免投过水面的紫外线对操作者的危害。

紫外线操作人员要特别注意避免其对眼睛的伤害。

(2) 养殖池的消毒

① 消毒剂

氯制剂200.0毫克/升（高含量漂白粉、亚氯酸钠溶液）。

② 消毒方法

消毒时间为30分钟至1小时。

水深10.0~20.0厘米，采用氯制剂泼洒，使水体中的药物浓度达到200.0毫克/升。

对于固体氯制剂，要首先溶于水后再泼洒。

池塘埂周边，要采用浓度为200.0毫克/升的氯制剂溶液遍洒。

③ 注意

氯制剂对皮肤的刺激和腐蚀性均比较强，因此，在消毒操作的过程中，操作者必须带好口罩、手套、眼睛和适宜的劳保服，尤其需要避免将药物溅到身上。

丢弃消毒液废液时，必须在适宜的容器内中和以后再排水。

可以采用市售检查管道水用的专用试纸，进行排放标准确认。

在经过消毒后的池塘中，可以直接向池塘中注入地下水。但是，一定不能再注入可能已经受到病毒污染的河水，或者养鱼池排放的水以及从正在养殖的池塘中进水。

（3）养殖后排水的消毒

① 消毒剂

氯制剂 3.0 毫克/升（高含量漂白粉、亚氯酸钠溶液）。

② 消毒方法

消毒时间为 30 分钟至 1 小时。

向排水中泼洒上述消毒剂，并且充分搅拌水体。考虑到养殖后的水体中可能存在大量的有机物质需要消耗大量的氯制剂，所以，要将消毒剂的药物浓度达到 15.0 毫克/升为宜。

③ 注意

氯制剂对皮肤的刺激和腐蚀性比较强，因此，在消毒操作过程中，操作者必须带好口罩、手套、眼睛和适宜的劳保服，避免将药物溅到身上。

丢弃消毒液废液时，必须在适宜的容器内中和以后再排水。可以采用市售检查管道水用的专用试纸，进行排放标准确认。

（4）养殖工具等的消毒

① 消毒剂

0.1%的氯苄烷铵（逆性石碱）。

氯制剂 200.0 毫克/升（高含量漂白粉、亚氯酸钠溶液）

② 消毒方法

将养殖工具等充分地浸泡在消毒液中。

将经过消毒后的养殖工具用清水充分清洗后，干燥。

③ 注意

注意及时更换消毒液。

由于手等接触氯苄烷铵溶液导致消毒液污染后，消毒效果就可能消失。

氯制剂如果没有氯气的气味后，说明消毒作用已经消失。

（5）手指及小型实验用具消毒

① 消毒剂

0.1%的氯苄烷铵（逆性石碱）。

70%的酒精。

② 消毒方法

将手指、小型实验用具等充分地浸泡在消毒液中。

将经过消毒后的手和小型实验用具用清水充分清洗后，干燥。

③ 注意

注意及时更换消毒液。

采用酒精消毒时，可以采用喷雾法，也可以获得良好的消毒效果。

由于手等接触氯苄烷铵溶液导致消毒液污染后，消毒效果可能消失，要及早更换。

9. 其他

为便于养殖业者能更清楚地掌握各种消毒剂的使用方法，研究者还制定了如表 2-2 一样的明白纸。

表 2–2　对鲤疱疹病毒病消毒处理方法简表

消毒对象	有效成分	使用浓度	消毒液更新	对鱼类的毒性	使用注意事项
手	氯苄烷铵溶液	0.1%	2~3 天，如果已经受到污染要及时更换	有，但是做到避免将高浓度的溶液直接投放养殖池内，即可	手接触液体等污染后就没有了效果。 酒精可以用喷雾的方式使用有效
	酒精	70.0%			
长靴、器具、器材	氯苄烷铵溶液	0.1%	2~3 天，如果已经受到污染要及时更换	有	手接触液体等污染后就没有了效果
	有效氯（漂白粉等）	200.0 毫克/升	室内 2 天，室外每天	极强	产品如果已经没有氯气臭就已经失效。在室外使用盛消毒液的容器要注意加盖、避光射入。因为有很强的漂白作用，因此，不能消毒手和网具

续表

消毒对象	有效成分	使用浓度	消毒液更新	对鱼类的毒性	使用注意事项
池塘（底泥）	有效氯（漂白粉等）	200.0 毫克/升		极强	在底泥上覆盖的水中，消毒剂的浓度要达到 200.0 毫克/升。经过数日后，氯会逐渐消除，但是在排水前要确认氯已经消除
池塘（水泥）	有效氯（漂白粉等）	200.0 毫克/升	根据使用的情况灵活更新	极强	将池水排干后，用瓢等器具在池底均匀泼洒。密切关注从下游流出消毒剂的情况（排水要确认没有氯的存在）。下雨天不要消毒
池水	有效氯（漂白粉等）	3.0 毫克/升		强	按照所定消毒液浓度入池，并充分搅拌。测定氯的浓度，确保所定浓度维持 30 分钟以上。经过数日后，氯会逐渐消除，但是在排水前要确认氯已经消除

【防治方法】目前 KHVD 疫苗处于实验阶段，因此尚无该病的有效治疗方法，预防主要是避免接触病毒和采取必要的检疫等卫生措施。尽量避免水源的污染，养殖的锦鲤和鲤不带病毒，养殖时混养一些其他鱼类以此作为警示性鱼类，发现染疫时病鱼必须销毁，对养殖设施应进行彻底消毒。

五、鲤病毒性浮肿病

这种疾病自 1972 年在日本的广岛和新潟发生以来，锦鲤的这种疾病迅速地蔓延至日本全国各地。在孵化后（约 6 月）至梅雨结束（约 7 月）期间集中发病，现在该病的危害仍然很大。从秋雨时节发病死亡的病鱼中，以及被称为“昏睡病”的病鱼中分离到了相同的病毒。因此，有人认为上述疾病与这种疾病由相同病毒所引起。这种疾病毒在实验条件下也可导致鲤发病，并造成死亡。

徐立蒲研究员等 2016 年在北京周边饲养的患病锦鲤中，首次证实了在我国有这种疾病存在。

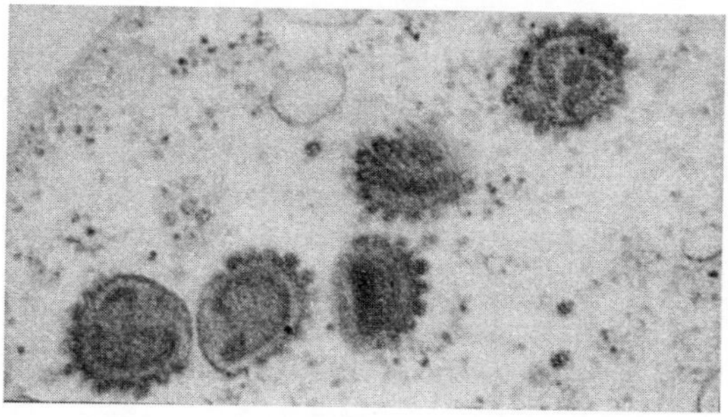

图 2-5　患病鳃上皮细胞内类似痘病毒样的病毒
（Carp edema virus，CEV，仿畑井喜司雄，小川和夫）

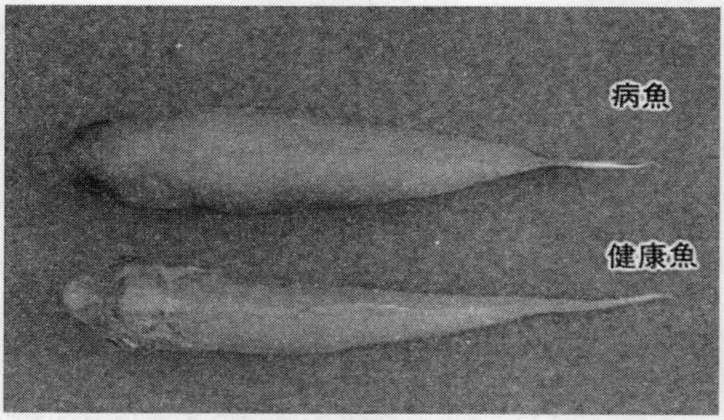

图 2-6　示病鱼身体浮肿（在尾柄部易判定，呈白色不透明状），眼球凹陷的症状（仿畑井喜司雄，小川和夫）

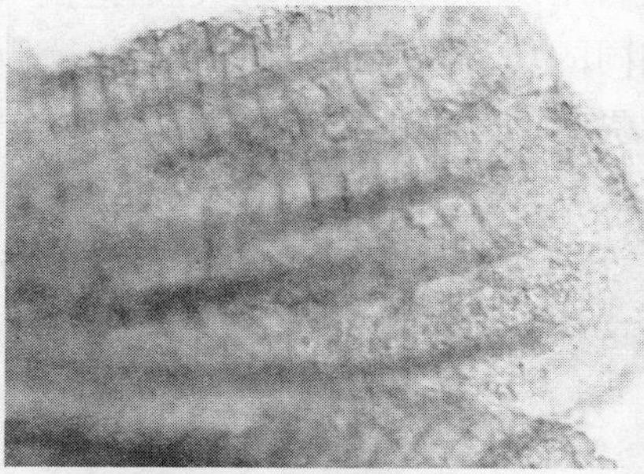

图 2-7　示病鱼鳃丝棍棒化，有明显粘连现象（仿畑井喜司雄，小川和夫）

【病原】在鳃上皮细胞内，可见具有 260Kbp 的双链 DNA、类似痘病毒样的病毒（鲤水肿病毒，Carp edema virus，CEV）（图 2-5）感染。由于该病毒的感染使鳃上皮细胞增生，呼吸及渗透压调节发生障碍，被认为是造成死亡的病因。

【症状】病鱼漂游于水面，在池角、岸边以及进水口等处聚集。死亡数量急骤增多，数日可造成全部死亡。病鱼身体浮肿

（在尾柄部易判定，呈白色不透明状），眼球凹陷（图2-6），鳃丝棍棒化，有明显粘连现象（图2-7）。另外，有时还伴有体表出血。血液学检查时，表现为红细胞压积上升，血浆渗透压下降，乳酸值上升等。

但是，最近发病的表现为，身体浮肿、鳃丝棍棒化及粘连的症状轻微，也不是短时间发生大量死亡，而是多见于1周至10天内逐渐出现死亡。

【防治方法】将发病鱼从饲养池取出，用0.6%的食盐水加抗菌药物药浴5～7天可治愈。但是，体型较小的幼鱼较难恢复，通常多在采卵时净化这种疾病。治愈的鱼可能携带病毒，对此应予以注意。另外，池中浮游植物对水质的净化，能抑制这种疾病的发生。

此外，发病池若不采取措施，由于飞鸟等将带毒患病鱼运走而传播病毒，可能导致病情扩大。因此，应用氯制剂对发病池进行彻底消毒。通常认为，此病毒通过亲鱼、成鱼传播。因此，消毒受精卵在防制感染上是有意义的。

六、鲫造血器官坏死病

自2008年开始，一种以鳃瓣出血为主要症状的异育银鲫病害，当地养殖业者将其称为“鳃出血”（图2-8），在江苏省射阳县开始零星发生。自2011年开始，该病在江苏省盐城的异育银鲫养殖区出现大面积爆发，并扩散至邻近的泰州、扬州及至苏南、上海地区。自2012年3月以来，更是呈现爆发态势，给我国的异育银鲫养殖业造成了巨大的经济损失。迄今为止，随着带病毒鱼种的扩散，这种疾病已经蔓延到了江西、湖北、安徽、辽宁以及广东等地。

【病原】由于鲤疱疹病毒Ⅱ型（Cyprinid herpesvirus 2,

图 2-8 示患鲫造血器官坏死病病鱼“鳃出血”症状

CyHV-2）感染异育银鲫引起的疾病。该病毒病已经给中国东部地区池塘养殖的异育银鲫造成了严重损失，其死亡率极高，部分池塘的死亡率高达 100%。

对患病异育银鲫的脾与肾脏组织超薄切片电镜观察结果显示，病毒为具囊膜的球形病毒，囊膜直径为 170~200 纳米，病毒衣壳直径为 110~120 纳米，病毒在细胞核内复制、组装。

CyHV-2 对热、酸、碱、有机溶剂和冻融敏感；常用鱼类细胞系 EPC、RTG-2、Koi-Fin、CIK、CCK、PF-Fin 对 CyHV-2 的感染不敏感，特异性巢式 PCR 检测盲传至第 7 代 CyHV-2 细胞培养物，结果均为阴性；CyHV-2 在 GiCB 细胞中的增殖动态研究结果表明：病毒感染细胞经过 12 小时的隐晦期，24 小时开始进入对数生长期，96 小时病毒滴度达到最高值（107.52 ±0.26 $TCID_{50}$/毫升），然后进入平台期；透射电子显微镜观察结果显示，CyHV-2 感染细胞可分为吸附与侵入、复制与装配、成熟与释放 3 个主要过程，病毒进入对数生长期后，被感染细胞内可见形态典型的疱疹病毒颗粒。

【症状】外观症状：患疱疹病毒病的异育银鲫食欲减退、离群独游、体表光洁大多无寄生虫附着。但是，病鱼鳃部出血明显，活体病鱼鳃部呈鲜红色，放入清洁的水中不久就会因鳃部出血而染红水色，出现眼球突出、病鱼尾鳍、背鳍末端明显发白等症状。受 CyHV-2 感染的金鱼（*Carassius auratus*）病鱼鳃上有出血的症状，这种症状与患病异育银鲫的症状有相似之处。但是，在患病金鱼上观察到的鳍条上会出现水泡状脓疱，在患病异育银鲫上则没有观察到这种症状。

解剖观察：部分病鱼腹部膨胀，内有浅黄色腹水，内脏和鱼鳔上有明显出血性瘀斑，濒死病鱼鳃丝因失血过多而呈苍白色，常可见鳃部形成紫红色的淤血斑块。病鱼的鳔上有瘀斑性出血，这种症状在患病异育银鲫中也观察到了。患病金鱼的脾和肾肿胀并呈苍白色，偶尔能见多处白色病灶、肝苍白、肠道空的症状，在患病异育银鲫中这类症状也有存在，但是出现这种病理变化患病鱼的比例较低。

组织病变：对患病金鱼组织病理变化观察结果证实，肾脏造血组织、脾、胰腺、肠道和鳃组织由多病灶发展到弥散性坏死，鳃小片融合，上皮细胞增生，口咽和表皮细胞变性坏死、心脏出现病灶性坏死、胸腺弥散性坏死、头肾和体肾中造血细胞出现明显的核固缩和核裂解性坏死、脾脏内的脾髓和小动脉大面积的坏死、有时还伴有出血。发现感染了 CyHV-2 的金鱼细胞核肿胀，电镜检查发现细胞核染色质边集和核内包涵体，细胞核内有成熟的和形成中的病毒粒子，且成熟的病毒粒子散布于细胞浆中。刘文枝等（2013）以 CyHV-2 感染异育银鲫的患病鱼内脏组织超微过滤匀浆液，腹腔注射感染健康异育银鲫，分别对感染组与对照组异育银鲫尾静脉采血，进行白细胞分类计数、吞噬细胞活性检测以及血清生化指标测定与分析。结果证明感染组异育银鲫血细胞总数变化不明显，单核细胞和淋巴细胞百分比显著上升，其中淋巴细胞上升呈极显著差异（$p<0.01$），单核细胞上升呈显著差异（$0.01<p<0.05$）；嗜中性粒细胞及血栓细胞显著下降，均呈显著性差异（$0.01<p<0.05$）。单核细胞的吞噬指数与吞噬百分比极显著高于对照组（$p<0.01$），红细胞的吞噬指数与吞噬百分比显著高于对照组（$0.01<p<0.05$）。感染组异育银鲫血清总蛋白为（34.32±2.52）毫摩尔/升，对照组为（28.00±2.17）毫摩尔/升，呈显著差异（$0.01<p<0.05$）；血清中谷丙转氨酶为（21.50±1.58）单位/升，谷草转氨酶为（407.50±4.52）单位/升，碱性磷酸酶为（51.00±5.27）单位/升，极显著高于相应的对照组（12.67±1.32）单位/升，（346.50±3.07）单位/升，（17.50±4.88）单位/升（$p<0.01$）；血清中甘油三酯、总胆固醇及血糖则均低于对照组，但差异不显著（$p>0.05$）。吴霆等（2014）的观察结果证实，患病异育银鲫的鳃、肾脏和脾脏组织有血细胞浸润，其造血细胞显示核固缩、肿胀和细胞质空泡化等病理损伤症状，在鳃组织粒细胞和肾脏、脾脏造血细胞内，发现有许多 CyHV-2 颗粒。鳃组织被感染的粒细胞内出现核固缩现象。在肾脏、造血细胞显示有少量的染色质和核破裂现象，细胞核和细胞质内有许多病毒粒子被组装。在脾脏，许多脾细胞坏死，细胞致密度改变，细胞核破裂。脾脏感染 CyHV-2 细胞内，细胞质空泡化明显。这些细胞的透射电镜观察显示，在细胞核内有 95~110 纳米的裸露的类疱疹病毒粒子，与此同时，在细胞质中含 170~200 纳米多种多样聚集着的有包膜的病毒颗粒。CyHV-2 感染鳃、肾脏和脾脏组织，在粒细胞或造血细胞的细胞核内复制，在细胞质内加工，成熟的 CyHV-2 出现在细胞质内。

【流行情况】根据 2011 年对苏北地区的部分水产养殖基地

对异育银鲫“鳃出血病”进行的流行病学调查，所得到调查结果是，苏北地区异育银鲫“鳃出血病”主要在4—6月和8—11月初流行，其中5月和10月分别为两个流行期的高峰期。

当水温处于上升期时，异育银鲫“鳃出血病”流行的适宜水温范围为15.0~28.0℃，即当池塘水温自然上升至15.0℃时，疾病开始发生，而继续上升至28.0℃或者以上时，这种疾病就几乎停止发生；当水温进入下降期，即使池塘水温尚处于28.0℃以上，这种疾病也是可以发生的。发生异育银鲫“鳃出血病”的池塘，主要是单养银鲫或者是主养银鲫的池塘，混养银鲫的池塘较少发生，即使发生也比较容易控制。发生“鳃出血病”的异育银鲫规格大多在100.0克以上的个体，小规格鱼种较少发生这种疾病。

异育银鲫的“鳃出血病”是近年来在江苏暴发的一种恶性传染病。江苏射阳、大丰等地精养池塘，连续几年不同程度出现这种疾病，死亡率一般为30.0%~40.0%。严重发生时可达90.0%以上，甚至导致整个池塘中异育银鲫全部死亡的事例也有发生。

李莉娟等（2013）针对国内市场上流通的金鱼，开展CyHV-2的流行病学调查，并比较CyHV-2不同分离株的分子特征。结果证明了无明显症状的金鱼带毒率较高（13.89%），表明我国已有CyHV-2的分布。分子生物学分析结果显示，我国金鱼和异育银鲫来源的CyHV-2编码的解旋酶基因部分序列一致，表明异育银鲫来源的CyHV-2和金鱼来源的CyHV-2极可能为同一种病毒。同日本分离株（H. Fukuda）比较，我国金鱼来源的CyHV-2编码的DNA聚合酶基因片段序列同该毒株完全一致，但是两者编码的衣壳体间三联蛋白和解旋酶各有1~2个氨基酸的差异，表明我国分布的CyHV-2同H. Fukuda毒株高度相似，但存在一定的差异。

【防治方法】防控异育银鲫“鳃出血”病的基本指导思想是，这种疾病之所以发生，其根本原因还是鱼体抗病力（免疫力）下降的缘故。所以，防控这种疾病的出发点就是维护鱼体的免疫力不受到损伤并且能有效地增强鱼体的免疫能力。

（1）免疫预防

在饲料中添加适宜的免疫增强剂，在每年开始投喂饲料时（池塘水温在12℃左右）和8月中旬（池塘水温开始下降以前20天左右），即异育银鲫“鳃出血”病流行之前，每次连续投喂添加有免疫增强剂的饵料25天左右。通过增强养殖异育银鲫自身的非特异性免疫机能，提高抵抗病毒性病原感染的能力。

（2）通过药敏试验精选高效药物

针对鱼体上的常见寄生虫和从患病鱼体中分离的致病菌，利用药物敏感性试验的方法，对市场上购买的消毒剂、抗菌药和杀虫剂等各种渔用药物，采取对致病菌和寄生虫的药敏试验方法，对市售药物的质量进行检测和筛选，保证购买的药物在水体消毒、抑、杀致病菌和杀灭寄生虫过程中获得良好效果。通过提高药物的治病效果，达到减少用药与不盲目用药的目的。

（3）避免应激性刺激

改变过去每隔10~15天就在养殖池塘中泼洒杀虫药剂控制寄生虫，泼洒消毒药物控制水质，投喂添加抗生素药物饵料预防细菌性疾病的习惯做法，发展针对异育银鲫鳃出血病病原的分子生物检测与定量方法以动态监测养殖动物体内、外病原体的丰度后，再决定是否需要使用渔用药物，避免多次、大量使用各种药物对养殖银鲫造成的应激性刺激。

（4）改单养异育银鲫为混养

该过去单养异育银鲫的养殖方式，改为异育银鲫与2龄草鱼混养、异育银鲫与凡纳滨对虾混养等混养的方式。

（5）优化养殖环境

坚持采用生石灰清塘，生石灰的用量满足池水保持 pH 值 11.0 以上至少 2 小时，以达到彻底清塘的目的。

七、传染性造血器官坏死病

传染性造血器官坏死病（infectious haematopoietic necrosis，IHN）是由一种毒力很强的弹状病毒所引起的急性、全身性的严重传染病。常发生于虹鳟和太平洋大马哈鱼的鱼苗和种鱼，以狂游和造血器官坏死为特征的鱼病。

根据我国农业部发布的《一、二、三类动物疫病病种名录》中规定，将 IHN 列为二类疫病，为 OIE（世界动物卫生组织）必须申报的疫病。

【病原】病原为传染性造血器官坏死病毒（*Infectious haematopoietic necrosis virus*，IHNV），属弹状病毒科、粒外弹状病毒属（*Novirhabdovirus*）。IHNV 在血清型上与其他各种鱼类弹状病毒没有相关性。

根据我国农业部公布的《动物病原微生物分类名录》中的规定，将 IHNV 列为三类动物病原微生物。根据《病原微生物实验室生物安全管理条例》规定，从事该病原毒种、样本有关的研究、教学、检测、诊断等活动必须在一级、二级实验室进行，其病原由兽医行政主管部门指定的动物病原微生物菌（毒）种保藏机构储存。

【症状】传染性造血器官坏死病暴发时，先是稚鱼和幼鱼的死亡率突然升高。患病鱼昏睡、顶水；有的行为异常，狂奔乱窜、打转。病鱼眼球凸出且变黑、腹部膨胀，较为典型的特征是肛门拖着不透明或棕褐色的假管型黏液样粪便，但其他的疾病有时也会出现这种症状，因此并非本病所特有。病鱼鳃苍白，鳍基部和头部之后的侧线处皮下出血（图 2-9，彩照 5）。

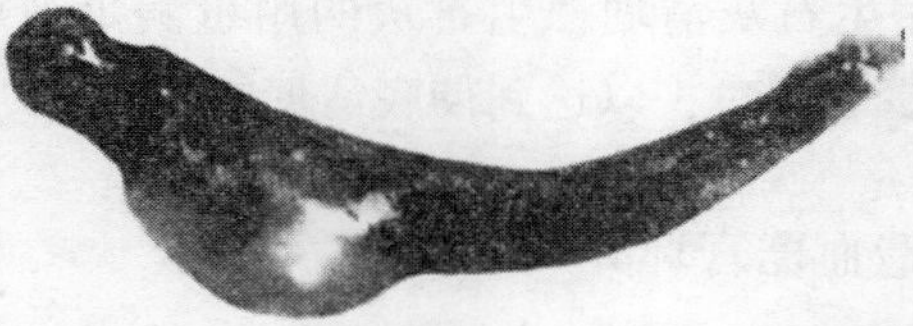

图 2-9　传染性造血器官坏死病症状（仿山崎隆义）

解剖检查，以造血器官组织变性、坏死为特征。表现为前肾、脾出血、坏死。严重时，肝、脾、肾色泽减退而苍白。体腔充满了血样液体，消化道空无食物，胃内充满乳白色液体，黄色液体充盈着肠道，后肠和脂肪组织中可见出血状淤斑，患病的成鱼一般没有腹水。

【流行状况】传染源为病鱼、受病毒污染的水、昆虫蜉蝣目（Ephemeroptera）的蜉蝣也可能是该病的传播者。病毒能附着于卵子表面随卵传播。病毒可在稚鱼和幼鱼之间水平传播，稚鱼和幼鱼主要通过接触被病毒污染的水、食物、带毒鱼排泄（尿、粪便等）受感染。

虹鳟等大部分鲑科鱼类均可感染 IHNV，从刚开口摄食的鱼苗至 2 月龄左右的幼鱼最容易受感染。此外，鱼龄越小对 IHNV 越敏感，成鱼一般感染病毒后不出现发病症状，但是起携带、扩散病毒的作用。该病病程急，发病死亡率高达 50%~100%。

以往 IHN 仅在北美洲的西海岸地区流行，受 IHNV 感染的鱼和卵随着贸易往来和水产品出口的频繁，现已扩散到欧洲和亚洲（主要是日本、韩国、朝鲜、中国等国家）。

该病的潜伏期一般为4~6天，是否发病与季节、水温有着密切的关系。该疾病一年四季均可发生，并以早春至初夏多见。发病水温为8~15℃，8~12℃为发病最适水温，10℃时死亡率最高；水温低于10℃时，病程缓慢、病情轻，潜伏期延长；水温高于10℃时病程急、病情重，但死亡率较低；当水温超过15℃时，一般就不会发病。

【诊断】可根据临床症状和病理变化可作出初步诊断。

诊确需要通过做实验完成。实验室检测时可根据国家标准《鱼类检疫方法第2部分：传染性造血器官坏死病毒（IHNV）》（GB/T 15805.2-2008）和《OIE水生动物疾病诊断手册》有关章节进行。

实验室检测时，样品应采集无症状鱼的肝、肾、脾、脑或者种鱼的卵巢液。在病毒分离鉴定时，用鲤上皮性细胞（epithelioma papulosum cyprini，EPC）或BF-2细胞在15℃下培养并进行病毒分离，之后用免疫学方法如中和试验、间接荧光抗体试验、ELISA等或者分子生物学方法如DNA探针、PCR等进行病毒鉴定。症状明显的病鱼，可以用IF、ELISA、酶染色法或者用DNA探针、PCR等方法直接检测脏器印片或匀浆物中的病毒。

【防治方法】目前尚无该病的治疗方法。预防主要是避免接触病毒和采取必要的检疫等卫生措施。消毒鱼卵可以杀灭附着在卵子表面的病毒，从而阻断卵传播的途径。在孵化时应彻底消毒受精卵，并采用无病毒污染的纯净水孵化；不与污染物接触，鱼苗培育场（车间或池）与可能携带病毒鱼养殖场（池）分开；以鱼内脏作为鱼苗、鱼种饵料时，必须煮熟处理后再投放。

八、传染性脾肾坏死病

传染性脾肾坏死病也叫鳜暴发性出血病（mass mortality and hemorrhage of mandarin fish），在我国南方淡水养殖的鳜中流行，从1994年以来就不断有报道。该病能引起很高的死亡率，因而对鳜的养殖业造成很大的威胁。

【病原】传染性脾肾坏死病的病原是真鲷虹彩病毒（*red sea bream iridovirus*，RSIV），属虹彩病毒科、巨大细胞病毒属（*Megalocytivirus*），称为传染性脾肾坏死病毒（*infectious spleen and kidney necrosis virus*，ISKNV）。真鲷虹彩病毒病（red sea bream iridovirus disease，RSIVD）是经常发生在海水鱼养殖中并且危害较大的一种病毒病。能引起海水养殖鱼类如真鲷等鱼苗的大量死亡。这两种病的病原是一样的，仅仅是引起淡水鱼和海水鱼中的不同病而已。两者的基因序列具有99%以上的同源性。因此OIE诊断手册中认为ISKNV就是RSIV，只不过ISKNV是在淡水鱼类中被发现。

我国农业部公布的《动物病原微生物分类名录》中，真鲷虹彩病毒列为三类动物病原微生物。根据《病原微生物实验室生物安全管理条例》中的规定，从事该病原毒种、样本有关的研究、教学、检测、诊断等活动必须在一级、二级实验室进行，其病原由兽医行政主管部门指定的动物病原微生物菌（毒）种保藏机构储存。

【症状】患传染性脾肾坏死病的鳜头部充血，嘴部四周也出血，眼出血。解剖可见鳃发白，肝脏肿大发黄甚至发白。腹部呈“黄疸”症状（图2-10，彩照6）。组织病理变化最明显的是脾和肾内细胞肥大，感染细胞肿大形成巨大细胞。细胞质内含大量的病毒颗粒。

感染了真鲷虹彩病毒的病鱼常呈昏睡状、严重贫血、鳃有淤斑、鳃丝具有大量的黑斑，鳃和肝脏褪色，脾脏肿大。该病最显著的病理特征是病鱼的脾、心、肾、肝脏和鳃组织切片显微观察可见到巨大细胞。

图 2-10 鳜鱼传染性脾肾坏死病症状（仿张奇亚）

【流行状况】鳜暴发性出血病主要在我国南方淡水养殖的鳜中流行，只发现感染鳜。

真鲷虹彩病毒病是1990年首次在日本四国的真鲷养殖场发现，并引起海水养殖鱼类真鲷的大量死亡；1998年韩国暴发流行该病，造成60%的海水养殖鱼类鲷和鲈的死亡；现已在我国台湾或东南亚其他地区流行。该病毒不仅感染真鲷（*Pagrus major*），也感染其他包括鲈形目、鲽形目和鲀形目海水养殖的五条鰤、花鲈和条石鲷等鱼类。

真鲷虹彩病毒病主要通过受病毒污染的水进行水平传播。

【诊断】初步诊断可采用显微观察具有临床症状病鱼的脾、心、肾、肝脏和鳃组织切片或涂片中见到巨大细胞、或者电子显微镜观察到病毒粒子、或者涂片用免疫荧光染色为阳性结果，可以判定为可疑。

目前尚无诊断该疾病的国家标准或行业标准，可参考《OIE 水生动物疾病诊断手册》的 RSIVD 章节，或者参照以下方法进行诊断。

用细胞培养分离到病毒后，再用抗 RSIV 的单克隆抗体或 PCR 鉴定，或者直接用单克隆抗体检测病鱼组织中 RSIV 抗原。

做病毒学检测时，取病鱼的脾和肾组织（特别是脾），用石斑鱼鳍细胞（grouper fin，GF）分离病毒出现 CPE，用 IFAT 或者用 PCR 检测感染细胞为阳性；或者从受感染的组织抽提核酸做 PCR 为阳性；或者观察到典型的异常巨大细胞并且制备涂片经 IFAT 检测为阳性，则可以确诊为真鲷虹彩病毒病（海水鱼）或者传染性脾肾坏死病（淡水鱼）。

【防治方法】目前尚无该病的治疗方法。预防主要是避免接触病毒和采取必要的检疫等卫生措施。抗真鲷虹彩病毒疫苗进入商品化生产或中试阶段，在不远的将来可用于真鲷养殖或其他海水鱼类养殖中。

九、鲤春病毒血症

鲤春病毒血症（spring viraemia of carp，SVC），曾称鲤鳔炎症（swim bladder inflammation of carp，SBI），SVC 与 SBI 实际上是同病异名，目前已统一称鲤春病毒血症。SVC 是一种由病毒引起的急性、出血性传染病。流行于鲤科鱼特别是鲤养殖中。该病通常于春季暴发并引起幼鱼和成鱼的死亡。以全身出血及腹水、发病急、死亡率高为特征。

根据我国农业部发布的《一、二、三类动物疫病病种名录》中规定，将 SVC 列为一类疫病，为 OIE（世界动物卫生组织）必须申报的疫病。

【病原】病原是一种弹状病毒，即鲤春病毒血症病毒（Spring viraemia of carp virus，SVCV），暂列为弹状病毒科、水泡病毒属。目前只发现有一个血清型。

我国农业部公布的《动物病原微生物分类名录》中，鲤春病毒血症病毒列为三类动物病原微生物。根据《病原微生物实验室生物安全管理条例》规定，从事该病原毒种、样本有关的研究、教学、检测、诊断等活动必须在一级、二级实验室进行，其病原由兽医行政主管部门指定的动物病原微生物菌（毒）种保藏机构储存。

【症状】病鱼行为失常，无目的漂游，呼吸困难。体色发黑，眼球凸出，腹部膨大，肛门红肿，体表（皮肤、鳍条、口腔）和鳃充血（图 2-11，彩照 7）。

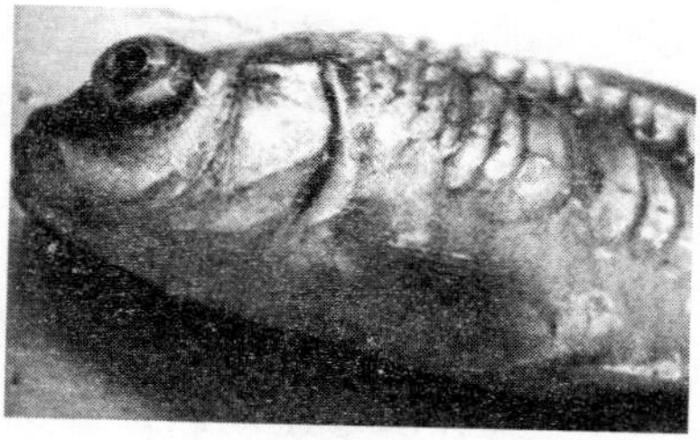

图 2-11　鲤春病毒血症症状（仿江育林等）

解剖时，全身出血、水肿及有大量的血性腹水，消化道出血，心、肾、鳔、肌肉出血及出现炎症，最常见的是鳔内壁出血。

【流行状况】鲤春病毒血症在春季水温低于 15℃时，容易引起越冬结束后鲤的患病及流行。鱼类在越冬中消耗了大量的脂肪，长期的低水温降低了免疫力，入春后易暴发流行鲤春病毒血症。病毒能在被感染的鲤血液中保持 11 周，造成持续性出血。鲤春病毒血症的直接的传染源为病鱼、死鱼和带毒鱼。传播方式主要是经水传播，某些水生吸血性寄生虫（鲺、尺蠖、鱼蛭等）是机械性传播者。病鱼和无症状带毒鱼类还可垂直传播，经其粪、尿液向体外排出病毒，精液和鱼卵子也是携带病毒的载体。鱼体机械性外伤最容易受病毒感染。

该病毒能感染各种鲤科鱼类，但鲤是最敏感的宿主，能引起大量的鲤和锦鲤患病和死亡。各年龄段的鲤和锦鲤均受其感染，但鱼年龄越小越容易感染。鲤春病毒血症病毒感染后的潜伏期不仅依赖于水温，也依赖于鱼体的健康水平。据报道，鲤和锦鲤感染鲤春病毒血症病毒后的潜伏期为 7~60 天，水温在 10~15℃时潜伏期约为 20 天。

本病长期以来流行在欧洲大陆一些水温低的国家，2002 年传到美国，并引起鲤大批死亡，我国也分离到病毒。该病于每年春季水温在 8~20℃，尤其是在 13~15℃时流行，水温超过 22℃就不再发病，鲤春病毒血症由此得名。

【诊断】初步诊断可以根据临床症状和病理变化作出。

诊确则需进一步做实验室诊断。实验室检测时可根据《鱼类检疫方法第 5 部分：鲤春病毒血症病毒（SVCV）》（GB/T 15805.5-2008）国家标准和《OIE 水生动物疾病诊断手册》有关章节进行。

检测鲤春病毒血症病毒无症状带病毒鱼时，取鱼的肝、肾、脾脏和脑，先用鲤上皮乳头瘤细胞（epithelioma papulosum cyprini，EPC）、CO 细胞或者鲤细胞（fathead minnow，FHM）培养分离到病毒，然后用免疫学方法如病毒中和试验（NT）、免疫荧光（IF）、酶联免疫吸附试验（ELISA）或者 PCR 检测。

具有临床症状诊断时，可以用分离病毒再鉴定的方法，也可以直接用 IF、ELISA 或者 PCR 检测感染组织来更快地完成。检测病毒的温度直接影响到结果的准确性，必须在 10~20℃下进行，否则可能无法检测到病毒。

【防治方法】鲤春病毒血症疫苗仅处于实验阶段，因此目前尚无该病的治疗方法。预防措施主要是避免接触病毒。因此加强对亲鱼、苗种的检疫，繁殖和养殖不使用受病毒污染的水源，也不使用带病毒的卵和鱼。发现疫病或疑似病例，必须销毁染疫动物，同时彻底消毒养殖设施。

十、痘疮病

痘疮病主要发生在1足龄以上的鲤，鲫可偶尔发生，湖北、江苏、云南、四川、河北、上海等省市和东北地区曾经发现此病，大多呈局部散在性流行，大批死亡现象较少见，但是，患病后会影响鱼的生长和商品价值。

【病原】病原为鲤疱疹病毒（*Herpesvirus cyprini*）。

【症状】发病初期，感染鱼体表出现薄而透明的灰白色小斑状增生物，以后小斑逐渐扩大，互连成片，并增厚，形成不规则的玻璃样或蜡样增生物，形似癣状痘疮。背部、尾柄、鳍条和头部是痘疮密集区，严重的病鱼全身布满痘疮，病灶部位常有出血现象（图2-12，彩照8）。

图2-12　鲤痘疮病症状（仿江育林等）

【流行状况】本病通常流行于秋末冬初和早春季节，水温在10～15℃时，水质肥沃的池塘和水库网箱养鲤中容易发生。当水温升高或水质改善后，痘疮会自行脱落，条件恶化后又可复发。

【防治方法】①秋末或初春时期应注意改善水质或减少养殖密度。

②发病池塘应及时灌注新水或转池饲养；水库网箱则可用转移网箱水区加以控制。

③养殖期内，每半个月全池泼洒二氧化氯 0.2 毫克/升或三氯异氰尿酸 0.3 毫克/升或漂白粉精 0.1~0.2 毫克/升。

第二节　由细菌引起的鱼病及其防治方法

一、细菌性败血症

淡水鱼细菌性败血症（freshwater fish bacteria septicemia）是由致病性嗜水气单胞菌引起的鱼类急性传染病，最早称为淡水鱼暴发病，有的地区又称出血病。该病于 20 世纪 80 年代出现于我国广大淡水鱼养殖地区，可危害鲫、鳊、链、鳙、鲤、鲮等主要淡水养殖鱼类，1989 年前后出现全国性大规模流行，发病最为严重的 1989 年造成全国各种鱼死亡约为 30 万~40 万吨，经济损失达 21 亿~28 亿元。1994 年前后暂定名为淡水鱼细菌性败血症。该病当前仍是淡水鱼类养殖的主要疾病，因该病造成的经济损失达养殖产量的 15%~30%。

根据我国农业部发布《一、二、三类动物疫病病种名录》中的规定，淡水鱼细菌性败血症为二类疫病。

【病原】病原为嗜水气单胞菌（*Aeromonas hydrophila*），分类上属气单胞菌科（Aeromonadaceae）气单胞菌属（*Aeromonas*）。气单胞菌属的细菌，均为极生单鞭毛短杆菌，除灭鲑气单胞菌外，其他种均具有运动性，因此又将由这类细菌引起的疾病称为运动性气单胞菌败血症（motile aeromonads septicemia）。引起水生动物疾病的本属细菌有嗜水气单胞菌、温和气单胞菌（*A. sobria*）、豚鼠气单胞菌（*A. cavia*）等，本病中以嗜水气单胞菌分离报道最为普遍。

气单胞菌属细菌为革兰氏阴性短杆菌，单个或成对或短链，极端单鞭毛，没有芽孢和荚膜，兼性厌氧，新分离菌株常为两个相连；最适生长温度为22～28℃，除个别种外，均可在37℃生长；氧化酶、触酶阳性，葡萄糖发酵产酸产气，精氨酸双水解酶阳性，还原硝酸盐，明胶酶和DNA酶阳性，大多数种能发酵麦芽糖、半乳糖和海藻糖。对弧菌抑制剂2，4-二氨基-6，7-异丙基喋啶（O/129）不敏感，区别于弧菌属其他细菌。

取可疑、患病或濒死鱼肝、肾或血液，用营养琼脂（NA）、胰酪大豆蛋白胨培养基（TSA）均可用于气单胞菌分离培养，在上述培养基上形成圆形、边缘光滑、中央凸起、肉色、灰白色或略带淡棕红色光滑菌落。可用R-S培养基进行选择性培养，气单胞菌可形成黄色圆形菌落。对于污染标本，建议采用碱性胨水或R-S培养基进行选择性培养。

能引起鱼类致病的气单胞菌存在多种致病因子，包括溶血素、胞外蛋白酶等，其中气单胞菌分泌的气溶素（aerolysin）是主要的致病因子，可引起感染鱼血球溶解、肠道病变和肝脾肾等重要器官坏死，最终引起鱼体死亡。

引起鱼类发生细菌性败血症的气单胞菌不同于水体中存在的非致病菌群，表现为：①具有能逃避鱼体免疫系统的菌体表面结构，包括主要外膜蛋白（OMP）、有入侵和定植能力的菌毛以及有效从机体获得铁分子的转铁体（siderophore）等；②对机体组织和细胞有损伤作用的溶血素和胞外蛋白酶。一般水体正常栖息菌株不具有上述特点。哪些致病因子对菌株的致病作用起关键作用还没有一致的结论。

【症状】发病早期病鱼可出现行动缓慢、离群独游等现象。病鱼上下颌、口腔、鳃盖、眼睛、鳍基及鱼体两侧轻度充血，肠内有少量食物。典型症状病鱼出现体表严重充血、眼球凸出、眼眶周围充血（鲢、鳙更明显）；肛门红肿，腹部膨大，腹腔内积有淡黄色透明腹水，或红色混浊腹水；鳃、肝脏、肾脏的颜色均较淡，呈花斑状；肝脏、脾脏、肾脏肿大，脾呈紫黑色；胆囊肿大，肠系膜、肠壁充血，无食物，有的出现肠腔积水或气泡。部分病鱼还有鳞片竖起、肌肉充血、鳔壁后室充血等症状（图2-13，彩照9）。

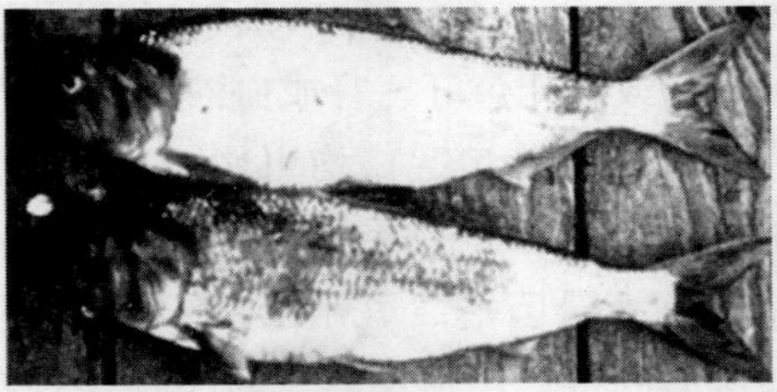

图2-13　鲫细菌性败血症症状（仿王云祥）

症状可因病程长短、病鱼种类及年龄不同表现出多样化，大量急性死亡时，有时可出现少无明显症状的死亡，人工感染及自然发病中均可出现。

不同发病鱼类病理变化基本相似。以鲫为例，可出现红细胞肿大、胞浆内有大量嗜伊红颗粒、胞浆透明化；血管管壁扁平内皮细胞肿胀、变性、坏死、解体，最终出现毛细血管破损；肝、脾、肾等实质器官出现被膜病变，间皮细胞、成纤维细胞肿胀、胶原纤维等出现坏死、肿胀、纤维素样变，最后大量弥漫性坏死；被膜也发生变性、坏死、出血；心肌纤维肿胀、颗粒变性、肌原纤维不清晰，最终心内膜基本坏死。

发病鲫腹水呈淡黄至红色，透明或混浊，李凡他氏蛋白质定性试验阳性，为炎症性肝性腹水；病鱼血清钠显著降低，血清肌酐、谷草转氨酶（GOT）、谷丙转氨酶（GPT）、乳酸脱氢酶（LDH）等指标显著高于健康银鲫，而血清葡萄糖、总蛋白、白蛋白则显著低于健康鲫鱼，表明严重的肝肾坏死和功能损害及其他实质器官的严重病变，属典型的细菌性败血症。

【流行状况】易感鱼种类主要感染鲫、鳊、鲢、鳙、鲤、鲮等鲤科鱼类，但草鱼对致病菌株有相对较高的抵抗力。华东地区、两湖等地的主要感染鱼类鲫、鳊、鲢、鳙等鱼类；两广地区主要感染鱼类为鲫、鳊、鲢、鳙、鲮等鱼类，北方地区以鲤、鲢、鳊、鳙等为主。

发病季节为 5—10 月期间，其中以 7—9 月期间发病最高。北方地区，在气温突然下降时，也可发生鲤的疾病暴发，其病原也为嗜水气单胞菌，同时伴随竖鳞症状。

全国主要养殖地区均有发生，危害最为严重的省份为湖南、安徽、河南、浙江、湖北、江苏、广东、福建等。北方地区疾病暴发地域相对较小，发病季节也较短。

传播途径未见系统的研究报道。一般认为，寄生虫感染可能成为细菌入侵的先导，但未见明确证据。另外，鱼体体表及肠道可能本身栖息有致病菌株，当寄生虫感染、水质恶化、气候突变等因素发生时导致鱼体免疫力下降，引起疾病的暴发。当某一地区发生疾病时，鸟类可捕食病鱼并造成疾病在不同养殖池间的传播。

鲫、鳊、鲢、鳙、鲤、鲮等易感鱼类是病原菌的主要宿主，一些野生鱼，如麦穗鱼等均可成为致病菌携带者，对池塘环境中是否存在中间宿主未见文献报道。患病鱼可成为病原菌的携带者。寄生虫和藻类是否可成为病原的中间宿主，未见相关的报道。

本病对淡水养殖鱼类危害极大，可危害除草鱼、青鱼外的大部分养殖鲤科鱼类，在全国各地淡水鱼养殖地区流行。疾病病程通常较急，严重时1~2周内死亡率可达90%以上，无有效控制措施。特别对于一些大水面养殖的水域，因用药困难，几乎没有可控制措施；疾病也可慢性发生，在一段时间内持续造成养殖鱼类的大量死亡。养殖环境与病程的走向有很大的影响，一般养殖水质恶化、高密度养殖以及气候条件的急剧变化均可加剧病情，造成大规模的死亡。

【诊断】根据发病季节、发病鱼种类及症状可初步确定疾病。主要诊断依据有：①7—9月发病，且同池鲫、鳊、鲢、鳙等2种以上的鱼同时发病，可初步判断。通常鲫、鳊先发病，随后鲢、鳙发病。北方养殖地区一般鲤先发病；②同池多种鱼同时发病并大量死亡，可初步判断疾病的发生；③病鱼出现口腔、颌、鳃盖及鱼体两侧充血，或体表严重充血，眼眶、鳍基及鳃盖充血、眼球凸出、肛门红肿等症状，部分鱼出现腹部膨大，轻压腹部，可从肛门流出黄色或血性腹水；④肝、脾、肾、胆囊肿大充血，鲫肝脏可因严重病变而呈糜烂状，肠道因产气而呈空泡状，大部分鱼可见严重的肌肉充血。但急性发病死亡时可能症状不明显，一般几种鱼同时发病首先要考虑出现细菌性败血病的可能。

取发病鱼肌肉、内脏或腹水，压片或涂片观察可见大量运动的短杆状菌体，结合发病鱼种类、解剖观察可初步作出诊断。

实验室诊断方法主要有以下几种。

①细菌的分离培养。取肾、血液或肌肉，于营养琼脂、TSA或R-S培养基作划线分离，25~28℃培养24个小时。气单胞菌可在营养琼脂和TSA上形成直径为1~5毫米的圆形乳白色

或淡黄色、光滑湿润微凸菌落；在 R-S 培养基上可形成黄色无黑色中心的菌落。如需对分离细菌进一步鉴定可采用 API20E 或其他细菌鉴定盒。

②血清学诊断。挑取典型菌落，采用气单胞菌标准血清作玻片凝集试验。

③致病因子检测。采用脱脂奶平板法检测分离菌株的胞外蛋白酶活力，可作为菌株致病性的辅助判断。具体操作参看《致病性嗜水气单胞菌检验方法》（GB/T 18652-2002）。

④ PCR 检测。目前有关实验室开展了 PCR 法进行嗜水气单胞菌检测的研究，但未制定气单胞菌相关的 PCR 诊断标准。

目前气单胞菌已制定三个标准，分别为《致病性嗜水气单胞菌检验方法》（GB/T 18652-2002）、《鱼类细菌病检疫技术规程第 3 部分：嗜水气单胞菌及豚鼠气单胞菌肠道病诊断方法》（SC/ T 7201. 3-2006）、《出口食品中嗜水气单胞菌检验方法》（SN/T 0751-1999），其中 SN/T 0751-1999 仅列出了气单胞菌主要的细菌分离和检测方法，标准 GB/T 18652-2002 提供了R-S 选择性培养基等常用培养基的配方及细菌分离方法，并提供了胞外蛋白酶的简易测定方法；标准 SC/T 7201. 3-2006 主要提供了从鱼类症状至细菌培养的诊断方法。

【防治方法】预防措施：①嗜水气单胞菌疫苗的应用。目前生产上应用的是嗜水气单胞菌灭活浸泡疫苗，是一种用嗜水气单胞菌优势血清型 O：5 和 O：97 作为疫苗生产菌株制备的二价疫苗，再用 0. 15%～0. 30% 福尔马林室温灭活制成疫苗。生产上采用浸泡免疫技术浸泡免疫鱼，可获得较好的免疫保护。该疫苗浸泡免疫效果较为稳定，已于 2001 年获得新兽药证书文号。但由于不同地区间存在的气单胞菌株血清差异是影响使用效果的最大不确定因素。国内实验室还研制了气单胞菌口服疫苗和采用胞外蛋白酶和溶血素研究的亚单位疫苗。

②日常防病措施。良好的池塘日常管理是预防和控制本病的重要措施，这些防病措施包括彻底清塘、鱼种消毒、合理放养密度和品种搭配、疾病易发季节池塘和食场的定期消毒等，发病季节前加强寄生虫的杀灭也可有效降低疾病的发生风险。

③发病后的捕杀和无害化处理措施。目前国内没有对相关疾病进行扑杀的规定，对于病死鱼，一般要求发病场就地加石灰深埋，减少疾病传播。

治疗方法：主要是依靠药物控制，疾病发生后，可采用消毒剂、经过药物敏感性试验，选择对致菌具有良好抑制、杀菌效果的抗生素控制。使用较多的有漂白粉、三氯异氰尿酸、二氧化氯、生石灰等，结合喹诺酮类药物，黄芩、大黄、大蒜素等也可有效用于疾病的控制。药物治疗见效较快，但易复发。配合消毒剂的使用可使效果明显提高。

二、赤皮病

赤皮病与细菌性烂鳃、肠炎病被合称为“草鱼三病”，其流行范围较广。实际上此病不仅在草鱼上发生，青鱼、团头鲂等鱼养殖池中也较常见。目前大多呈散在性发生，发病率不高，发病鱼若不进行治疗，则 8~10 天内可死亡。

【病原】病原为荧光假单胞菌（*Pseudomonas fluorescens*）。

【症状】病鱼体表局部或大部分出血发炎，病灶部位鳞片松动和脱落，尤以鱼体两侧较为常见，背部、腹部也有病例。常伴有鳍基充血，其末端腐烂，鳍条间组织破坏等蛀鳍现象（图 2-14，彩照 10）。

【流行状况】此病的发生大多是在养殖过程中，经过捕捞、运输、分养后，显然是与鱼体受损伤有关，此外，体表因寄生

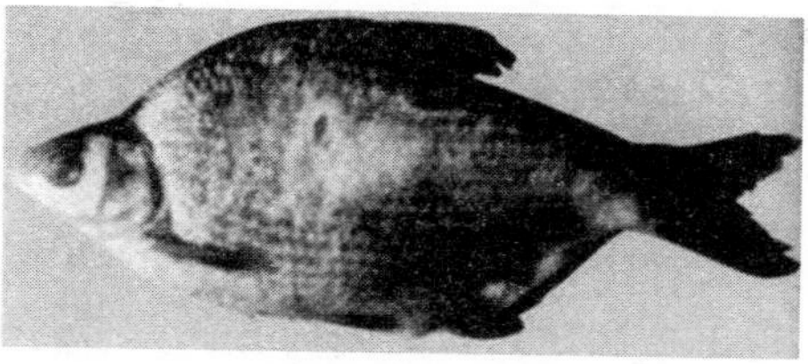

图 2-14　团头鲂赤皮病症状（仿王伟俊）

虫寄生也可诱发疾病。此菌适宜生长温度为 25～30℃，春、夏、秋季更容易发生。北方地区，鱼经越冬后，因受冻伤，开春后易造成流行。

【防治方法】预防措施：①在捕捞、运输、放养等操作过程中，尽量勿使鱼体受伤；②鱼种放养前可用 2%～3%的食盐水溶液浸洗 20 分钟，或用 0.5～1.0 毫克/升的二氧化氯溶液浸洗 20～30 分钟（药浴时间的长短视水温和鱼体忍受力而灵活掌握）。

治疗方法：发病鱼的治疗应当采用外用与内服药物结合法进行。外用药主要用各种消毒剂，如二氧化氯、漂白粉等全池遍洒；内服药可用盐酸土霉素每千克鱼用量为 20～25 毫克，拌饵投喂，连喂 3～6 天为 1 个疗程；或用抗菌中草药制剂拌饵投喂，连喂 6 天为 1 个疗程。

三、打印病

打印病又名腐皮病，本病是鲢、鳙常见的一种疾病，团头鲂、加州鲈、斑点叉尾鮰、大口鲇等鱼近年来也有病例报道，主要危害成鱼和亲鱼。全国各地均有散在性流行，发病鱼池中，感染率可高达 80%以上，大批死亡的病例很少发生，但是严重影响养殖鱼类的生长、繁殖和商品价值。

【病原】病原为点状气单胞菌点状亚种（*Aeromonas punctata* sub. *punctata*）。

【症状】病鱼病灶多发生在肛门附近的两侧或尾柄部位，通常每侧仅出现 1 个病灶，若两侧均有，大多对称。初期症状是病灶处出现圆形或椭圆形出血性红斑，随后，红斑处鳞片脱落，表皮腐烂，露出肌肉，坏死部位的周缘充血发红，形似打上一个红色印记（图 2-15，彩照 11）。随着病情的发展，病灶直径逐渐扩大，肌肉向深层腐烂，甚至露出骨骼，病鱼游动迟缓、食欲减退、鱼体瘦弱，终至衰弱而死。

图 2-15　打印病症状（仿黄琪琰）

【流行状况】本病一年四季均可发生，而以夏、秋两季发病率较高。由于病程较长，尤其是初期症状不容易发现，常被忽视，以致最后导致高发病率。

【防治方法】预防措施：①注意水质，防止池水污染。

②水质较差的鱼池，可根据情况，用生石灰 20 毫克/升水体全池遍洒改良水质。

治疗方法：①发病池可用二氧化氯 0.2 毫克/升或者漂白粉

1.0 毫克/升全池遍洒；同时内服盐酸土霉素药饵，每千克鱼用量为 20~25 毫克，拌饵投喂，连喂 3~6 天。

②亲鱼患病时可用抗生素软膏涂抹病灶部位，病情严重时则需肌肉或腹腔注射硫酸链霉素，每千克鱼用 20 毫克。

四、体表溃疡病

本病是高密度单养鱼类中常见的一种疾病，多发生于一些名优鱼类中，已发现患此病的鱼类有罗非鱼、加州鲈、乌鳢、斑鳢、露斯塔野鲮及泥鳅等。高密度养鲤和鲫鱼种也有发生，可导致大批死亡。

【病原】病原是嗜水气单胞菌嗜水亚种（*Aeromonas hydrophila* sub. *hydrophila*）和温和气单胞菌（*A. sobria*）。

【症状】发病初期，体表出现数目不等的斑块状出血，血斑周围鳞片松动；之后，病灶部位鳞片脱落，表皮发炎溃烂，周缘充血，随着病情发展，病灶扩大，并向深层溃烂，露出肌肉，有出血或脓状渗出物，严重时肌肉溃疡露出骨骼和内脏，最后死亡（图 2-16，彩照 12）。本病与打印病症状差别在于：病灶形状不规则；无特定的部位，头部、鳃盖、躯干各处均可发生；通常有多个甚至几十个病灶。

【流行状况】本病在春季 4 月中、下旬，水温 15℃时即可发生，5—6 月水温为 20~30℃时是发病高峰季节。养质密度高、水质差、水温变化大的养殖池容易发病，此外，扦捕后、长途运输、越冬后以及发生寄生虫病的鱼，因外伤也容易发生此病。

【防治方法】预防措施：①鱼池必须清塘消毒，放养密度要适当。

②鱼种放养前应用 3%~4%的盐水洗浴 5~10 分钟或用2~3

图 2-16　溃疡病症状（仿王伟俊）

毫克/升的二氧化氯溶液浸洗 30 分钟左右。

③坚持经常换水，保持水质清新。发病季节每半月泼洒 1 次二氧化氯制剂，使池水浓度达到 2~3 毫克/升左右。

治疗方法：发病鱼的治疗应当采用外用与内服药物结合法进行。外用药主要用各种消毒剂，如二氧化氯、漂白粉等全池遍洒；内服药可用对致病具有良好抑、杀菌效果的抗生素类药物治疗。拌饵投喂，连喂 3~6 天为 1 个疗程；或用抗菌中草药制剂拌饵投喂，连喂 6 天为 1 个疗程。

五、纤维黏细菌腐皮病

本病为斑点叉尾鮰、大口鲇、胡子鲇和黄鳝等鱼类的常见病。通常呈常在性流行，一旦发生，池塘中的发病率可在 50% 左右。由于此病病程较长，故急性大批死亡情况较少出现，但病鱼食欲减退，影响生长，并可影响亲鱼性腺发育。

【病原】病原是柱状黄杆菌（*Flavobacterium columnare*），曾用名有柱状嗜纤维菌（*Cytophaga columnaris*）和柱状屈挠杆菌（*Flexibacter columnaris*）。

【症状】发病初期，感染部位出现灰白色斑块，随之斑块下皮肤坏死、充血，病灶逐渐扩大，彼此连成一片，形状不规则，最后，大面积皮肤腐烂，露出肌肉，出现肌肉坏死现象，部分病鱼出现“蛀鳍”现象（图 2-17，彩照 13）。

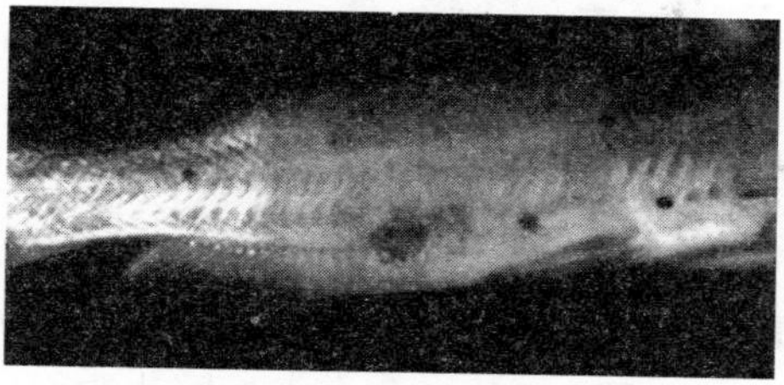

图 2-17　纤维黏细菌腐皮病的症状（仿宫崎照雄）

【流行状况】主要发生于成鱼和亲鱼，养殖水质环境恶化容易发生，发病季节为春、夏、秋三季，水温在 15℃以上即可发生，20~30℃时为流行高峰期。

【防治方法】预防措施：将大黄按每立方米水体 2.5~3.7 克的浓度计算称量，然后，按每千克大黄用 20 千克 0.3%氨水（含氨量为 25%）在常温下浸浴 12~24 个小时，药液和药渣兑水后全池遍洒。

治疗方法：①采用大黄和硫酸铜合剂泼洒，大黄每立方米水体用量为 1.0~1.5 克，配制方法同上；硫酸铜每立方米水体用量为 0.5 克，全池泼洒。

②二氧化氯以 0.1~0.2 毫克/升浓度全池遍洒。

③五倍子，按 2~4 毫克/升浓度全池遍洒。

④三氯异氰尿酸 0.3 毫克/升全池遍洒。

六、鲤白云病

本病主要发生于微流水、水质清瘦的网箱养鲤和流水池塘集约化养鲤中。东北、华北和西南地区为流行地区，在 20 世纪

80 年代中有较高的发病率，发病死亡率可高达 90%左右，90 年代后发病率有所下降。

【病原】病原为恶臭假单胞菌（*Pseudomonas putida*）和荧光假单胞菌（*P. fluoresens*）。

【症状】发病初期，病鲤体表出现小斑状白色黏液物，容易被忽视，随后，黏液物逐渐蔓延，形成一层白色薄膜，以头部、背部、鳍条处更为明显，严重时可出现“蛀鳍”、松鳞等症状（图 2-18，彩照 14）。病鱼多靠近网边缓慢游动，停止摄食，陆续死亡。

图 2-18　鲤白云病症状（仿黄琪琰）

【流行状况】本病的流行季节为 5—6 月，此时水库中的水温在 10~14℃，当水温随气温逐渐升高到 20℃左右时，病情可自行控制。越冬后鲤比较衰弱，易患此病。其他养殖鱼虽同池、同网箱，并不受感染。

【防治方法】预防措施：①发病季节前在网箱内、外适当悬挂漂白粉等药篓或药袋。

②饵料投喂应充足，促使鱼体恢复健康，以预防疾病发生。

治疗方法：发病后，可在网箱中或全池以 0.1～0.2 毫克/升浓度泼洒二氧化氯，同时投喂对致病菌具有良好抑、杀菌效果的抗菌药物，一般需连喂 6 天为 1 个疗程。

七、疖疮病

本病为鲤、草鱼、青鱼、团头鲂等淡水养殖鱼类的常见病，偶尔可在鲢、鳙中发生。冷水性虹鳟鱼疖疮病在我国也有报道。尚未见有高发病率和死亡率的病例。

【病原】鲤科鱼类的病原是疖疮型点状气单胞菌（*Aeromonas punctata* f. *furunculus*）。

【症状】此病发病部位不定，但是以靠近背部较为常见。初发时，皮下肌肉织隆起，隆起处鳞片覆盖完好，用手触摸有浮肿感觉。随着隆起增长形成明显的疖疮，病灶部位充血发红，鳞片松动脱落，用手轻按或用刀切开，即有血脓流出。此时可见肌肉溃疡、坏死、充血，自然溃破时，溃破处形似火山口。病情较重时鳍条充血，有时肠道也可充血发炎（图 2-19，彩照 15）。

图 2-19　鲤科鱼类疖疮病症状（仿王德铭）

【流行状况】此病无明显流行季节，在鱼池中均呈散在性发生，发病率低，通常发生于 1 龄以上的鱼。

【防治方法】预防措施：①尽量避免鱼体受伤，放养密度不宜过高，经常换水，保持水质清新。

②鱼种放养前用2.0毫克/升的二氧化氯溶液药浴30分钟，防止细菌感染。

治疗方法：①发病后可用磺胺类药物内服，如磺胺二甲嘧啶（SDM）每千克鱼用量为100毫克，混饲，4~5天。

②抗菌中草药内服，每千克鱼用量为50~75毫克，1天1次，混饲，连用10天。

③通过药敏试验，选择对致病菌具有良好抑、杀菌效果的抗生素类药治疗。

八、竖鳞病

竖鳞病为鲤、鲫等鱼类的一种常见病，近年来，乌鳢、月鳢、宽体鳢等也常有发生，草、青、鳙也偶有发生。此病通常在成鱼和亲鱼养殖中出现，发病后的死亡率在50%左右，严重的鱼池，发病死亡率可达80%以上。

【病原】鲤、鲫等的病原为水型点状假单胞菌（*Pseudomons punctata* f. *ascitae*）；近年来发现引起鱼类细菌性败血病的嗜水气单胞菌（*Aeromonas hydrophila*）也可导致鲫竖鳞症状。乌鳢等竖鳞病的病原为费氏枸橼酸杆菌（*Citrobacter freundii*）。

【症状】疾病发生早期，鱼体发黑，体表粗糙。随着病情的发展，病鱼身体前部或胸、腹部鳞片向外张开，鳞片的基部水肿，鳞囊内积聚半透明或含血的渗出液，形成竖鳞，用手轻压，渗出液即从鳞下溢出，鳞片也即脱落。严重时，全身鳞片竖立，并有体表充血、眼球凸出、腹部膨大、肌肉浮肿等体表症状（图2-20，彩照16）。剖腹后，腹腔内积有腹水，肝、脾、肾等内脏肿大、色浅等综合症状，此时病鱼表现出呼吸困难，身体失去平衡，最终死亡。

【流行状况】此病的发生大多与鱼体受伤、水质恶化污浊

图 2-20　竖鳞病症状（仿江育林等）

和投喂变质饵料等原因有关。鲤、鲫、鲫竖鳞病主要发生于春季，水温为 17~22℃时，以北方地区非流水养鱼池中较流行；乌鳢、月鳢等则在夏季水温为 25~34℃时为发病高峰期，以广东、湖南、湖北、江西、浙江、江苏为流行地区，且大多呈急性流行。

【防治方法】预防措施：①发病季节中，用二氧化氯、强氯精、优氯净、漂白粉等消毒剂全池遍洒，用以预防。

②鱼种放养时，用 3%浓度的食盐水浸洗 10~15 分钟。

治疗方法：从患病鱼体内中分离致病菌，通过药物敏感性测定，筛选对致病菌具有良好抑制或杀灭的抗生素类渔药，对养殖鱼类连续投喂一个疗程。

九、烂尾病

本病常见于草鱼、鳗鲡、斑点叉尾鮰、大口鲇等苗种养殖阶段，发病鱼池处置不当，可以造成大批死亡。

【病原】病原为温和气单胞菌或点状气单胞菌、嗜水气单胞菌。

【症状】开始发病时，鱼的尾柄处皮肤变白，因失去黏液而手感粗糙，随后，尾鳍开始蛀蚀，并伴有充血，最后，尾鳍大部或全部断裂，尾柄处皮肤腐烂，肌肉红肿，溃烂，严重时露出骨骼（图 2-21，彩照 17）。

图 2-21　烂尾病症状（仿葛雷）

【流行状况】烂尾病多发生于养殖水质较差的鱼池中，在苗种拉网锻炼或分池、运输后，因操作不慎，尾部受损伤后易于发生。发病季节大多集中于春季。

【防治方法】预防措施：①在捕捞、运输、放养等操作过程中，尽量勿使鱼体受伤。

②鱼种放养前可用 2%~3%的食盐水溶液浸洗 20 分钟，或用 0.5~1.0 毫克/升的二氧化氯溶液浸洗 20~30 分钟（药浴时间的长短视水温和鱼体忍受力而灵活掌握）。

治疗方法：发病鱼的治疗应当采用外用与内服药物结合法进行。外用药主要用各种消毒剂，如二氧化氯、漂白粉等全池遍洒；从患病鱼体内分离致病菌，通过药物敏感性测定，筛选对致病菌具有良好抑制或杀灭的抗生素类渔药，对养殖鱼类连续投喂一个疗程。

十、细菌性烂鳃病

本病为鱼类养殖中广泛流行的一种疾病。主要危害草鱼、青鱼，鲤、鲫、鲢、鳙、鲂也可发生。近年来，名优鱼养殖中，鳗鲡、鳜、淡水白鲳、斑点叉尾鮰、加州鲈等多有因烂鳃病而引起大批死亡的病例。

【病原】病原是柱状黄杆菌（*Flavobacterium columnare*），曾用名有鱼害黏球菌（*Myxococcus piscicola* Lu，Nie & Ko，1975）、柱状屈挠杆菌（*Flexibacter columnaris*）和柱状嗜纤维菌（*Cytophaga columnaris*）。

【症状】疾病初期，鳃丝前端充血，略显肿胀，使鳃瓣前后呈现明显的鲜红和乌黑的分界线；随后鳃丝前端出现坏死、腐烂，黏液增多，病情严重时，鳃丝前端软骨外露、断裂，部分鱼有局部或全部鳃贫血和失血现象；通常情况下，鳃瓣前部因黏液和溃疡物的增加，池水中的淤泥在其上黏附，形成明显的泥沙镶边区。部分病鱼鳃盖内表皮也因病原菌的感染而充血发炎，中间部位腐蚀成近似椭圆形或不规则的透明小窗，俗称“开天窗”（图 2-22，彩照 18）。鲤、鲫鱼种患此病时，鳃片因严重贫血而呈白色、或鳃丝红白相间的“花瓣鳃”现象，常有蛀鳍、断尾现象出现。病鱼因鳃器官溃烂而影响呼吸功能，从而导致死亡。

【流行状况】在全国各地终年均有发生，水温 15℃以下的季节中比较少，通常呈散发性。20℃以上时开始流行，流行的最适温度为 28~35℃。不论鱼种或成鱼饲养阶段均可发生。由于致病菌的宿主范围很广，野杂鱼类也都可感染，因此，容易传染和蔓延。本病常易与赤皮病和细菌性肠炎病并发。

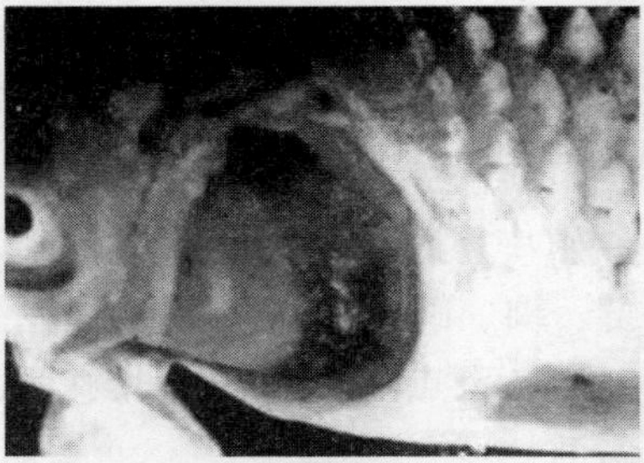

图 2-22　草鱼细菌性烂鳃病症状（仿汪开毓）

【防治方法】预防措施：①草食性动物的粪便是病原菌的传播媒介，因此，鱼池施用的动物粪肥必须要经过充分发酵。

②该致病菌在 0.7%食盐水中难以生存，故在鱼种进塘时，用 3.0%~3.5%的食盐水浸洗鱼种 10~20 分钟，以杀死鱼体上的病原菌。

③发病季节每 15 天全池泼洒 1 次二氧化氯，浓度为每立方米水体 0.2~0.3 克。

治疗方法：①外用与内服药相结合。外用药可选用二氧化氯、强氯精、优氯净、漂白粉精、漂白粉、大黄、大黄与硫酸铜合剂等，用量可参阅上述赤皮病、黏细菌腐皮病等。

从患病鱼体内分离致病菌，通过药物敏感性测定，筛选对致病菌具有良好抑制或杀灭的抗生素类渔药，对养殖鱼类连续投喂一个疗程。

十一、细菌性肠炎病

细菌性肠炎病是草、青鱼常见疾病，每年均有较高的发病率和死亡率，危害相当严重，是草鱼“三病”之一。罗非鱼、黄鳝养殖中也出现典型的肠炎病，死亡较高。

【病原】病原为肠型点状气单胞菌（*Aeromonas punctata* f. *intestinalis*）。

【症状】疾病早期，除鱼体表发黑，食欲减退外，外观症状并不明显，剖腹后，可见局部肠壁充血发炎，肠道中很少充塞食物。随着疾病的发展，外观常可见到病鱼腹部膨大，鳞片松弛，肛门红肿，从头部提起时，肛门口有黄色黏液流出，剖腹后，腹腔中有血水或黄色腹水。全肠充血发红，肠管松弛，肠壁无弹性，轻拉易断，内充塞黄色脓液和气泡，有时肠膜、肝脏也有充血现象（图 2-23，彩照 19）。

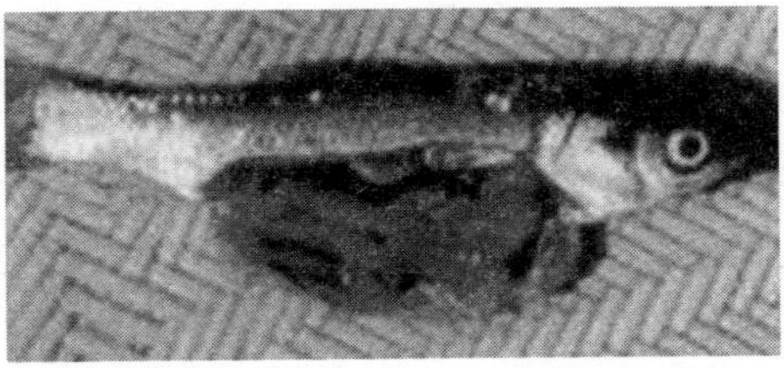

图 2-23　草鱼细菌性肠炎病症状（仿王伟俊）

【流行状况】此病均发生于 1 足龄以上的草鱼、青鱼、罗非鱼和黄鳝，很少呈急性型流行，但是一旦发生，延缓时间较长，累计死亡率较高。流行季节为 4—9 月。最先发病的鱼，身体均较肥壮，因此，贪食是诱发因子之一。特别是鱼池条件恶化，淤泥堆积，水中有机质含量较高的鱼池和投喂变质饵料时容易发生此病。

【防治方法】预防措施：此病原菌为条件致病菌。因此，控制养殖水体的环境及加强饲养管理，如经常加注清水，定期泼洒二氧化氯预防，发病季节遍洒含氯消毒剂，食场挂篓消毒，不投喂变质饵料等，严格执行“四消、四定”措施是预防此病发生的关键。

治疗方法：外用内服结合，外用药与上述各病大体相同；从患病鱼体内分离致病菌，通过药物敏感性测定，筛选对致病菌具有良好抑制或杀灭的抗生素类渔药，对养殖鱼类连续投喂一个疗程。

十二、叉尾鮰肠道败血症

叉尾鮰肠道败血症（enteric septicaemia of catfish，ESC）根据农业部发布的《一、二、三类动物疫病病种名录》规定，被列为三类疫病，为 OIE 必须申报的疫病。该病是由鮰爱德华菌引起的细菌性疾病，于 1976 年在美国阿拉巴马州和佐治亚州的鮰中首次被发现。

【病原】病原是鮰爱德华菌（*Edwardsiella ictaluri*），属于肠杆菌科，是一种非条件性致病菌。从宿主范围、致病性、血清学特性和质粒构型来看，鮰爱德华菌至少可分为两种类型。但是从鮰分离到的鮰爱德华菌的病原特性十分近似。鮰爱德华菌和迟缓爱德华菌（*E. tarda*）易混淆，而且爱德华菌属的其他细菌经常从水生动物体中发现，这些细菌是鱼和哺乳动物包括人在内的条件致病菌。

依据农业部公布《动物病原微生物分类名录》中的规定，将其病原列为四类动物病原微生物。根据国务院公布《病原微生物实验室生物安全管理条例》规定，从事该病原毒种、样本有关的研究、教学、检测、诊断等活动必须在一级、二级实验室进行，其病原由兽医行政主管部门指定的动物病原微生物菌（毒）种保藏机构储存。

【症状】感染细菌后的病鱼在嘴的周围、喉咙和鳍基部皮肤形成淤斑或出血，有时会凸起多个直径为 2 毫米的出血性皮肤损伤块或脱色性溃疡灶，患鱼贫血和眼球凸出。病鱼典型的临床症状大致可划分为两种类型。一种为“头盖穿孔型”：感染初期，细菌感染鼻根的嗅觉囊，然后缓慢发展到脑组织而形成肉芽肿性炎症。致病鱼行为异常，不规则游泳和倦怠嗜睡。后期，脑组织炎症进一步发展造成头背颅侧部溃烂形成一深孔，从而裸露出整个脑组织成为典型的“头盖穿孔型”病症（图2-24，A；彩照20，A）。另一种为“肠道败血型”：该菌穿过肠黏膜，患鱼全身性水肿，腹腔中有炎性渗出物，脾肿大。解剖后可见肝脏、其他内脏器官出血和坏死病灶（图2-24，B；彩照20，B）。组织学检查显示所有组织、肌肉都发生感染，并伴有弥散性的肉芽肿。

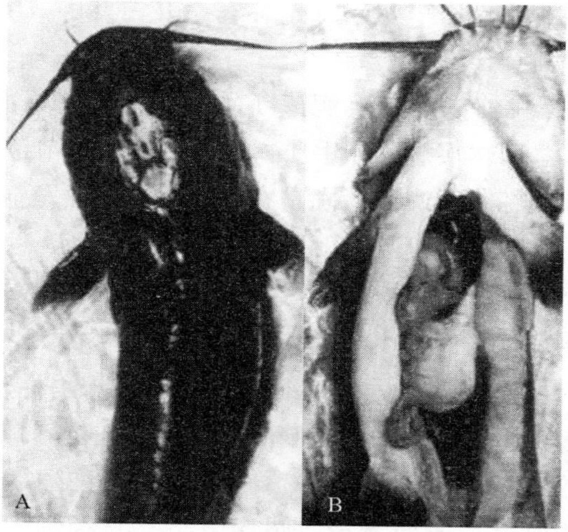

图2-24　斑点叉尾鮰肠败血症症状（仿葛雷）

【流行状况】该病的急性流行仅在水温为18～28℃很窄的范围内流行，在这个温度范围以外带菌的鱼群只有少量死亡，但有季节性变化，春天和秋天为高危险期。水温、水质状况、水中有机物成分及含量、养殖密度等致病的主要环境因素。尽管如此，鮰爱德华菌仍被认为是真正的病原菌而非条件致病菌。

多数鮰爱德华菌病的报道都与斑点叉尾鮰有关。但是也能从北美的犀目鮰（*Ameiurus catus*）、黄鮰（*A. natalis*）、黑鮰（*A. melas*）和云斑点叉尾鮰（*I. nebulosis*）和泰国的蟾胡子鲇（*Clarias batrachus*）以及部分观赏鱼中分离到鮰爱德华菌。

康复的鱼有明显的免疫反应和血清抗体，但仍然是带菌的。感染后4个月的鱼体内仍可分离到鮰爱德华菌，成为无症状的带菌者，由其通过粪便将病原释放到水域环境中。由于鮰爱德华菌能在养殖池的沉积物中存活很长时间，只要受其感染，收获的养殖池中仍然有大量的细菌存在，并由此引发养殖鱼类的患病和疾病流行。

【诊断】目前尚无该疾病诊断的国家、行业标准，但可按照《OIE水生动物疾病诊断手册》ESC的有关章节进行诊断。

根据水温在18~28℃特别是在25~28℃时鮰发生大量死亡，结合典型的临床症状判断，就可以作出初步诊断。

实验室诊断鮰爱德华菌病主要通过病原菌分离和细菌生化试验进行鉴定。该菌大小为0.75~2.50毫米，属革兰氏阴性杆菌，依靠周鞭毛行微弱运动，细胞色素氧化酶阴性。可取病鱼的脑和肾接种于血琼脂平板、脑心浸液琼脂或营养琼脂平板上，并在最适的培养温度（28~30℃）下培养。经36~48个小时培养后会出现球状、表面光滑、圆形微凸（直径为1~2毫米）、边缘整齐的无色菌落。分离到细菌后要用生化及血清学方法进行鉴定。依鮰爱德华菌不产生吲哚和H_2S来进行生化鉴定或者用特异性抗鮰爱德华菌的血清做玻片凝集试验、荧光抗体技术和ELISA来确诊。

【防治方法】预防措施：①进行免疫接种。ESC 疫苗 1991 年问世，但疫苗的使用效果比较差。其主要原因是不同的年龄和自身诱导细胞免疫应答及诱导产生强抗菌力方面存在较大的差异。3 周内的鮰鱼苗对鮰爱德华菌没有免疫应答，减毒菌疫苗对 3 周以上的鱼苗具有较强的诱导免疫反应。使用抗病新品种也是降低病害损失的有效途径。

②严格掌握饵料的新鲜度，现做现投喂，不喂隔夜和变质的饵料。

③在池塘中泼洒强氯精等含氯消毒剂定期消毒。

治疗方法：可使用氟苯尼考、磺胺二甲氧嘧啶或者土霉素等抗菌素药物控制、治疗。但细菌对药物的抗性现在也越来越强，用药量应根据药效实验决定。对其鱼片等加工品主要销往美国的养殖斑点叉尾鮰 ESC 的治疗，应根据《美国 FDA 批准可以用于鮰药品》选择药物种类。

十三、黄鳝旋转病

此病是近年来随着黄鳝养殖的兴起出现的新病，流行于浙江、湖北、江苏、江西等地，发病后有较高死亡率。目前对此病的研究尚未深入。

【病原】由于多数患病黄鳝肠道内有棘头虫或线虫寄生，故曾被怀疑为寄生虫毒性所致。最近已从患病黄鳝脑中分离到细菌，并可重复症状。病原菌尚有待鉴定。

【症状】患病黄鳝头部扭曲，随之鱼体顺着头部扭曲方向卷曲，鱼体比较僵硬，用手触动，体部可以短暂伸直，但是很快即又恢复卷曲姿态，头部和尾部断续出现痉挛现象，2~3 天后死亡（图 2–25，彩照 21）。剖检内脏，除肠内空无食物、或轻度充血外，无明显异样情况。

图 2-25　黄鳝旋转病症状（仿《鱼病学》）

【流行状况】此病通常在密养、多腐草、水质恶化的黄鳝饲养池中发生，发病季节在春末夏初。

【防治方法】本病尚无治疗方法，故强调以防为主。黄鳝饲养池必须注意清洁，经常换注新水，腐草应及时捞出，定期遍洒石灰（每立方米水体用量为 10 克）、漂白粉（每立方米水体用量为 1 克）、二氧化氯制剂（每立方米水体用量为 0.2~0.3 克）。

十四、鳗鲡红鳍病

此病是养鳗鲡场中常见的流行病，尤以露天鳗鲡池为多，可以形成急性流行，发病后死亡率较高。

【病原】病原为嗜水气单胞菌（*Aeromonas hydrophila*）。

【症状】病鳗鲡胸鳍、臀鳍和尾鳍充血，腹部、头腹面有出血斑，肛门红肿，严重时腹部全面充血，红肿，背鳍也可充血（图 2-26，彩照 22）。剖腹可见肝、脾脏肿胀、淤血，呈暗红色，肾脏肿大、淤血，胃、肠发炎充血，胃、肠内充有黏性脓汁。白仔到黑仔阶段患病时，除各鳍充血外，鱼体相对比较僵硬。

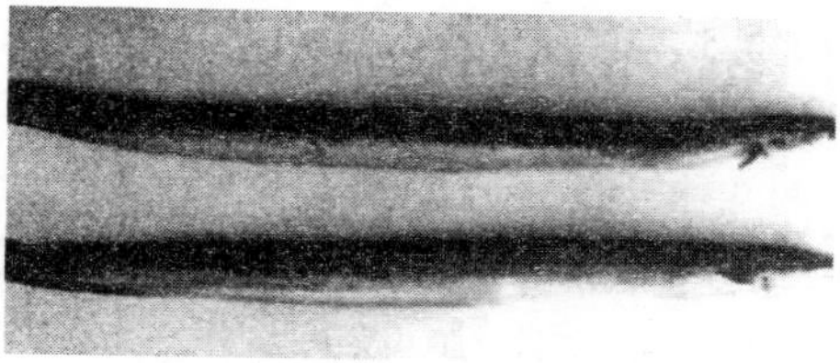

图 2-26　鳗鲡红鳍病症状（仿王励）

【流行状况】本病多发生于水温 20℃ 以下的春、秋两季，尤以梅雨期为甚，高水温的夏季较少流行。饥饱不匀，特别是饵料不足，在较长饥饿状态下，突然予以暴食，容易诱发此病。

【防治方法】预防措施：①保持水质清新，喂食均匀，勿过饱过饥，避免鱼体受伤。

②鳗鲡种入池后，每隔 15 天全池遍洒二氧化氯制剂（每立方米水体用量为 0.2~0.3 克）1 次。

治疗方法：①发病池可用含氯消毒剂全池遍洒后，内服盐酸土霉素（每千克鱼用量为 0.02~0.06 克），分上、下午两次投喂，连喂 7 天为 1 个疗程。

②从患病鱼体内分离致病菌，通过药物敏感性测定，筛选对致病菌具有良好抑制或杀灭的抗生素类渔药，对养殖鱼类连续投喂一个疗程。

十五、鳗鲡红点病

此病主要发生在日本鳗鲡，欧洲鳗鲡很少发生。在日本是危害较大的一种疾病，我国除台湾省已有报道外，尚未发现于其他地区。鉴于此病布相当的危害性，故应予以注意。

【病原】对病原的研究结果证明病原菌是鳗鲡败血假单胞菌（*Pseudomonas anguilliscptica*）。

【症状】病鱼显著病症是体表各处出现点状出血，以下颌、鳃盖、胸鳍利鱼体胸、腹部尤为显著，严重时出血点密布全身，并合成血斑（图 2-27，彩照 23）。若将病鱼放置到容器中，随着鱼的挣扎活动，容器底部或病鳗鲡接触部位，即可出现含血的黏液，玷污容器。剖腹检查，腹膜有点状出血，肝、脾、肾脏均显肿胀，呈暗红色，并有网状血丝。肠壁充血，胃松弛。

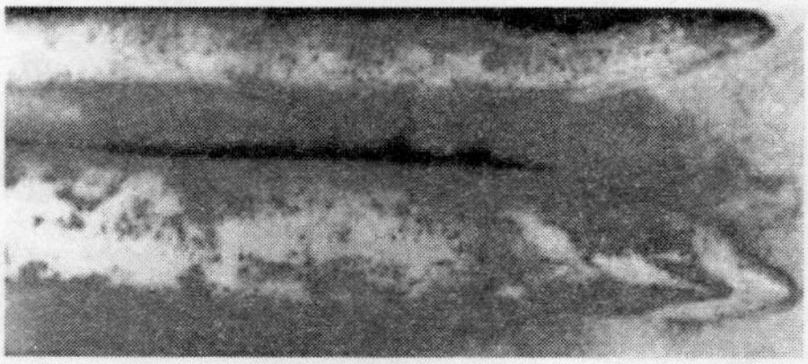

图 2-27　鳗鲡红点病症状（仿江草周三）

【流行状况】病原菌在含盐分的水中存活期较长，可达 100 天以上，而在淡水中则仅能存活 1 天。因此此病大多发生于水中含盐度较高的鳗鲡场。水温 15～20℃是流行季节，30℃以上疾病即可缓解或终止流行。

【防治方法】预防措施：除了严格执行养鳗鲡的饲养管理和消毒措施外，尽量控制水的盐度，养殖水温适当升高到 28℃以上。

治疗方法：发病鳗鲡同样需外用内服结合进行治疗。各种外用消毒剂均可使用；从患病鱼体内分离致病菌，通过药物敏感性测定，筛选对致病菌具有良好抑制或杀灭的抗生素类渔药，对养殖鱼类连续投喂一个疗程。

十六、罗非鱼细菌综合病

本病常见于我国水库网箱和工厂化罗非鱼养殖场，有时呈暴发性流行，可引起大批死亡。

【病原】国内尚未研究病原，据国外报道，这类症状的病原有荧光假单胞菌（*Pseudomonas fluorescens*）、迟缓爱德华菌和链球菌（*Strepticiccus* sp.）三种。

【症状】病鱼多数出现眼球凸出，眼膜或眼珠混浊发白，间或眼眶充血，鳃盖或鳃盖内侧充血，鳍条基部充血腐烂，有时在体部或尾柄处出现疖疮。体表乌黑或色浅，有时腹部有出血点（图 2-28，彩照 24）。解剖观察，可见腹腔内含腹水、肠道充血、松弛，内含浅黄色黏液、肝、脾、肾脏大多肿胀、充血呈暗红色，部分鱼可见白色结晶，尤以肝脏较明显。

图 2-28 罗非鱼细菌综合病症状（仿若林久祠）

【流行状况】各致病菌大体表现雷同的症状，也略有区别。但是大多数情况下，3 种菌容易同时感染鳗鲡，形成并发症，故很难严格区分。发病季节多在夏秋两季，在温室中饲养的鳗鲡，一年四季都可发生疾病。此病大多情况下病程较长，在我国也不乏急性暴发死亡的病例。

【防治方法】预防措施：①本病的预防同各种细菌性疾病，

应强调合理密养，加强饲养管理，注意池水清洁。

②经常用消毒剂消毒池水，水库网箱可定期插挂药袋，定期交叉投喂盐酸土霉素、烟酸诺氟沙星或硫酸链霉素等药饵。

治疗方法：可参阅鳗鲡爱德华菌病。

第三节　由真菌和藻类引起的鱼病及其防治方法

一、水霉病

水霉病几乎可见于各种养殖鱼类和其他水产养殖动物，从鱼卵、鱼苗现成鱼均可发生，不仅可以导致病鱼死亡，而且也失去商品价值。

【病原】病原是多种水霉（*Saprolegnia*）和绵霉（*Achlya*）。

【症状】霉菌从鱼体伤口侵入时，肉眼看不出异状，当肉眼能看到时，菌丝已深入肌肉，蔓延扩展，向外生长成棉毛状菌丝，似灰白色棉毛，故称白毛病；有的水霉外生部分平堆，色灰，犹如旧棉絮覆盖在上，病鱼体表黏液增多，焦躁或迟钝，食欲减退，最后瘦弱死亡（图 2-29，彩照 25）。

【流行状况】本病一年四季都可发生，以早春、晚冬最易发生。水霉菌等多是腐生性的，因此，鱼体受伤是发病的诱因，扦捕、运输、体表寄生虫侵袭和越冬时冻伤等均可导致发病，病情的严重程度，视人为操作的技术决定，通常情况下，都是散在性发病。

【防治方法】预防措施：扦捕、运输后，用 2.0%~5.0% 的食盐溶液浸洗鱼 5~10 分钟，可预防此病发生。

治疗方法：①食盐（每立方米水体用量为 400 克）和小苏打（碳酸氢钠）（每立方米水体用量为 400 克）合剂，浸浴病

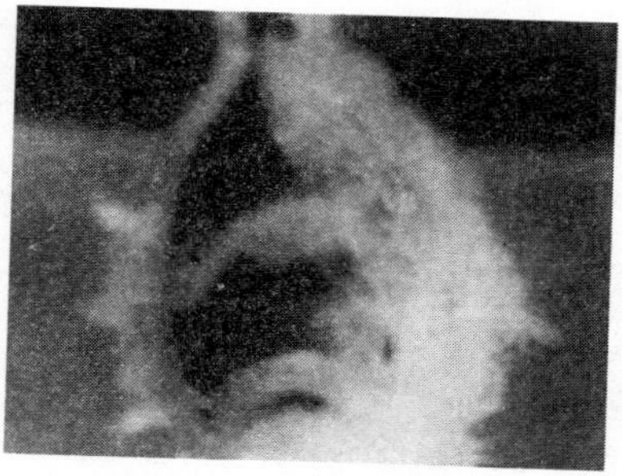

图 2-29　水霉病症状（仿浙江省淡水水产研究所）

鱼 24 个小时，也可用此浓度全池遍洒。

②采用二氧化氯全池遍洒，每立方米水体用量为 0.3 克，但是，注意对白仔鳗鲡不能用此方法。

二、鳃霉病

本病为我国池塘养鱼中比较常见的疾病，主要危害鱼苗、夏花鱼种阶段，发病后死亡率可达 50%以上，系口岸鱼类检疫对象之一。

【病原】病原尚未深入研究，据从形态观察，草鱼鳃上的类似于血鳃霉（*Branchiomyces sanguinis*），青鱼、鳙、鲮鳃上的类似于穿移鳃霉（*B. demigrans*）。

【症状】病鱼呼吸困难，无食欲，鳃上黏液增多，有出血、淤血和缺血斑块，俗称“花斑鳃”。严重时整个鳃呈青灰色（图 2-30，彩照 26）。诊断时，必须用显微镜检查，可见鳃丝中鳃霉菌丝寄生状况。

【流行状况】本病的发生与水质密切相关，水质恶化，尤其是水中有机质含量高时，容易急性暴发。5—7 月为流行高峰

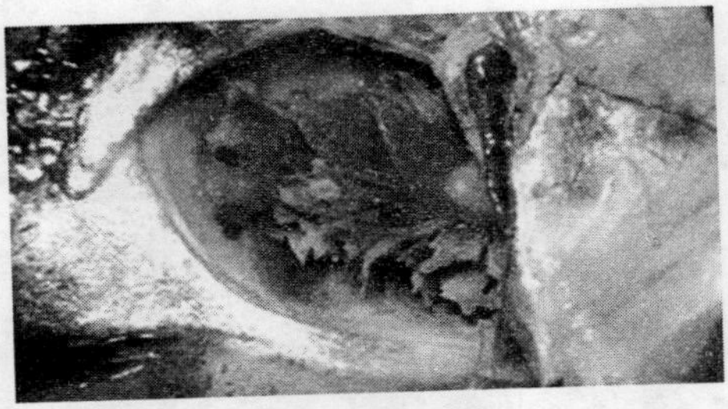

图 2-30　鳃霉病症状（仿宫崎照雄）

季节。

【防治方法】预防措施：对本病成功预防的关键在于保持水质清新。因此，发病池塘必须清除塘底淤泥，彻底消毒，不施放未经发酵的肥料，经常加注新水。

治疗方法：对于发病的池塘，可立即更换池水，病情可以缓解，此时应适时施放生石灰（每立方米水体用量为 20 克）和含氯消毒剂。

三、卵甲藻病

本病又名“打粉病”，在我国东部和南方一些省中流行，尤以丘陵、山区的池塘养鱼中较多见。主要危害幼鱼，发病后死亡率较高，冬片鱼种和 2 龄以上成鱼也曾报道因患此病而死亡的病例。

【病原】病原为嗜酸卵甲藻（*Oodinium acidophilum*），是一种寄生性单细胞藻类。

【症状】发病之初，病鱼在池中成群拥挤在一起，并分成小群在水面转圈式环游。病鱼的背鳍、尾鳍和背部出现白点，体表黏液增多。随着病情的发展，白点迅速蔓延到全身，肉眼观察，容易误诊为小瓜虫病，但仔细检查，可见白点之间有充血斑点，以尾部尤为明显。病情后期，鱼体上白点堆积并连接成片，鱼体像包裹了一层米粉，故称“打粉病”（图 2-31，彩照 27）。此时病鱼多呆滞于水面，游动迟缓，停止摄食，最终死亡。

图 2-31　卵甲藻病症状（仿《湖北省鱼病区系图志》）

【流行状况】本病发生于酸性水（pH 值为 5.0~6.5）鱼池中，放养密度大，鱼池水浅而又投喂不足，鱼体偏瘦弱的农村山塘养鱼最易患此病，水温在 22~32℃时均可发生，以春、秋两季为主要发病季节。

【防治方法】不论是预防还是治疗该病，最简便的方法就是向池中施放生石灰，每亩用量为 10~20 千克，每隔 7~10 天施放1次，以调节水质，促使卵甲藻死亡。

四、流行性溃疡综合征

该病也叫红点病（RSD）、霉菌性肉芽肿病（MG）或者溃疡性霉菌病（UM），最近有学者向OIE提议更名为流行性溃疡综合征（epizootic ulcerative syndrome，EUS）。是由丝囊霉菌（*Aphanomyces invadans*）引起的、严重危害野生及饲养的淡水、海水鱼类的一种季节性流行病，并在东南亚、南亚和西亚一带及澳洲流行。

根据《中华人民共和国动物防疫法》，我国农业部发布的《一、二、三类动物疫病病种名录》，将流行性溃疡综合征列为二类疫病，为OIE（世界动物卫生组织）必须申报的疫病。

【病原】《OIE水生动物卫生法典》所称的流行性溃疡综合征（EUS）是卵菌纲（Oomycete）的几种丝囊霉菌（*A. invadans* 和 *A. piscicida*）感染引起的疾病。另外，嗜水气单孢菌、温和气单胞菌及弹状病毒等其他病毒的存在与感染和EUS的流行有关，并造成继发感染后，给病鱼造成进一步的损伤。

在我国农业部公布的《动物病原微生物分类名录》中将其病原列为三类动物病原微生物。根据《病原微生物实验室生物安全管理条例》规定，从事该病原毒种、样本有关的研究、教学、检测、诊断等活动必须在一级、二级实验室进行，其病原由兽医行政主管部门指定的动物病原微生物菌（毒）种保藏机构储存。

【症状】早期病鱼症状是不吃食，体色发黑。病鱼漂浮在水面上，有时变得不停地游动。在体表、头、鳃盖和尾部可见红色或灰色的浅部溃疡，并常伴有棕色的坏死。后期躯干和背部发生大面积的溃疡性损伤（图2-32，彩照28）。除了乌鳢和鲻外，大多数鱼在这个阶段就会大量死亡。存活下来鱼可能表现为不同程度的体表坏死和溃疡。有的红斑呈火烧样的焦黑疤痕，更深一些的红斑呈中间红色四周白色的溃疡。有些鱼特别是乌鳢带着这些溃疡可以活很长的一段时间，但损伤会逐步扩展和加深到达身体较深的部位，或者造成头盖骨软组织和硬组织的坏死，使活鱼的脑部和内脏裸露出来。

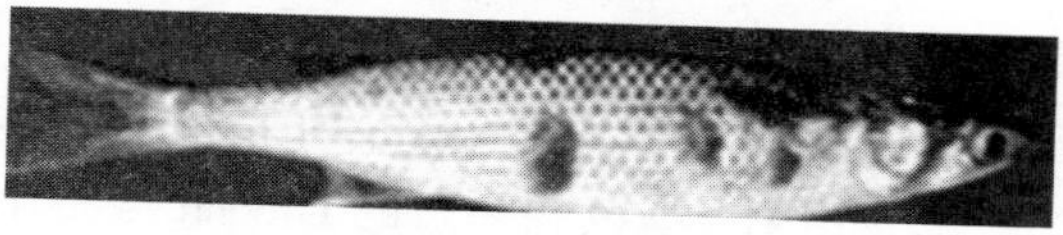

图 2-32　流行性溃疡综合征症状（仿江草周三）

组织病理变化包括坏死性肉芽肿，皮炎和肌炎。把病灶四周感染的肌肉压片可以看到直径 10~12 微米无孢子的菌丝。这些丝囊霉菌向内扩展穿透肌肉后可到肾、肝等内脏器官。

【流行状况】EUS 能感染 100 多种淡水、海水鱼类，已经确认 50 多种鱼受其侵害，其中乌鳢和鲃科鱼类特别易感，罗非鱼、遮目鱼、鲤等鱼类对 EUS 具抗性。

遇低水温和暴雨时，能促使丝囊霉菌形成孢子，低水温时鱼类对霉菌感染的反应迟钝，致稻田、河口、湖泊和河流中野生或养殖的淡水鱼类死亡，且具有很高的死亡率。

该病在日本养殖的香鱼中流行；在澳大利亚东部的半咸水中鲻（*Mugil cephalus*）发现该病。疾病扩散迅速，从巴布亚新几内亚进入东南亚到南亚，进入西亚到达巴基斯坦。在美国鲱暴发的溃疡病和亚洲的 EUS 非常相似。

【诊断】目前尚无诊断该疾病的国家标准，但是可按照《OIE 水生动物疾病诊断手册》EUS 有关的章节或外检系统制定的行业标准《流行性溃疡综合征检疫技术规范》（SN/T 2120-2008）进行诊断。

依据临床症状和真菌的无孢子的菌丝侵害出现典型组织学特征进行判断，分离真菌及鉴定，进行初步诊断。

采集具有临床症状的活鱼或濒临死亡的鱼进行检测，并通过组织学方法完成实验室诊断。

受感染组织或器官里产生了典型的真菌性肉芽肿，或者从中分离到真菌同时PCR鉴定为阳性。也可以把病灶四周感染部位的肌肉压片可以看到无孢子囊的直径为12~30微米的丝囊霉菌菌丝作为依据。用HE染色和一般的Grocott's霉菌染色，看到典型的肉芽肿和入侵的菌丝。

【防治方法】在鱼类可以自由运动的条件下控制该病几乎不可能。若该病在小水体和封闭水体里暴发，通过清除病鱼、石灰消毒用水、改善水质等方法，可以有效地降低死亡率。

第三章　鱼类主要寄生虫病

第一节　由原生动物引起的鱼病及其防治方法

一、鱼波豆虫病

本病在我国各地和世界各国都有流行，各种养殖鱼类都可发生，尤以草鱼、鲤、鲮鱼苗危害最严重。

【病原】为飘游鱼波豆虫（*ichthyobodo necator*）（图 3-1），系鞭毛虫类寄生原生动物，虫体很小，需在显微镜下才能看到。活体时虫体透明，内有细小颗粒，侧面观呈梨形、卵形或椭圆形，侧腹面观略似汤匙。大多数情况下，以其 2 根鞭毛插入鱼皮肤和鳃的上皮细胞上，虫体作上下、左右摆动，脱离宿主组织的个体可在水中曲折、旋转式游动。

【流行状况】飘游鱼波豆虫最适宜繁殖温度为 12～20℃，因此，春、秋两季是流行季节，夏季高温时很少出现。鱼苗培育阶段尤易受害，通常受感染后 3 天左右即可大批死亡。经过

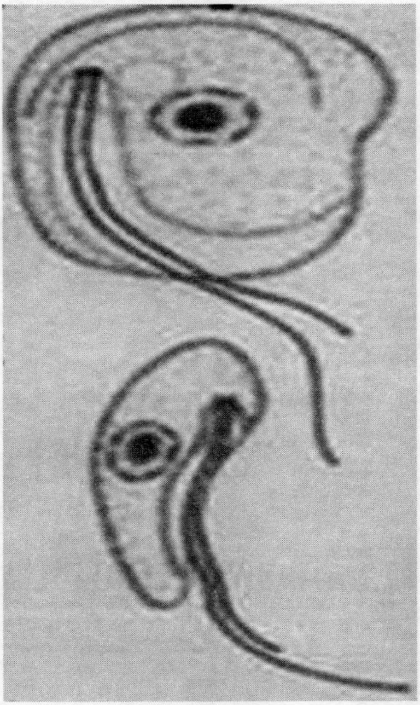

图 3-1　鱼波豆虫（仿宫崎照雄）

越冬后的春花鱼种，开春后也因体质衰弱容易发病。

【防治方法】预防措施：①育苗池必须彻底清塘消毒，育苗过程中注意水质清洁和有充足的饵料。②鱼种越冬前用硫酸铜（8 克/$米^3$ 水体）溶液浸洗 20 分钟。

治疗方法：0.5 克/$米^3$ 水体的硫酸铜加 0.2 克/$米^3$ 水体的硫酸亚铁全池遍洒。

二、黏孢子虫病

黏孢子虫病（myxosporidiosis）根据农业部发布《一、二、三类动物疫病病种名录》的规定，将黏孢子虫病列为三类疫病。黏孢子虫病是由黏孢子虫纲（Myxosporea Butschli，1881）的一些种类寄生引起，黏孢子虫的种类很多，现已报道的有近千种，全部营寄生生活，其中大部分是鱼类寄生虫，在鱼体各个器官、组织都可寄生，但大多数种类均有一个到数个特有的寄生部位。由于至今仍没有理想的治疗方法，因此危害日益严重。其中有些种类可引起病鱼大批死亡；有些种类虽不引起大批死亡，但使病鱼完全丧失食用价值。

【病原】病原体为黏孢子虫（Myxosporidia）的种类很多（图3-2），其孢子的共同特征是：①每一孢子有2~7块几丁质壳片（多数种类为2片），两壳连接处缝线具有粗厚或突起成脊状结构称之为缝脊。大多数种类的缝脊是直的，少数种类弯曲成“S”形；②有些种类的壳上有条纹、褶皱或尾状突起；③每一孢子有1~7个球形、梨形、瓶形的极囊（多数种类有2个极囊），通常位于孢子两端。极囊里面，有作螺旋形盘卷的极丝在幼期孢子的孢质里，一般含有6个核，其中2个是构成极囊的，称为囊核，2个是构成壳瓣的，称为壳瓣核；其余2个核留在孢质里一直至孢子成熟，称为胚核。极囊之间有的种类还有“V”形或“U”形突起，称为囊间突。极囊里有极丝，作螺旋状盘曲，受到刺激后，能通过极囊孔射出，极丝呈丝状或带状；④极囊以外充满胞质，内有2个胚核，有的种类在胞质里还有1个嗜碘泡。

对养殖鱼类危害比较大及常见的黏孢子虫有以下几种。

①鲢碘泡虫（*Myxobolus driagini*）：属碘泡虫科（Myxobolidae Thelohan，1892）、碘泡虫属（*Myxobolus* Butschli，1882）。孢子壳面观呈椭圆形或倒卵形，有2块壳片，壳面光滑或有4~5个“V”形褶皱；囊间小块“V”形，明显；孢子的

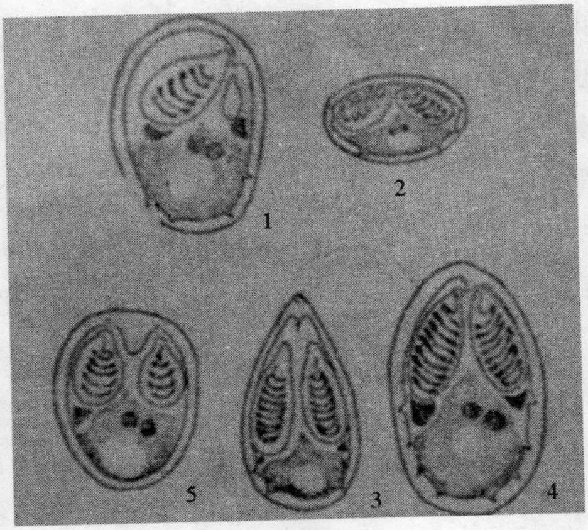

图 3-2 黏孢子虫（仿陈启鎏）

1. 鲢碘泡虫；2. 饼形碘泡虫；3. 野鲤碘泡虫；4. 鲫碘泡虫；5. 异性碘泡虫

大小为（10. 8~13. 2）微米×（7. 5~9. 6）微米；前端有 2 个大小不等的梨形极囊，极丝 6~7 圈，极囊核明显；有嗜碘泡。在水温为 16~30℃的条件下（池塘），鲢碘泡虫的一个生活周期 4 个月左右。鲢夏花鱼种被鲢碘泡虫侵入后，6—9 月多为营养体阶段，到 10 月以后逐步形成孢子。越冬的鱼种，脑颅腔内即可见到白色孢囊，次年 5 月孢囊内孢子消失成空腔，但体内各个器官均有孢子，这时排出体外感染其他鱼或自体重复感染，形成流行病。成熟的孢子自鱼体排入水中，可在池底污泥中大量积累和长期保存，促使该病蔓延流行。

② 饼形碘泡虫（*Myxobolus artus*）：属碘泡虫科（Myxobolidae Thelohan，1892）、碘泡虫属（*Myxobolus* Butschli，1882）。孢囊白色，圆形或椭圆形；通常在组织内形成不太大的孢囊；长为 42. 0~89. 2 微米，宽为 31. 5~73. 5 微米；孢子壳面观为圆形，纵轴小于横轴，孢子后方有不甚明显的褶皱；缝面

观为纺锤形；孢子长为4.8~6.0微米；2个卵圆形的极囊大小相等，呈“八”字形排列；有1个嗜碘泡。电镜扫描见孢子比较平滑，稍有褶皱，两个孢壳的峰缘两侧，突起为较厚的缝脊。分离的两壳，2个卵形极囊明显可见，并有成团的孢中质。极囊与孢壳接触处为一圆形凹口，极丝从这凹口伸出。每个孢壳有1个极囊孔。在放出极丝的极囊孔周围，往往有白色的絮状物。

③野鲤碘泡虫（*Myxobolus koi*）：属碘泡虫科（Myxobolidae Thelohan，1892）、碘泡虫属（*Myxobolus* Butschli，1882）。孢子壳面观呈卵圆形，前尖后钝圆，光滑或有4~5个“V”形褶皱，缝面观为茄子形；大小为（12.6~14.4）微米×（6.0~7.8）微米；前端有2个大小约相等的瓶形极囊，占孢子的2/3；嗜碘泡显著。

④鲫碘泡虫（*Myxobolus carassii*）：属碘泡虫科（Myxobolidae Thelohan，1892）、碘泡虫属（*Myxobolus* Butschli，1882）。孢子为椭圆形，光滑或具有“V”形褶皱；大小为（13.2~15.6）微米×（8.4~10.8）微米；缝脊直而显著；2个大小约相等的茄形极囊，略小于孢子长的1/2，极丝8~9圈；1个大的嗜碘泡。

⑤库班碘泡虫（*Myxobolus kubanicum*）：属碘泡虫科（Myxobolidae Thelohan，1892）、碘泡虫属（*Myxobolus* Butschli，1882）。孢子前端长方形，后端成卵形，有1个明显的嗜碘泡。

⑥圆形碘泡虫（*Myxobolus ratundus*）：属碘泡虫科（Myxobolidae Thelohan，1892）、碘泡虫属（*Myxobolus* Butschli，1882）。孢子近圆形，前端有2个粗壮的棒状极囊，嗜碘泡明显，孢子大小为（9.4~10.8）微米×（8.4~9.4）微米。

⑦异形碘泡虫（*Myxobolus dispar*）：属碘泡虫科

(Myxobolidae Thelohan, 1892)、碘泡虫属 (*Myxobolus* Butschli, 1882)。孢子壳面观为卵圆形、卵形、倒卵形或椭圆形，表面光滑或具有2~11个“V”形褶皱，囊间小块较明显；孢子大小为 (9.6~12.0) 微米× (7.2~9.6) 微米；前端有两个大小不等的梨形极囊，极丝4~5圈；嗜碘泡明显。

⑧鲢四极虫 (*Chloromyxum hypophthalmichthys*)：属四极虫科 (Chloromyxidae Thelohan, 1892) 四极虫属 (*Chloromyxum* Mingazzini, 1892)。滋养体直径为19.5~22.5微米；每个滋养体内含孢子数很少，孢子呈球形，孢子大小为 (9.8~11.6) 微米× (9.2~10.6) 微米；缝脊直，但不明显；每一壳片雕饰着8~10条与缝线粗细相同的条纹，其中一条与缝脊平行；4个形状与大小相似的球形极囊，集中排列于孢子的一端；极丝不明显；无嗜碘泡。

⑨鲮单极虫 (*Thelohanellus rohitae*)：属单极虫科 (Thelohanellidae Tripathi, 1948) 单极虫属 (*Thelohanellus* Kudo, 1933)。孢子狭长呈瓜子形，前端逐渐尖细，后端钝圆，缝脊直，孢子大小为 (26.4~30.0) 微米× (7.2~9.6) 微米，棍棒状极囊约占孢子的2/3~3/4；孢子外常围着一个无色透明的鞘状胞膜，大小为 (26.4~30.0) 微米× (7.2~9.6) 微米；胞质内有一明显的嗜碘泡。

⑩中华黏体虫 (*Myxosoma sinensis*)：属黏体虫科 (Myxosomatidae Poche, 1913) 黏体虫属 (*Myxosoma* Thelohan, 1892)。孢子壳面观为长卵形或卵圆形，前端稍尖或钝圆，后方有褶皱，孢子大小为 (8~12) 微米× (8.4~9.6) 微米；2个梨形极囊约占孢子的1/2，极丝6圈；没有嗜碘泡。

⑪时珍黏体虫 (*Myxosoma sigini*)：属黏体虫科 (Myxosomatidae Poche, 1913) 黏体虫属 (*Myxosoma* Thelohan, 1892)。

孢子长椭圆形，大小为（9.8~11.3）微米×（7.2~7.8）微米；前端有2个大小相同的茄形极囊；没有嗜碘泡。

黏孢子虫的生活史至今尚未完全查明，对整个生活周期中核的变化、感染方法以及有无中间寄主等方面，也存在着较多的争论。一般认为，通常黏孢子虫的无性生殖和有性生殖都是在同一个寄主体内进行。孢子从病鱼身上落入水底或悬浮在水中，被别的鱼吃到或接触而黏附在鱼的体表、鳃或进入肠道后，受某些物质刺激而放出极丝，两块壳片裂开，里面的胞质变成变形虫杯体，用伪足移动，侵入寄主组织细胞内定居下来，这时的虫体称为滋养体，是黏孢子虫在寄主体中生活的主要形式。滋养体继续发育，胞核反复多次分裂，形成几个孢母体。孢母体继续生长发育，其胞核也进行几次分裂，形成6~18个子核，最后形成孢子。滋养体继续生长，形成的孢子数目也随之增多。在滋养体周围的寄主组织，因不断受刺激而发生退化和改变，产生一层膜将滋养体包围，这就是通常所称的黏孢子虫孢囊。寄生在鱼的体表或鳃上的黏孢子虫，其孢囊最后可被成熟孢子挤破，孢子直接散落水中，重新侵入其他鱼体，开始重复它的生活史。寄生在鱼体内（如肠、肝、肾、胆、膀胱等）的黏孢子虫，可通过各器官的排泄管和分泌管输出体外；但寄生在软骨和神经系统内的黏孢子虫，只有在寄主死亡、尸体腐烂后，孢子才能落入水中。

【流行状况】①鲢碘泡虫病：又称鲢疯狂病病原体，主要危害在1足龄鲢，可引起大批死亡，未死的鱼也因肉质变味而失去商品价值。全国各地均有发现，但是以浙江杭州地区最为严重，无论是池塘、湖泊、水库和江河中均有出现，成为当地严重的流行病之一。特别是较大型水面更容易流行，池塘亦可见到。无明显的流行季节，以冬、春两季为普遍。

②饼形碘泡虫病：病原体为饼形碘泡虫。全国各地都有发现，但以广东、广西、湖北、湖南、福建等省为严重，死亡率高达80%~90%，主要危害5厘米以下的草鱼。流行于鱼种培育季节（5—7月），一般以5—6月为甚。

③野鲤碘泡虫病：病原体为野鲤碘泡虫。在广东、广西颇为流行。主要危害鲮鱼苗、鱼种和越冬阶段的个体，也可侵袭其他鱼类，如鲫、鲤等。

④鲫碘泡虫病：病原体包括有5种以上的碘泡虫，但主要为鲫碘泡虫和库班碘泡虫。全国各地均有发现，在上海、江苏、浙江一带的池塘、湖泊、河流中较为常见，有的地方发病率可高达40%，发病时间为夏末秋初。一般不引起病鱼大批死亡，但在缺氧时，病鱼很容易死亡；同时即使不死，病鱼因丑陋而失去商品价值，损失巨大。

⑤圆形碘泡虫病：病原体为圆形碘泡虫。全国各地的池塘、湖泊、河流中都有发生。一般不引起病鱼大批死亡，但严重时，一条病鱼上有数百个大孢囊，失去商品价值，造成巨大损失。

⑥鲢四极虫病：病原体为鲢四极虫。主要流行于东北地区，引起大规模鲢鱼种死亡，主要危害越冬的鲢鱼种。

⑦鲤单极虫病：病原体为鲮单极虫。主要危害2龄以上鲤、鲫鱼，长江流域颇为流行，严重时使鱼失去商品价值。

⑧中华黏体虫病：病原体为中华黏体虫。全国各地均有发生，长江流域，南方各地感染率比较高，主要寄生在2龄以上的鲤肠内壁或外壁。

⑨时珍黏体虫病：病原体是时珍黏体虫。流行于广东。虫体吸取宿主的营养，并刺激宿主结缔组织增生。对器官产生机械压迫，造成内脏器官的萎缩以及功能性障碍。鱼体生长受阻，体重仅为同龄鱼的1/3~1/2。病鱼煮后鱼肉化水无味，故又叫

“水臌病”。

【症状】①鲢碘泡虫病：鲢碘泡虫寄生在鲢的各种器官组织，尤以神经系统和感觉器官为主，如脑、脊髓、脑颅腔内拟淋巴液、神经、嗅觉系统和平衡、听觉系统等，形成大小不一，肉眼可见的白色孢囊。病鱼极度消瘦，头大尾小。从背鳍后缘起，高度显著缩小。脊柱向背部弯曲，形成尾部上翘。体重减轻，仅为同龄鱼的1/2左右或更少。体色暗淡无光泽。少数病鱼侧线曲折异常，有的下颚歪斜。运动失调是本病的另一特征。病鱼离群独自急游打转，经常跳出水面，复而钻入水中。如此反复多次，终至死亡。死时头部常钻入泥中。有的侧向一边游泳打转，失去平衡感觉和摄食能力而致死亡，此为急性型。慢性型病鱼呈波浪形旋转运动，显出极疲劳的样子。食欲减退，消瘦，外表“疯狂病症”并不严重。如若不再重复感染，病情就会渐次稳定。但两种类型不能绝对分开。

病鱼的肝脏、脾脏萎缩，有腹水，小脑迷走叶显著充血，病鱼严重贫血，红细胞数、血红蛋白量、红细胞比积、血浆总蛋白、无机磷、糖均十分显著地低于健康鱼，白细胞数、红细胞渗透脆性则十分显著地高于健康鱼，白细胞中嗜中性粒细胞及嗜酸性粒细胞百分率十分显著地高于健康鱼，单核细胞百分率显著高于健康鱼，淋巴细胞百分率十分显著地低于健康鱼。病鱼肌肉暗淡无光，肉味不鲜且腥味重。

②饼形碘泡虫病：饼形碘泡虫主要寄生在草鱼的肠壁，尤以前肠的固有膜及黏膜下层为多，形成白色小囊泡。病鱼体色发黑，消瘦，腹部略膨大，鳃呈淡红色，肠内无食，前肠增粗，肠壁组织糜烂，有的鱼体弯曲。病理切片显示孢囊侵袭肠道各层组织，其中固有膜和黏膜下层占86%。感染严重者，孢囊可充塞于固有膜和黏膜下层间，肠黏膜组织受到严重破坏。通过

透射电镜观察，在感染后第二天，病鱼鳃、肌肉和肠组织中初步发现组织细胞变性，胞膜增厚，细胞之间间隙较疏，肌纤维凌乱，三种组织均有可疑的营养子，在鳃上出现大片糖元体。

③野鲤碘泡虫病：鲮夏花鱼种体表及鳃上形成许多白色点状或瘤状孢囊，孢囊由寄主形成的结缔组织包围。由于虫体的大量寄生，幼小个体不仅寄主组织被破坏，而且生长发育受影响。当虫体严重侵袭鳃瓣时，妨碍鱼苗呼吸而致死。

④鲫碘泡虫病：鲫碘泡虫和库班碘泡虫等主要寄生在银鲫头后背部肌肉，引起瘤状突起。碘泡虫侵入骨骼肌后进行大量繁殖，仅有碘泡虫本身的囊膜形成许多肉眼看不见的微胞囊，寄主不形成任何孢囊壁将其包围，当碘泡虫成熟后就散在肌纤维中；碘泡虫多数是从肌纤维的外面侵入、繁殖及取代肌纤维，少数是钻入肌纤维内进行繁殖，从肌纤维中间逐步向外取代肌纤维。碘泡虫在银鲫头后背部肌肉中繁殖，因此，肌纤维和碘泡虫相混杂，只有在瘤状突起的中间部分肌纤维才全部被碘泡虫取代，在此同时碘泡虫又不钻入鱼的背鳍以后及腹部肌肉形成肉瘤状突起。当肉瘤状突起较大时，手摸患处很柔软，好像要胀破一样。

⑤圆形碘泡虫病：圆形碘泡虫寄生在鲫鱼、鲤的头部及鳍上，形成许多肉眼可见的孢囊，这些孢囊都有寄主形成的结缔组织膜包围，且这些肉眼可见的大孢囊都由多个小孢囊融合而成。

⑥异形碘泡虫病：病鱼干瘪，枯瘦，头大尾小，背似刀刃，肋骨明显，体表失去光泽。病鱼口腔、鳃盖两侧及下方常见充血，有时在眼眶四周也可见到充血现象，鳃丝呈紫色。切片见鳃丝上附有孢囊。肠中无食物，肝及肠前段有充血。鳃丝分离后，肉眼可见大量椭圆形白色孢囊，单个分散。孢囊大小为

（29.7～39.2）微米×（195.8～230.0）微米。

⑦鲢四极虫病：重症的病鱼体消瘦，部分鱼体变黑，眼圈出现点状充血或眼球凸出。鳍基部和腹部变成黄色，为黄疸症。病鱼肝呈浅黄色或苍白色；胆囊极大，充满黄色或黄褐色的胆汁；肠内充满黄色黏状物；个别鱼体腔内积水。切片观察，营养体密集成团，寄生在胆囊和胆管中，并显示四极虫堵塞胆小管、胆管及胆管毁坏。

⑧鲤单极虫病：病鱼体弱，体色较黑。鳞片下长有白色的、大小不等的瘤状物。由于瘤块的增生，使病鱼产生竖鳞现象。起水的病鱼由于鱼体和网具的相互摩擦，而引起出血，“红白”交混，其状恰如有大面积腐烂，血脓俱下，失去食用价值。

⑨中华黏体虫病：外表症状不明显，解剖可见肠外壁上有芝麻状的乳白色孢囊，剪开肠道后会发现内壁孢囊数量更多。中华黏体虫侵袭鲤肠及其他内脏器官，严重时对鲤的生长发育有相当的影响。

⑩时珍黏体虫病：轻度感染的鱼，外表不显症状，仅在腹腔内脏间出现个别线状孢囊。中度感染的，外观可见腹部膨大，体腔内脏间有较多（8～20个）扁带状或多重分枝的扁带状孢囊。后期腹部明显膨大，鱼体变形，体腔内脏间充满块状孢囊。肠、肝等内脏器官黏结成团。病鱼失去平衡能力，腹部朝天。体表黑色素增加，体侧壁黏膜缺如，摸之有粗糙感，鳞片分解明显。脊椎骨向腹腔下陷，尾部略向上翘。触摸明显臌起的腹部时，感到内有硬块。如遇腹腔积水，则较柔软。解剖病鱼，见体内各脏器间充塞大量孢囊。

【诊断】①根据症状及流行情况进行初步诊断。

②用显微镜进行检查，做出诊断。因为有些黏孢子虫不形

成肉眼可见的孢囊，仅用肉眼检查不出；同时，即使形成肉眼可见的孢囊，也必须将孢囊压成薄片，用显微镜进行检查，因为形成孢囊的还有微孢子虫、单孢子虫、小瓜虫等多种寄生虫，用肉眼无法鉴别。

【防治方法】目前对黏孢子虫病尚无理想的治疗方法，主要进行以下方法预防。

①严格执行检疫制度。

②必须清除池底过多淤泥，并用生石灰彻底消毒。

③加强饲养管理，增强鱼体抵抗力。

④全池遍洒晶体敌百虫，有预防作用，并可减轻鱼体表及鳃上寄生的黏孢子虫病。

⑤寄生在肠道内的黏孢子虫病，用晶体敌百虫、或盐酸环氯胍、或盐酸左旋咪唑拌饲投喂，同时全池遍洒晶体敌百虫，可减轻病情。

⑥发现病鱼应及时清除，煮熟后当饲料或深埋在远离水源的地方。

三、斜管虫病

本病是国内外淡水养鱼和家庭水族箱鱼类中最常见的寄生纤毛虫病之一，防治不力，可引起大批死亡。

【病原】鲤斜管虫（*Chilodonella cyprini*）（图 3-3），寄生于鱼的体表和鳃上。虫体腹面观呈卵形，左边稍直，右边略弯，左面有 9 条纤毛线，右边为 7 条，其上均长有纤毛，虫体中部上方有刺杆围绕而成的漏斗状口管，活体时很易看到，后方有一圆形或椭圆形的大核和一小核。

【症状】本病无明显体征。大量寄生时，鳃和体表黏液增加，病鱼食欲减弱，体瘦且发黑，浮于池边下风处，呼吸似很

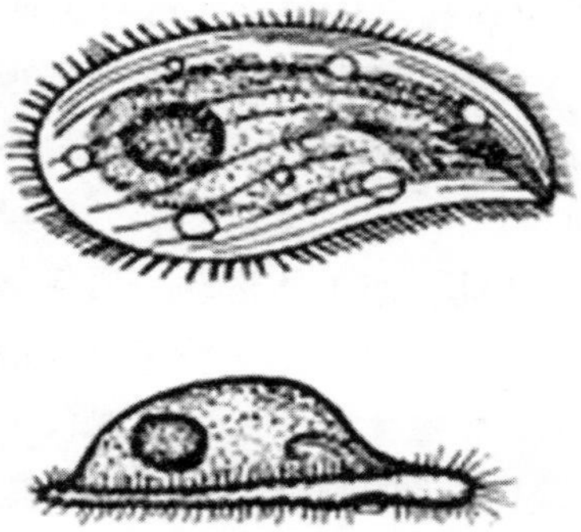

图 3-3　鲤斜管虫（仿《湖北省鱼病区系图志》）

困难，最终死亡。诊断须在显微镜下确定。

【流行状况】斜管虫病主要发生于水温 15℃左右的春、秋两季，而水质较恶劣的情况下，冬季和夏季也可发生。主要危害鱼苗、鱼种，特别是越冬后的鱼种，往往发生此病。由于鲤斜管虫在不良条件下可形成胞囊，并随水流传播，而且无严格的宿主特异性，故容易蔓延。

【防治方法】预防措施：饲养鱼苗之前，应注意彻底清塘，以杀灭水中及底泥中的病原，鱼种则在入池前用 8 毫克/升硫酸铜或 3%食盐溶液浸洗 20 分钟。

治疗方法：可用 0.7 毫克/升的硫酸铜和硫酸亚铁合剂（5∶2）全池遍洒。

四、车轮虫病

车轮虫病是鱼类中常见的寄生纤毛虫病之一，全国各养鱼区都可流行，是池塘传统养鱼和集约化名优鱼养殖中的常见病、多发病。防治不力，可导致大批死亡。

【病原】车轮虫病病原比较多，可分为两大类，即车轮虫（*Trichodina spp.*）（图 3-4，彩照 29）和小车轮虫（*Trichodinella* spp.）。虫体侧面观呈帽形或碟形，隆起的一面叫口面，相对的一面叫反口面。反口面观，周缘有 1 圈较长的纤毛，在水中不断地波动，使虫体运动，最显著的是许多齿体逐个嵌接而成的齿环，运动时犹如车轮旋转，故称车轮虫。两类车轮虫的差别是小车轮虫无向中心的齿棘。一般体表寄生的车轮虫形体较大，鳃上寄生的则略小。诊断必须依靠镜检。

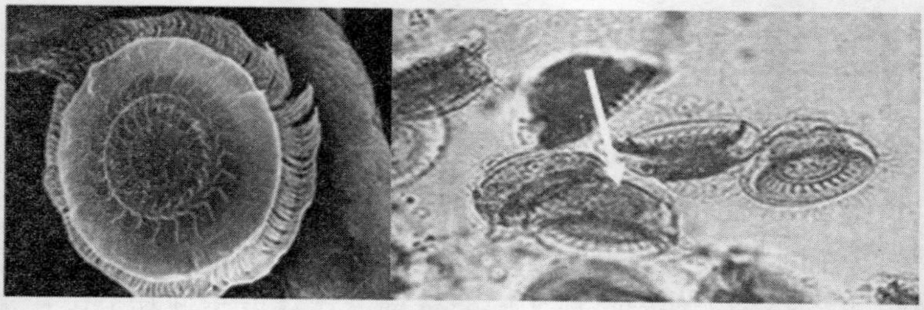

图 3-4　车轮虫（仿宫崎照雄）

【症状】本病主要危害鱼苗和鱼种。一旦车轮虫大量在体表和鳃上寄生，临池观察，鱼苗可出现“白头白嘴”症状，或者成群绕池狂游，呈“跑马”症状。6 厘米左右的鱼种，外观除鱼体发黑、消瘦、离群独游外，并无明显体征。故必须通过鳃、体表黏液、鳍条等部位的镜检后才能确诊。

【流行状况】车轮虫病流行的高峰季节是 5—8 月，在鱼苗养成夏花鱼种的池塘容易发生。一般在池塘面积小、水较浅而又不易换水、水质较差、有机质含量较高且放养密度又较大的情况下，容易造成此病的流行。离开鱼体的车轮虫能在水中自由生活 1~2 天，可直接侵袭新奇主，或随水流传播到其他水体。鱼池中的蝌蚪、水生甲壳动物、螺类和水牛昆虫都可成为临时携带者。

【防治方法】预防措施：饲养鱼苗之前，应注意彻底清塘，以杀灭水中及底泥中的病原，鱼种则在入池前用 8 毫克/升硫酸铜或 3%食盐溶液浸洗 20 分钟。

治疗方法：①可用 0.7 毫克/升的硫酸铜和硫酸亚铁合剂（5：2）全池遍洒。

②可用硫酸锌溶解后全池遍洒，使池水中的药物浓度达到 0.6 毫克/升。

五、小瓜虫病

小瓜虫病（ichthyophthiriasis）根据《中华人民共和国动物防疫法》，农业部以中华人民共和国农业部公告第 1125 号发布的《一、二、三类动物疫病病种名录》，将小瓜虫病列为三类疫病。该病是由多子小瓜虫（*Ichthyophthirius multifiliis*）寄生于各种淡水鱼类的体表和鳃上引起的一种寄生原虫病，最明显的症状就是在鱼体表形成白点，所以又称“白点病”。小瓜虫病分布广泛，遍及全世界，各种淡水鱼类、洄游性鱼类、观赏鱼类均可受其寄生。小瓜虫的最适生长温度为 15～25℃，因此，小瓜虫病多发于春、秋季节。养殖鱼类的各个生长阶段均会发生小瓜虫感染，在高密度养殖的鱼群中发病尤为严重，如不及时治疗可导致鱼类发生毁灭性的死亡。

【病原】病原体为多子小瓜虫（图 3-5），隶属寡膜纤毛纲（Oligohymenophorea de Puytorac *et al.*）、膜口目（Hymenostomatida Delage & Herouard）、凹口科（Ophryoglenidae Kent）小瓜虫属（*Ichthyophthirius* Fouquet）。

根据农业部公布的《动物病原微生物分类名录》中的规

定，将其病原列为四类动物病原微生物。根据国务院公布的《病原微生物实验室生物安全管理条例》中的规定，从事该病原毒种、样本有关的研究、教学、检测、诊断等活动必须在一级、二级实验室进行，其病原由兽医行政主管部门指定的动物病原微生物菌（毒）种保藏机构储存。

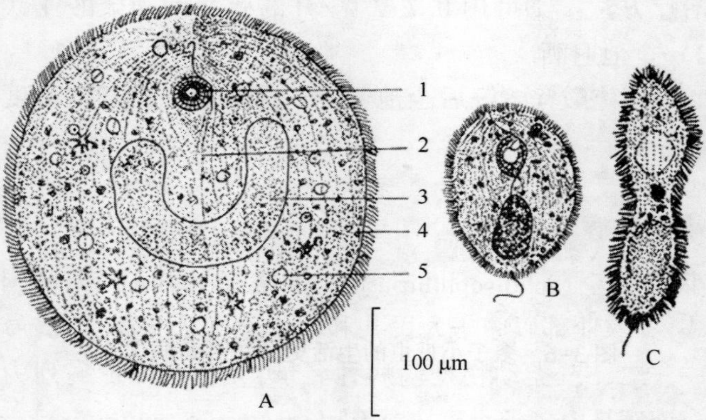

图 3-5　多子小瓜虫（*Ichthyophthirius multifiliis* Fouquet，1876）（仿《鱼病学》）

A. 成虫；B~C. 幼虫

1. 胞口；2. 纤毛线；3. 大核；4. 食物粒；5. 伸缩泡

小瓜虫是一种专性寄生虫，其生活史包括成虫期、幼虫期和包囊期（图 3-6）。小瓜虫生活史中无中间宿主。

①成虫期：指小瓜虫幼虫进入鱼体到小瓜虫成熟并离开鱼体的时期，成虫期的虫体又称为滋养体。虫体大小为（0.3~0.8）毫米×（0.35~0.50）毫米。虫体为卵圆形、球形，乳白色。虫体很柔软，全身密布短而均匀的纤毛。胞口位于体前端腹面。胞口表面观似人“右外耳”。口纤毛呈“6”形。围口纤

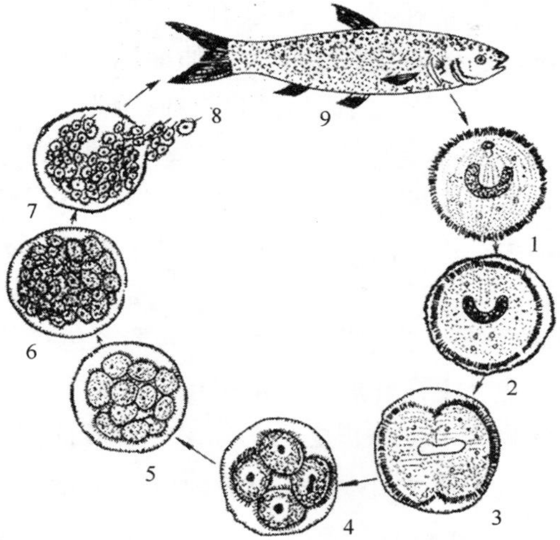

图 3-6　多子小瓜虫的生活史（仿《鱼病学》）

1. 离开鱼体的成虫；2. 形成包囊；3. 二分裂期；4. 四分裂期；
5~7. 连续分裂期，形成许多纤毛幼虫；8. 纤毛幼虫从包囊出来，
在水中游动，找寻宿主；9. 患小瓜虫病的病鱼

毛从左向旋入胞咽。体中部有 1 个马蹄状或香肠状的大核。小核球状，紧贴于大核之上。胞质内常有大量的食物和许多小的伸缩泡。透射电镜观察小瓜虫滋养体壁层和收缩泡的超微结构，发现小瓜虫的体纤毛由 24 根微管组成，呈带状排列，生毛体由典型的 9 组三联管组成，肾管系统由收缩泡、联系管、小泡、注入管道和排放管道组成，且在收缩泡的注入管道和排放管道中存在大量微管，呈杯状或放射状排列。

②幼虫期：指在包囊内逐渐成熟的幼虫，从包囊破裂后，自由游动到进入鱼体的时期。虫体大小为（35 ~ 54）微米 ×（19 ~ 32）微米。虫体呈卵形或椭圆形，前端尖，后端圆钝，前

端有1个乳突状的钻孔器。全身披有等长的纤毛，在后端有1根长而粗的尾毛。体前端有1个大的伸缩泡。大小核明显，身体前端有1个“6”字形的原始胞口，在“6”字形缺口处有1个卵圆形的反光体，又称为“李氏体”。当幼虫从包囊中孵化出来、钻入宿主表皮后，钻孔器逐渐萎缩、消失，胞咽逐渐形成，反光体消失，小核渐向大核靠拢，大核由圆形逐渐变为马蹄形或香肠形。

③包囊期：指小瓜虫脱离鱼体形成包囊到包囊破裂的时期。小瓜虫成虫从鱼体上离开后，在水中自由游动3~6个小时，然后沉入水底的物体上，静止之后，分泌一层胶质厚膜将虫体包住，即是包囊。包囊大小为（0.329~0.980）毫米×（0.276~0.722）毫米。包囊圆形或椭圆形，白色透明，囊壁厚薄不均。虫体在包囊内不停转动，大核由马蹄状或香肠状逐渐缩短、变圆，小核逐渐与大核分离。胞口逐渐消失，包囊形成2~3个小时后，身体中部出现分裂沟，二分裂开始，随即出现四分裂、八分裂等细胞分裂期，但在这个过程中，包囊一直保持两个分裂集团，中间有一明显的分裂沟，当一个集团的包囊分裂到四分裂或八分裂期时，包囊又分泌一层内胞膜将左右两个集团包起来。电镜观察包囊壁的结构，发现包囊壁由电子密度相对均匀的中间层和高电子密度的内、外层组成，包囊里包裹着细菌和物质残骸；在同一包囊中，其囊壁厚度不均匀。

目前对小瓜虫的致病机理还不完全清楚，根据小瓜虫病症状和病理学研究结果推测，主要有以下几个方面：小瓜虫寄生在鳃上，引起鳃上皮细胞增生、肿胀，从而影响鱼的呼吸；小瓜虫对表皮、鳃的破坏，引起鱼的电解液、营养物质、体液流失，造成代谢紊乱；小瓜虫在鱼的体表钻营，引起体表伤口继发感染，从而引起鱼的死亡。

【流行状况】全国各地均有流行，对宿主无选择性，各种淡水鱼、洄游性鱼类、观赏鱼类均可受其寄生，尤以不流动的小水体、高密度养殖的条件下，更容易发此病，亦无明显的年龄差别，从鱼苗到成鱼各年龄组的鱼类都有寄生，但主要危及鱼种。小瓜虫繁殖适宜水温为15～25℃，流行于春、秋季，但当水质恶劣、养殖密度高、鱼体抵抗力低时，在冬季及盛夏也有发生。生活史中无中间宿主，靠包囊及其幼虫传播。

【症状】小瓜虫寄生在鱼的表皮和鳃组织中，对宿主的上皮不断刺激，使上皮细胞不断增生，形成肉眼可见的小白点，故小瓜虫病又称为“白点病”。严重时体表似有一层白色薄膜，鳞片脱落，鳍条裂开、腐烂。病鱼反应迟钝，缓游水面，不时在其他物体上摩擦，不久即成群死亡。鳃上有大量的寄生虫，鱼体黏液增多，鳃小片被破坏，鳃上皮增生或部分鳃贫血。虫体若侵入眼角膜，引起发炎、瞎眼。

【病理变化】小瓜虫的主要病理变化在皮肤和鳃上。当小瓜虫幼虫接近鳃上皮时，首先，其收缩泡上的密集纤毛打开带有黏性的鱼的鳃上皮，使其黏在鱼的鳃上皮上，接着幼虫依靠头部的钻孔器迅速钻入鱼的鳃上皮，并破坏鳃细胞，侵入5分钟后，整个寄生虫就能全部侵入鱼的鳃上皮。小瓜虫寄生在鱼类的鳃丝和鳃小片之间时，吞噬鳃小片，以鳃小片的上皮细胞、淋巴细胞等为食。小瓜虫还能钻入鳃腔膜并穿过膜进入到胸腺组织内部，以胸腺淋巴细胞和上皮细胞为食，使胸腺的正常组织结构紊乱，淋巴细胞明显减少。小瓜虫在鳃片的任何部位都可寄生，在上皮细胞下寄生，并不断转动，引起上皮细胞增生；可引起鳃小片变形，毛细血管充血、渗出，或局部缺血，呼吸上皮细胞肿胀、坏死；黏液细胞增生，分泌亢进；嗜酸性粒细胞和淋巴细胞大量浸润。病鱼血液中的淋巴细胞减少，血红蛋白水平降低，单核细胞、嗜中性粒细胞增加，出现嗜酸性细胞，并可见大量不正常的白细胞、单核细胞、血栓细胞、嗜酸性粒细胞等。病鱼血清中的 Na^{+}、Mg^{2+}浓度下降，K^{+}浓度升高。

【诊断】鱼体表形成小白点的疾病，除小瓜虫病外，还有“黏孢子虫病”、“打粉病”等多种疾病，因此，不能仅凭肉眼看到鱼体表有很多小白点就诊断为小瓜虫病，最好是用显微镜进行检查。如没有显微镜，则可将有小白点的鳍剪下，放在盛有淡水的白磁盘中，在光线好的地方，用 2 枚针轻轻将白点的膜挑破，连续多挑几个，如看到有小虫滚动在水中游动，即可作出诊断。

【防治方法】预防措施：因为目前对于小瓜虫病的防治尚无特效药，须遵循防重于治的原则，加强饲养管理，保持良好环境，增强鱼体抵抗力；清除池底过多淤泥，水泥池壁要经常进行洗刷，并用生石灰或漂白粉进行消毒；鱼下塘前应进行抽样检查。

治疗方法：①药物治疗。用福尔马林治疗，当水温在 10~15℃时，用 1/5 000 的药液，当水温在 15℃以上时，用 1/6 000 的药液浸浴病鱼 1 个小时，或全池泼洒福尔马林，泼洒浓度为 0. 025 毫克/升。也可用冰醋酸浸泡治疗，病鱼可用 200~250 毫克/升的冰醋酸浸泡 15 分钟，3 天后重复 1 次。或者用 1%的食盐水溶液浸洗病鱼 60 分钟，或者用亚甲基蓝全池泼洒，泼洒浓度为 2~3 毫克/升，每隔 3~4 天泼洒 1 次，连用 3 次（仅限于观赏鱼的治疗）。或者分别用干辣椒和干生姜，各加水 5 千克，煮沸 30 分钟，浓度为 0. 35~0. 45 毫克/升和 0. 15 毫克/升，然后兑水混匀全池泼洒。每天 1 次，连用 2 次。如果将干生姜改为鲜生姜，浓度为 1 毫克/升。

②将水温提高到 28℃以上，以达到虫体自动脱落而死亡的

目的。

在治疗的同时，必须将养鱼的水槽、工具进行洗刷和消毒，否则附在上面的包囊又可再感染鱼。

六、固着类纤毛虫病

固着类纤毛虫通常对宿主组织无直接破坏作用，但是在鱼苗和夏花鱼种上，大量附着在体表或鳃上，造成游泳、摄食或呼吸困难，因而导致死亡。

【病原】为多种固着类纤毛虫，如杯体虫（图 3-7，彩照 30）、累枝虫（*Epistylis*）。杯体虫中最常见的是筒形杯体虫（*Apiosoma cylindriformis*）。虫体高酒杯形，前端为一圆形口围盘，其周缘围绕着 3 层纤毛缘膜，内为一螺旋状口沟，身体后端有 1 个吸盘状固着器。虫体固着在鱼体上时，可不断收缩、伸展。

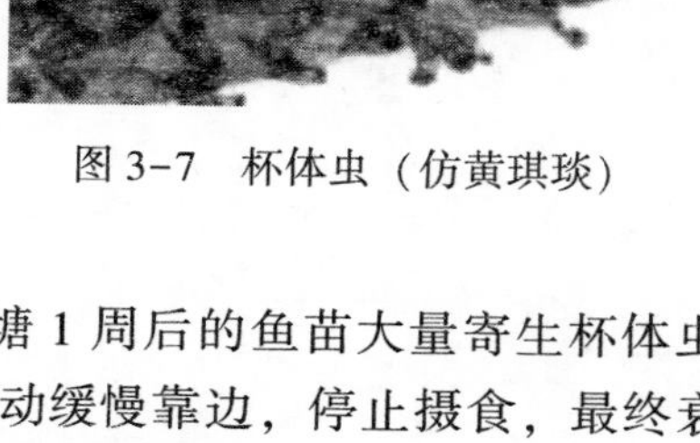

图 3-7　杯体虫（仿黄琪琰）

【症状】下塘 1 周后的鱼苗大量寄生杯体虫时，身上似有一层毛状物，游动缓慢靠边，停止摄食，最终衰竭而死。需在显微镜下检查诊断。

【流行状况】本病主要危害幼鱼，故以 6—7 月最为常见，水质较肥、有机质含量较高的鱼苗池容易发生，鱼苗培育中，机体较弱的鱼也易患此病。

【防治方法】预防措施：应注意彻底清塘，以杀灭水中及底泥中的病原，鱼种在投放入池前用 8 毫克/升硫酸铜或 3%食盐溶液浸洗 20 分钟。

治疗方法：①可用硫酸铜和硫酸亚铁合剂（5∶2）全池遍洒，使池水中的药物浓度达到 0.7 毫克/升。

②可用硫酸锌溶解后全池遍洒，使池水中的药物浓度达到 0.6 毫克/升。

七、毛管虫病

主要危害鱼苗、鱼种，以长江流域渔场较为流行，有大批死亡病例。

【病原】我国发现的毛管虫有 4～5 种，引起鱼类疾病的主要是中华毛管虫（*Trichophrya sinensis*），寄生在鳃上。虫体长椭圆形、卵形或不规则形，前端有 1 簇放射状吸管。体内有一粗棒状或香肠形的大核（图 3-8，彩照 31）。

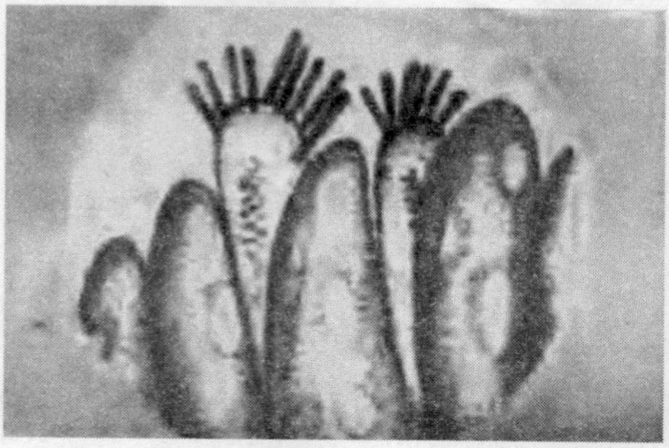

图 3-8　毛管虫（仿若林久祠）

【症状】病鱼除身体瘦弱、呼吸困难外，无明显体外症状，打开鳃盖，表现为黏液增多。大量寄生时，可能出现局部贫血。剪下部分鳃丝，在显微镜下观察，可见鳃丝缝隙里寄生的毛管虫，吸管的一端露出外面，寄生处鳃丝形成凹陷病灶。

【流行状况】毛管虫以内出芽繁殖，胚芽从母体上形成后，即脱离母体为自由生活的纤毛虫，形似小碗，在水中活泼游动。当遇到宿主时，即进入鳃上固着，发育成成虫。毛管虫虽经常可在鱼鳃上发现，但是大量寄生并导致鱼苗，鱼种发病成批死亡的病例并不多见。发病季节在 6—10 月。

【防治方法】预防措施：饲养鱼苗之前，应注意彻底清塘，以杀灭水中及底泥中的病原，鱼种则在入池前用 8 毫克/升硫酸铜或 3%食盐溶液浸洗 20 分钟。

治疗方法：①可用 0.7 毫克/升的硫酸铜和硫酸亚铁合剂（5∶2）全池遍洒。

②可用硫酸锌溶解后全池遍洒，使池水中的药物浓度达到 0.6 毫克/升。

第二节　由蠕虫引起的鱼病及其防治方法

一、指环虫病

根据中华人民共和国农业部发布的《一、二、三类动物疫病病种名录》中的规定，将指环虫病列为三类疫病。指环虫病是由指环虫属（*Dactylogyrus*）和伪指环虫属（*Pseudodactylogyrus*）的单殖吸虫寄生于鱼的鳃上引起。指环虫广泛寄生于鱼类的鳃，有些虫种能造成鱼类疾病，引起苗种的死亡。这种现象不仅在小水体，而且已发现有些种类可在大水面对成鱼造成危害。指环虫主要寄生于鱼类，少数寄生在甲壳类、头足纲、两栖类及爬行类。此外，伪指环虫病是严重危害鳗鲡的单殖吸虫病。由于反复感染，频繁用药，导致伪指环虫产生广泛耐药，使得鳗鲡伪指环虫病的防治成为一个棘手难题，尤其是在伪指环虫病和细菌病并发的情况下，造成的死亡数量呈数倍上升趋势，而且病情也更难以控制。

【病原】指环虫病病原体为指环虫（图3-9，彩照32），隶属于扁形动物门（Platyhelminthes）、单殖吸虫纲（Monogenoidea）、多钩亚纲（Polyonchoinea）、指环虫科（Dactylogyridae）、指环虫属（*Dactylogyrus*）。指环虫致病种类较多，主要是鲢鳃上寄生的小鞘指环虫（*D. vaginulatus*）、鳙鳃上寄生的鳙指环虫（*D. aristichthys*）、鲤、鲫、鲫鳃上的坏鳃指环虫（*D. vastatot*）和伪指环虫等。草鱼鳃上的鳃片指环虫（*D. iamellatus*）等。单殖吸虫后吸器具7对边缘小钩，1对中央大钩。联结片存在，辅助片存在或缺失。眼点2对，在体前端。输精管一般环绕肠支，具贮精囊。前列腺贮囊1对。交接器由管状交接管与支持器两部分组成。阴道单个，几丁质结构存在或是缺，开口于体边缘。其种类之鉴别主要依据中央大钩的形态结构及其量度、联结片与辅助片的大小形状、交接器的形态及其量度、阴道的结构等。

指环虫的生活史简单，不需要中间宿主。指环虫成体在温暖季节能不断产卵并孵化，自受精卵从虫体排出后，卵漂浮于水面或附着在其他物体或宿主鳃上、皮肤上。产出的虫卵在适宜温度范围内，孵化速度随温度升高而加快，一般需7天时间孵出幼虫，但在其他刺激（包括一些药物）条件下，仅需3~5天。自由游泳的纤毛幼虫是单殖吸虫生活史中在宿主体外唯一的具有感染性的时期。水温22℃时，纤毛幼虫个体在孵出后存

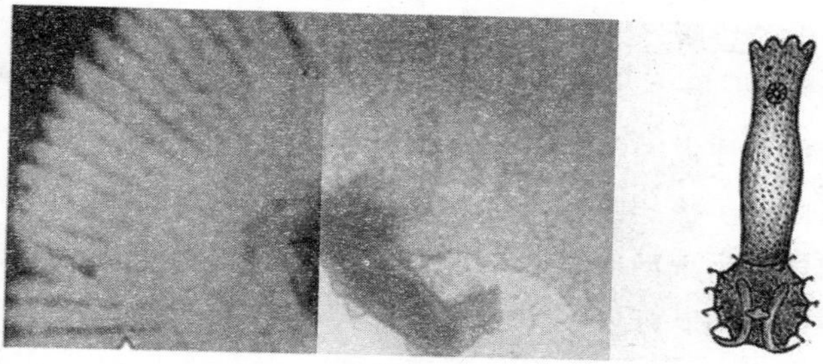

图 3-9　指环虫寄生在鳃上

活时间 1~75 个小时，该温度下纤毛幼虫在孵出 24 个小时之后基本丧失游泳能力；水温 12℃时除存活时间大大延长外，纤毛幼虫直到孵出 60 个小时还具有游泳能力。如水温高于 25℃时，7~9 天即可发育成熟并产卵。宿主死亡后，寄生指环虫会在较短的时间内死去，其存活时间一般不超过 24 个小时。大多数指环虫对宿主有强烈的选择性。

伪指环虫病病原体为伪指环虫（*Pseudodactylogyrus* spp.），隶属扁形动物门（Platyhelminthes）单殖吸虫纲（Monogenoidea）多钩亚纲（Polyonchoinea）锚首虫科（Ancyrocephalidae）伪指环虫属（*Pseudodactylogyrus*）。本属的解剖结构基本上与大多数的指环虫科及许多锚首亚科的种类无甚差别，除只具 1 个前列腺贮囊这点外。而主要不同是，本属具有 7 对胚钩型的边缘小钩、1 对特殊的中央大钩。中央大钩的内突甚为发达，后吸器无任何针状结构的痕迹存在。另外，指环虫通常的宿主与这类吸虫的宿主关系相互很远。伪指环虫的单细胞头腺及腺管能分泌富有黏着力的黏液，起固着作用，并借此融化鱼的鳃组织，吸吮寄主的血液和组织液，用其后端的小刺钩和大锚钩钩在寄主的鳃部，当躯体伸缩运动时，其锋利的钩划破鳃丝表皮，故所经之处，伤痕累累。

【症状】大量寄生指环虫时，病鱼鳃丝黏液增多，全部或部分苍白色，呼吸困难，鳃部显著浮肿。鳃盖张开，病鱼游动缓慢，贫血，单核和多核白细胞增多。新近研究发现，小鞘指环虫病病鱼还出现消瘦，眼球凹陷，鳃局部充血、溃烂，鳃瓣与鳃耙表面分布着许多由大量虫体密集而成的白色斑点（直径1.0~1.5毫米），严重者相互连成一片，其分布以鳃弧附近为多。胆囊肿大，呈褐色；鳔前室显著大而后室异常小，肝为土黄色。

【流行状况】指环虫寄生鳃上，破坏鳃组织，妨碍呼吸，还能使鱼体贫血，血中单核和多核白细胞增多，病鱼可看见鳃上布满白色群体，镜检可见虫体。患病鱼初期病状不明显，后期鳃部显著肿胀，鳃盖张开，鳃丝通常为暗灰色，体色变黑，游动缓慢，不摄食，逐步瘦弱而死亡。该病是一种常见的多发病，主要靠虫卵及幼虫传播。适宜繁殖的水温为20~25℃，流行季节主要是春季、夏初和秋季。主要危害鲢、鳙、草鱼、鳗鲡、鳜等，尤以鱼种最易感染，大量寄生可使苗种大批死亡。据有关报道指出，12~14毫米的小鱼，放入感染源中，鱼体上带有20~40个虫体，全部死亡为7~11天；4~6厘米的草鱼，寄生有虫体400~500个，在15~20天后死亡。本属种类众多，我国在黑龙江流域、山东、湖南、湖北、四川、云南、贵州、福建、海南、广东、广西等地均记录和发现大量虫种，目前已有近400种。

伪指环虫病是目前养鳗业中危害最大的寄生虫病。伪指环虫生活过程中不需更换中间宿主，受精卵自虫体排出后，由于卵上有尾柄，使得卵容易附着在其他物体或鳗鲡的鳃和皮肤上，22~28℃时，虫卵2~3天即可孵出纤毛幼虫，纤毛幼虫落在水中并能在水中自由游动，作直线或弧线运动，遇到合适的宿主就附着寄生上去，附着之后脱去纤毛，各个器官相继形成，若一定时间内（数小时）纤毛幼虫遇不到合适的宿主就会自行死亡，侵入寄主后 7~9 天即发育为成虫，又可产卵。拟指环虫适宜繁殖水温 23℃，由进入水中虫卵或幼虫进行传播，流行期为每年 5—9 月，特别是夏、秋季雨后，水温、水质骤变以及冬季池水交换量小的时候易大面积暴发，世界各地的鳗鲡养殖区均有伪指环虫病的发生。

【病理变化】指环虫中央大钩可刺入鳃丝组织，使上皮糜烂和少量出血（未见组织增生）。边缘小钩刺进上皮细胞的胞质，可造成撕裂。全鳃损伤可引起出血、组织变性、坏死、萎缩和组织增生。病变性质与寄生持续时间及寄生虫数量有直接的关系。

伪指环虫以中央大钩破坏鳃丝表皮层致出血，并不断作尺蠖式移动，吸吮鳗鲡黏液、组织细胞和血液，患病鳗鲡食欲减退、咬食、或不摄食，呼吸困难，侧游甚至蹿出水面，鳃组织黏液分泌增多，鳃丝充血、炎症，常引起继发性细菌感染，造成大量死亡。

【诊断】在诊断鱼类是否患指环虫病时，应注意鳃上寄生虫的数量。在低倍显微镜下检查鳃组织时，每个视野能见到5~10 个虫体，就可确定为指环虫病。

【防治方法】预防措施：防治原则是防重于治，在摸清病因、病理的前提下，首先加强饲养管理，开展综合防治，防患于未然；同时积极寻找新药和新措施，以提高防治效果。

①选择优良鱼苗，加强免疫。选择、培育优良健康养殖品种，加强引进鱼苗的鉴别和检疫，杜绝伤病苗下池。并研究开发品种中抗虫基因的移植试验，以选育抗病良种。这对预防出现感染多种吸虫病而言有广阔发展前景。

②彻底清塘。彻底清塘是预防多种鱼病的前提，正确选用清塘药物是关键。以往常用生石灰清塘，但对多数细菌芽孢、病毒及虫卵等灭活效率低，可采用洁尔灭石灰浆（石灰与洁尔灭活性剂配伍），或新洁尔灭石灰浆，也可用福尔马林-石灰浆，其清塘效果较单一使用石灰要强得多。另外，国外还采用高级氧化新工艺（AOPs）措施处理池塘、沟渠等有机物污染危害。例如，应用一种高效羟基复盐处理剂能产生极强的氧化性，能将石灰、茶粕、鱼藤酮、巴豆等难分解的有机污染物有效地分解，甚至彻底地转化为无害二氧化碳、水等无机物。由于此法具有处理彻底及易于控制等优点，已引起世界各国的关注。

③调控水质、水温和 pH 值。在我国渔业养殖区，因夏季水温较高，长时间在 30℃以上，使得一些鱼类产生应激机体下降，抗病能力低下，容易发生寄生虫病。因此，要采用深井水、地下水或冷泉水等水源，或采用流水和遮阳网遮蔽降温等措施，并保持较大的环水量，减少应激，同时控制投饵。保持在 pH 值在 7.3~7.5，温差日夜变化小、阳光直射时间短。一旦发生寄生虫病，就要调控水质、水温，并使用驱杀虫药物。

④科学饲养管理。放养密度以适当稀养为宜，采用多点多餐，控制投饵量，减少浪费和水质污染，定期做好排污和水体消毒预防工作，定期选别分养，减少个体差异，对个体小的苗种进行强化培养。

治疗方法：在科学诊断的基础上准确用药。尽可能早期准确诊断发现疾病、及时治疗；尽可能做到无病险防，有病早知，走综合防治的道路。特别是不要长期使用单一品种的药物，要定期换用不同的药物，这样可切断病虫抗药种群的形成。轮换品种应尽可能选用机制不同的复配药物。另外，结合应用高铁酸盐复合剂的疗效也颇佳，它既可清除水体中微生物、悬浮物，又可强氧化清除其幼虫和虫卵等。

二、三代虫病

根据中华人民共和国农业部发布的《一、二、三类动物疫病病种名录》中规定，将三代虫病列为三类疫病。OIE 将大西洋鲑三代虫病［gyrodactylosiss of Atlantic salmon，病原为唇齿鲥三代虫（*Gyrodactylus salaris*）］列为向其申报的疫病。三代虫病是由三代虫属中的一些种类寄生而引起的鱼病。三代虫主要寄生在鱼体表和鳃，广泛分布于世界各地海水和淡水水域，能寄生于绝大多数野生及养殖鱼类，已见报道的有 400 余种。常见的种类有：大西洋鲑唇齿鲥三代虫、草鱼上寄生的鲩三代虫（*G. ctenopharyngodontis*）、鲢、鳙上寄生的鲢三代虫（*G. hypophthalmichthysi*）、鲤，鲫上寄生的秀丽三代虫（*G.eleganse*）、虹鳟上寄生的细鳞三代虫（*G. lenoxi*）、鳗鲡上寄生的鳗鲡三代虫（*G. anguillae*）、金鱼中型三代虫（*Gyrodactylus medius* Kathariner）、金鱼细锚三代虫（*G. sprostonae*）和金鱼秀丽三代虫（*G. elegans* Nordmann）。三代虫以多胚同体（polyembryony）的胎生方式进行繁殖，种群增长速度快，传播迅速。近年来，随着渔业养殖密度的不断提高，三代虫引起的疾病越来越严重，给渔业生产造成极大危害。

【病原】三代虫（*Gyrodactylus* spp.）隶属扁形动物门（Platyhelminthes）、单殖吸虫纲（Monogenoidea）、三代虫目（Gyrodactylidea）、三代虫科（Gyrodactylidae）、三代虫属（*Gyrodactylus*），是一类常见的鱼类体外寄生虫（图 3-10）。虫体小而延伸，后吸器有 1 对中央大钩及背联结片与腹联结片各一，16 个边缘小钩。头器 1 对，眼点付缺。咽分两部分，各由 8 个肌肉细胞组成。食道很短，肠支简单，盲端伸至体后部前端。

睾丸中位，在肠支内或肠支之后。贮精囊在肠叉腹面或肠支右侧的基部。生殖囊（或称交配囊）具刺。生殖孔亚中位，在咽之后。卵巢在睾丸之后，中位。子宫具胚体。胚体内有“胎儿”。卵黄腺位于肠支之后，为对称环绕排列，分叶。阴道与生殖肠管付缺。寄生于淡水鱼类及海水鱼类的鳃和皮肤。

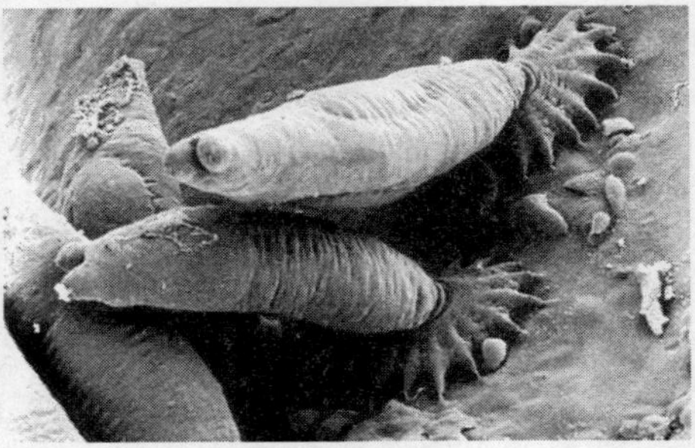

图 3-10　三代虫（仿江草周三）

由于越冬期长时间不摄食，鱼体体质弱，抵抗力差，放养密度过大，极易被病原侵袭，造成流行。当水温在 20℃时病原体快速发育，大量繁殖，使水体中病原数量迅速增加，加大了鱼体与病原接触染病的机会。三代虫的繁殖适温为 20℃左右，所以该病主要发生在春秋季及初夏；感染途径主要是宿主间的直接接触感染。

【流行状况】三代虫病是一种全球性养殖鱼类病害。我国南北沿海均有发现，尤以咸淡水池塘养殖和室内越冬池内，饲养的苗种鱼最易得此病，淡水饲养鱼类也常见此病。其中以湖北、广东及东北较为严重，在每年春季、夏季和越冬之后，饲养的鱼苗最为易感。此外，在春夏，金鱼也常受其危害。我国近岸所捕获的梭鱼上也经常发现有大量三代虫的寄生。近年古雪夫三代虫引起的疾病在我国越来越流行，成为南方大口鲇苗种阶段的主要疾病，常造成大批死亡。大量三代虫寄生影响寄主的形态、行为、生理和结构。

三代虫通过其主要附着器官（后吸器）的边缘小钩刺入鱼体体表进行寄生生活，引起宿主鱼皮肤损伤，降低鱼体对细菌、霉菌和病毒的抵抗力，增加宿主鱼继发感染其他疾病的机会。三代虫无需中间宿主，产出之胎儿已具有成虫的特征。它在水中漂游，遇到适当的宿主，又重营寄生生活。最适繁殖水温为20℃左右。

三代虫表现出明显的寄主特异性，在已记载的400多种三代虫中，总体的寄主种类谱广，但就某一种三代虫而言其寄主种类较单一，多数三代虫仅有一种寄主鱼（402种三代虫中的71%仅有一种寄主鱼），少数三代虫（如*G. galviga*）有较广的寄主种类谱。三代虫对其在寄主体表的寄生部位具有选择性，即首先寄生于其偏好部位，然后向其他部位扩展。寄生于寄主体表偏好部位的三代虫明显大于寄生于寄主体表其他部位的虫体，同种三代虫寄生不同寄主时，表现出不同的繁殖力、生长率和死亡率。寄主体表结构影响三代虫种群动态，低水温时三代虫在有鳞和无鳞鱼体表种群增殖情况一致，而在高水温条件下三代虫仅在有鳞鱼体表大量繁殖。寄主年龄和个体大小对三代虫感染强度均有影响，幼龄寄主比成年寄主易感染且强度大，感染密度与寄主个体大小成反比。研究发现寄主身体状态不同，三代虫感染强度也有差异，对处于饥饿、缺氧状态的寄主更易感，种群增殖速度更快。寄主鱼单养或混养的养殖模式也影响三代虫的生长、繁殖和死亡。三代虫在寄主体表的总体变化规律是：感染后一段时期内三代虫密度持续上升，达一峰值后虫体密度逐渐下降，直至保持一低密度感染或完全消失。这种变化提示宿主存在抗三代虫免疫反应。

【症状】三代虫主要寄生在鱼体的鳃部、体表和鳍上，有时在口腔、鼻孔中也有寄生。以锚钩和边缘小钩钩住上皮组织及鳃组织，对鱼体体表及鳃部造成创伤。寄生数量较多时，刺激宿主分泌大量黏液，严重者鳃瓣边缘呈灰白色，鳃丝上呈斑点状淤血。鱼体瘦弱，失去光泽，食欲减退，呼吸困难，游动极不正常。稚鱼期尤为明显。

【诊断】因三代虫没有特殊症状，确诊这种病最好办法是通过镜检方法。刮取患病鱼体表黏液制成水封片，置于低倍镜下观察，或取鳃瓣置于培养器内（加入少许清洁水）在解剖镜下观察，发现虫体即可诊断。如将病鱼放在盛有清水的培养皿中，用手持放大镜观察，亦可在鱼体上见到小虫体在作蛭状活动。

【防治方法】预防措施：预防除坚持清塘消毒外，鱼种下塘前，用1毫克/升的晶体敌百虫或15~20毫克/升的高锰酸钾溶液浸洗鱼体15~30分钟。

治疗方法：①用含量为30%的精制敌百虫粉化水全池泼洒。用药量为每立方米水体0.5~0.7克。因敌百虫不能杀死虫卵，如疾病严重，池中虫卵较多，需隔1周左右再全池泼药1次。需要注意的是，虾、蟹混养池及对敌百虫敏感的虹鳟、淡水白鲳、鳜、加州鲈等鱼池不能用敌百虫治疗。

②全池泼洒10%甲苯咪唑溶液。每立方米水体用10%甲苯咪唑溶液0.10~0.15克，加入2 000倍水稀释均匀后泼洒。注意对斑点叉尾鮰、大口鲇禁用。

③全池遍洒4.5%的氯氰菊酯。每立方米水体用4.5%的氯氰菊酯为0.02~0.03毫升，用2 000倍水稀释均匀后全池泼洒。因该药杀不死虫卵，所以当疾病严重，池中虫卵较多时，需隔

1 周左右再全池泼药 1 次。注意虾、蟹混养池及对该药敏感的白鲳等鱼池不能用本药治疗。如病情严重，当疾病治愈后，最好再全池泼一次杀菌药，以防细菌感染。

④晶体敌百虫加面碱合剂（1.0∶0.6），浓度为 0.1～0.2 毫克/升全池遍洒。

⑤用甲苯咪唑，按每天每千克鱼用量为 50 毫克混在饵料中投喂，连用 5 天为 1 个疗程。

三、锚首吸虫病

锚首虫类单殖吸虫包括多个属，在我国已发现引起疾病的有锚首虫、似鲇盘虫和伪指环虫三类。它们大多危害名优鱼，如鳜、长吻鮠、大口鲇、鳗鲡等。鉴于名优鱼多为单养，养殖密度较高，故近年来该病呈发展趋势。

【病原】寄生于鳜鳃的河鲈锚首吸虫（*Ancvrocephalus ogurndae*），形状与指环虫类似，后固着盘上有背腹两对锚形中央大钩，背中央大钩稍大于腹中央大钩。边缘小钩很小，交配管细长、盘曲。

寄生长吻鮠的有似鮠鲇盘虫（*Silurodiscoides leiocassi*），寄生于鲇、大口鲇鳃的有中刺鲇盘虫（*S. mediacanthus*）、凶恶鲇盘虫（*S. asoti*）、筒鞘鲇盘虫（*S. infundibuloragina*）等。鲇盘虫的特点是固着盘上的背中央大钩明显大于腹中央大钩，并有 1 对附片口 1 个片形联结棒，边缘小钩雏形。

寄生于鳗鲡的有鳗鲡伪指环虫（*Pseudodactylogyrus anguillae*）和短钩伪指环虫（*P. bini*）。此类虫的特征是中央大钩 1 对，内突很发达，7 对边缘小钩胚胎型。

【症状】病鱼体色发黑，游动迟缓，食欲减退，翻开鳃盖，鳃丝色暗淡（图 3-11，彩照 33）。镜检，每片鳃上有大量虫体。

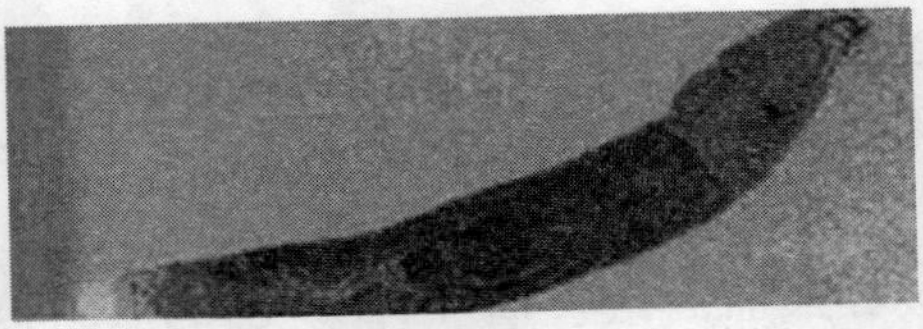

图 3-11　锚首吸虫病症状（仿江草周三）

【流行状况】此类单殖吸虫病系卵生，在虫体内每形成 1 卵成熟后即产出。产卵率和孵化速度均受温度影响，故发病季节在春、秋两季。伪指环虫病是在高温季节发生，鱼苗和夏花鱼种，白仔鳗鲡易受其害而导致大批死亡，大鱼种和 1 龄以上鱼类，当每尾鱼寄生强度达 1 000 个以上时也可引起死亡。

【防治方法】用晶体敌百虫泼洒，使药物浓度达到 0.4 毫克/升；或者按每千克鱼用量为 50 毫克的甲苯咪唑，混合在饵料中投喂，连用 5 天为 1 个疗程。

四、复口吸虫病

本病又称双穴吸虫病，对鱼苗、夏花鱼种可引起大批死亡，春季和 1 龄以下的鱼，特别是中上层鱼类，如鲢、鳙、闭头鲂等则引起瞎眼、掉眼等病症，影响鱼的健康。

【病原】为复口吸虫的尾蚴和囊蚴（图 3-12），目前我国引起疾病的复口吸虫有湖北复口吸虫（*Diplostomulum hupehensis*）、倪氏复口吸虫（*D. neidashui*）和山西复口吸虫（*D. shanxinensis*）3 种。尾蚴为典型的无眼点，具咽、双吸盘、长尾柄、长尾叉，特征是在水中静止不动时，尾干弯曲，使虫体折成“丁”字形。囊蚴呈瓜子形或椭圆形，分前体和后体，前体中有口、腹吸盘、咽、肠道和黏附器，体内布满透亮的颗粒状石灰质体；后体短小，内可见1个排泄囊。

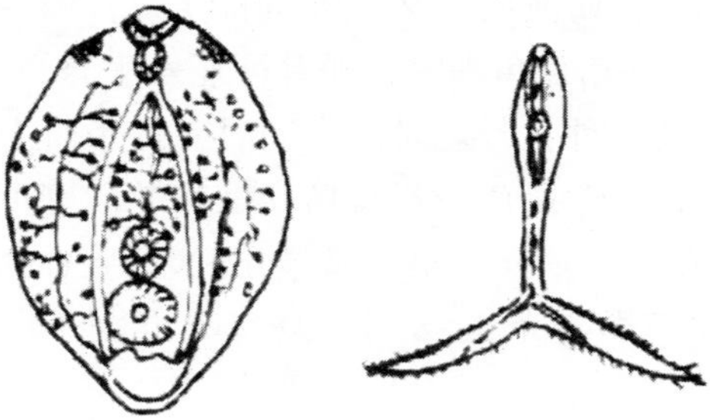

图3-12　囊蚴和尾蚴（仿潘金培等）

【症状】大量尾蚴对鱼种急性感染时，由于尾蚴经肌肉进入循环系统或神经系统到眼球水晶体寄生，在转移途中所导致的刺激或损伤，病鱼出现在水中作剧烈的挣扎状游动，继而头部脑区和眼眶充血，旋即死亡。或病鱼失去平衡能力，头部向下，尾部朝上浮于水面，随后出现身体痉挛状颤抖，并逐渐弯曲，1天以后即可死亡。尾蚴断续慢性感染时，转移过程中对组织器官的损伤、刺激较小，不论是鱼种还是成鱼，并无明显的上述症状，尾蚴到达水晶体后，逐步发育成囊蚴，囊蚴逐渐积累，使鱼的眼球开始混浊，逐渐成乳白色，形成白内障，严重的病鱼眼球脱落成瞎眼。

本病的诊断可取下病鱼的眼球，剪破后取出水晶体，剥下其外周的透明胶质，或放在盛水的玻皿中，肉眼或用放大镜、低倍镜观察，可见白色粟状虫体。

【流行状况】复口吸虫的成虫寄生于鸥鸟，卵随鸟粪进入水体中，孵化出毛蚴，钻入椎实螺中发育形成胞蚴和大量尾蚴。

复口吸虫病的发生，传染源是鸥鸟，传播媒介是椎实螺。

如果两个条件缺少一个，此病则不可能发生。因此，若鱼池上空有较多的鸥鸟，而池塘中又有大量椎实螺，阳性螺的百分率有20%~30%，在培育鱼种时，即有可能发生急性复口吸虫病。1尾3~6厘米的鱼种，若短时间内同时有数十个至近百个尾蚴侵入，即可导致急性死亡。若鸥鸟、椎实螺的密度并不大，而阳性螺在5%左右，则有可能引起部分鱼患“白内障”。急性复口吸虫病的发病季节为5—8月。复口吸虫性“白内障”则全年均有发生。

【防治方法】预防措施：本病一旦发生后，就很难治疗。因此，强调预防和控制。

①鱼池清塘，每亩按水深1米计，用125千克生石灰或50千克茶饼带水清塘，杀灭池中椎实螺。

②用苦草或其他水草扎靶，放入水中，诱捕椎实螺，第二天取出，置日光下曝晒，使螺死亡。连续诱捕数天，可控制疾病的发展。

治疗方法：发病池可用0.7毫克/升硫酸铜全池遍洒，24个小时内连续泼洒2次，可杀死椎实螺。

五、黑点病

本病主要发生于鲢、鳙、团头鲂等中上层养殖鱼类，以鱼种培育阶段为多见，发病严重的鱼池中，草鱼、青鱼、鲤、鲫也可轻度发病。长江中下游地区常见流行，影响生长，也可造成死亡。

【病原】引起黑点病是由于鱼体表上寄生复殖吸虫的囊蚴，欧洲的部分国家曾报道此病病原为茎双穴吸虫。而在我国则尚未研究，据观察，可能不止由一种吸虫囊蚴引起。

【症状】病鱼瘦弱，体表躯干、鳍条、头部布有很多黑色斑点状结节，手摸有粗糙感，严重的病鱼有局部竖鳞（图 3-13，彩照 34）。黑点用针刺破，可见蠕动的吸虫幼虫。镜检，每一黑点外为囊膜，虫体在囊膜中活动。

图 3-13　黑点病泥鳅症状（仿若林久祠）

【流行状况】引起黑点病的吸虫成虫，多寄生于食鱼鸟类的肠道中，如苍鹭、翠鸟，还可能有鸭子。第一中间宿主为椎实螺，尾蚴从螺体逸出后，进入第二中间宿主体表发育形成囊蚴。由此可知，靠近湖区的鱼池，经常有鸭子放牧的鱼池，池中椎实螺密度较大时，都容易发生此病。

通常急性发生期在春末夏初。

【防治方法】同复口吸虫病。

六、侧殖吸虫病

本病主要危害鱼苗和夏花鱼种，草、青、鲢、鳙均可发生，可以引起大批死亡，长江中下游地区曾有散在性病例。

【病原】日本侧殖吸虫（*Asymphylodora japonica*）（图 3-14）。此虫在青鱼、鲤、鲫中常见。虫体较小，卵圆形，体表披刺。有口、腹吸盘。睾丸单个，卵巢在睾丸前方，卵黄腺颗粒状，分布于虫体后半部两肠支的外侧。子宫末段和阴茎披棘，生殖孔开口于体侧近中线。

【症状】患病鱼苗闭口不食，生长停止，游动乏力，随风飘聚于鱼池下风处。将鱼苗直接放在显微镜下，或解剖病鱼，取出肠道，可见肠内充塞吸虫。

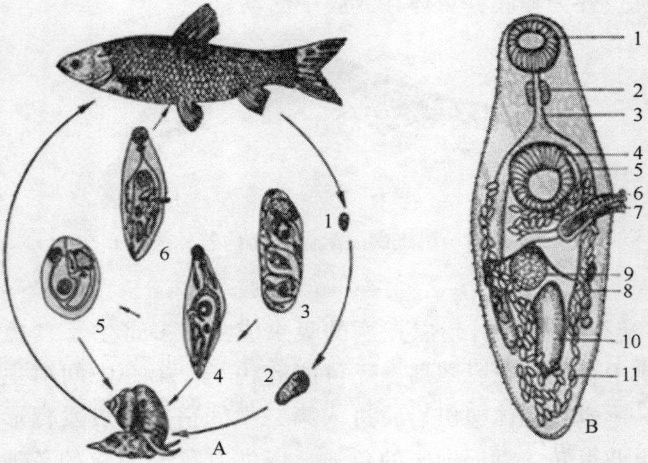

图 3-14　日本侧殖吸虫生活史

A：1. 虫卵；2. 毛蚴；3. 雷蚴；4. 尾蚴；5. 囊蚴；6. 成虫（仿王伟俊等）

B：1. 口吸虫；2. 咽；3. 食道；4. 腹吸盘；5. 肠；6. 阴茎；7. 子宫末端；8. 卵巢；9 卵黄腺；10. 睾丸；11. 卵（仿《中国淡水鱼类养殖学》）

【流行状况】此病是因鱼苗误吞从螺体移动外出的侧殖吸虫无尾尾蚴，尾蚴在鱼肠内累积并直接发育成虫所造成。故发病条件为：鱼苗发塘池曾养殖过成鱼，而又未清塘杀灭铜锈环棱螺、田螺等中间宿主；鱼苗池水质过于老化，缺少天然适口饵料，而在饲养中投饵又不足。本病多发生于5月，鱼苗培育时期。

【防治方法】预防措施：鱼苗培育池与成鱼暂养池，即使是临时使用，也必须彻底清塘，灭螺后才能应用。

治疗方法：①鱼池轻度发生此病时，可施放 0.2 毫克/升的晶体敌百虫，杀灭水中尾蚴，并加强投喂，可控制病情发展。

②可以参照治疗复口吸虫的办法，消灭杀灭铜锈环棱螺、田螺等中间寄主。

七、鲤蠢绦虫病

本病主要发生于 2 龄鲤，鲫中也偶有发生。湖泊网箱养鲤和池塘单养鲤已有多起病例，可引起病鱼死亡。

【病原】为多种许氏绦虫（*Khawia* spp.）和鲤赢绦虫（*Caryophyhaeus* spp.），引起。比较常见的是中华许氏绦虫（*K. sinensis*）和短颈鲤蠢（*C. brachycollis*）（图 3-15）。此类绦虫身体不分节，乳白色，头前缘有皱褶或不明显，睾丸在髓部，卵巢之前，球形，数目多。卵巢呈“H”形，在髓部或部分在皮部，位于虫体后部。

【症状】大量寄生时，病鱼瘦弱，食欲减退或不摄食。剖开鱼腹，可见肠外壁局部充血，部分鱼肠有出芽状突起，大小不一，芽状部分较肠管部分硬实。剥开肠管，肠内充满白色脓样黏液，病灶部位充满蠕动的绦虫，可多达 50~100 条。

【流行状况】鲤蠢类绦虫的原尾蚴寄生于颤蚓（水蚯蚓），鱼吞食阳性颤蚓后受感染，并在肠中发育成成虫。因此，淤泥较多，水质较肥的池塘或浅型湖泊中，颤蚓较多，易发此病。病情严重程度与水中颤蚓密度成正比，即使是发病鱼池，严重的病鱼也占少数。通常春季足此病的高峰季节。

【防治方法】预防措施：养鲤池应清除淤泥，彻底清塘消毒，放养前可遍洒硫酸铜 1 次（0.7 毫克/升），杀灭水蚯蚓，可预防此病发生。

治疗方法：发病池应立即泼洒硫酸铜，先控制病情发展，

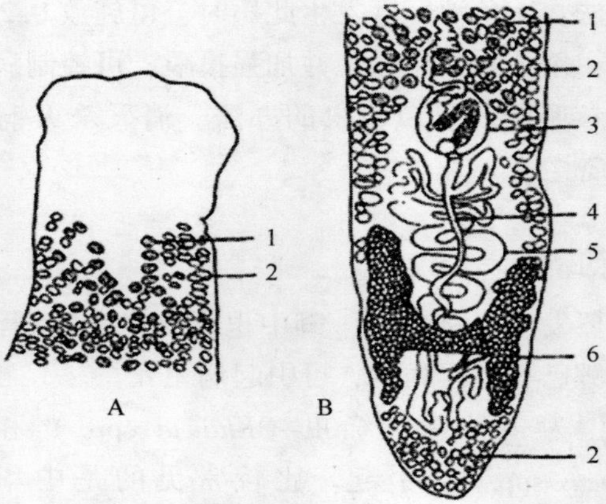

图 3-15 短颈鲤蠹绦虫（仿陈启鎏《湖北省鱼病病原区系图志》）

A. 虫体前段；B. 虫体后段

1. 睾丸；2. 卵黄腺；3. 阴茎囊；4. 阴道；5. 子宫；6. 卵巢

然后每千克鱼混饲口服甲苯咪唑 50 毫克或者丙硫咪唑 40 毫克，连喂 3 天为 1 个疗程。

八、头槽绦虫病

本病原是广东、广西地区草鱼种地方性疾病，近年来，在云南、贵州、四川、湖北、河南、黑龙江等省已有发生，并发现团头鲂、鲤鱼种也有患此病而导致死亡的现象发生。

【病原】九江头槽绦虫（*Bothriocephalus gowkongensis*）和马口头槽绦虫（*B. opsariichthydis*）。前者为草鱼的病原，后者为团头鲂、鲤的病原。此类绦虫分节、带状。头节有一明显的顶盘和 2 个较深的吸沟，无颈部，节分未成熟节片、成熟节片和妊娠节片。成熟和妊娠节片中有 50~90 个球形睾丸，双翼状卵巢和分布于两侧的小球状卵黄腺，子宫呈“S”形，生殖孔开口于节片卵巢之前。

【症状】病鱼瘦弱，体黑，无食欲，口常张开。剖开鱼腹可见前肠膨大成囊状，刺破病灶部位，即有大量绦虫涌出，剖开肠道可见虫体和肠道发炎。

【流行状况】本虫生活史，经卵、钩球蚴、原尾蚴、裂头蚴和成虫5个阶段。钩球蚴在水中被剑水蚤吞食后，在剑水蚤体内发育成原尾蚴，剑水蚤被鱼吞食后发育成裂头蚴之后长出节片，形成成虫（图3-16）。草鱼等在鱼苗时即开始感染，不久即开始发病死亡。疾病可持续到秋天，但是，随着鱼种的生长，到体长大约在12厘米以上时，病情即可缓解，1龄以上的鱼一般不会发生此病。

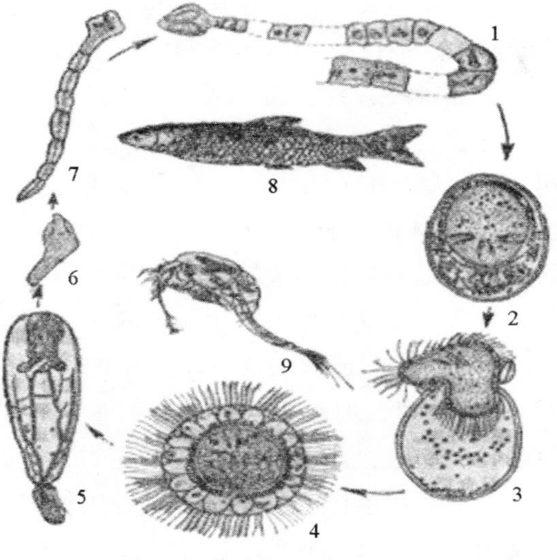

图3-16　九江头槽绦虫生活史（仿《动物寄生虫学》）

1. 成虫；2. 虫卵；3. 由虫卵内孵出的钩球蚴；4. 钩球蚴；5. 原尾蚴；6. 裂头蚴；7 幼虫；8. 终寄主；9. 中间寄主

【防治方法】预防措施：用50克/升的生石灰或20克/升的漂白粉清塘，可杀死剑水蚤和虫卵，有较好的预防效果。

治疗方法：①发病池治疗可用晶体敌百虫40克与面粉500克混合制成药面，按鱼体重每日定量投喂，连续3天。

②也可用别丁（硫双二氯酚）与饵料按1∶400配制成药饵，按鱼体重量5%投喂，每天2次，连喂5天为1个疗程。

③用吡喹酮（每千克鱼用量为48毫克）和丙硫咪唑（每千克鱼用量为40毫克）混饲，每天2次投喂，连续3天为1个疗程。

九、舌形绦虫病

本病过去主要发生在湖泊、水库的鱼类中。近年来，随着水产养殖业的发展，不仅在大水面养殖中，而且在池塘养殖中也有发生，主要危害鲫、鲤、鳙、鲢、大银鱼等，草鱼也偶有发生。

【病原】为舌状绦虫（*Ligula* sp.）和双线绦虫（*Digramma* sp.）的裂头蚴。虫体肉质肥厚，白色带状，俗称面条虫。长度从数厘米到数米。无头节和体节的区分，舌状绦虫的背腹面中线有一条凹形纵槽，每节节片1套生殖器官，双线绦虫背腹面各有2条纵槽，腹面中间还有1条中线，每节节片2套生殖器。

【症状】病鱼体瘦，但是腹部膨大，严重时鱼体失去平衡能力，侧游或腹部向上，浮于水面，游动无力。剖开鱼腹，可见体腔内充塞白色带状虫体，虫数较少时，虫体肥厚且长，虫数多时，则较细长。鱼体内脏萎缩，严重时，肝、肾等破损，分散在虫体之中，肠道细如线状。

【流行状况】舌形绦虫的终末宿主是鸥鸟，第一中间宿主是细镖水蚤，第二中间宿主是鱼类（图3-17）。因此，此病的发生和流行与养殖地区上空的鸥鸟密度与水体中镖水蚤丰度密切相关。由于鸥鸟系候鸟，因此，此病在我国南北方都有发生，通常湖、河、水库上空鸥鸟比较密集，故发病率较高。近年来，池塘养鱼开始了规模化进程，因此，也常出现此病，尤其是人们保护鸟类的认识提高后，此病更呈上升趋势，无明显流行季节。

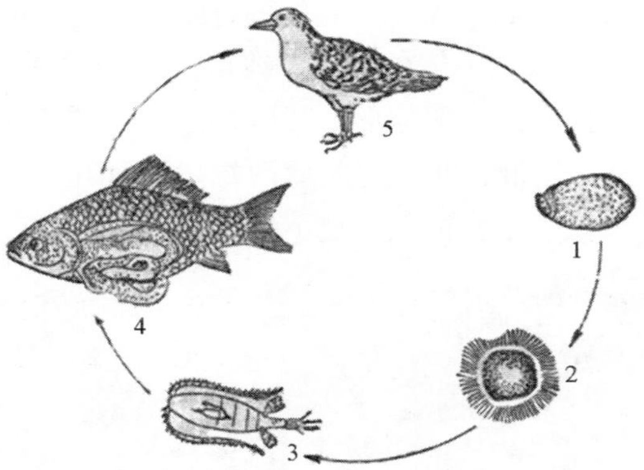

图 3-17　舌状绦虫生活史（仿《鱼病学》）

1. 卵；2. 六钩幼虫；3. 感染原尾蚴的镖蚤；4. 感染裂头蚴的鲫鱼；5. 鸥鸟

【防治方法】本病尚无有效的治疗方法，池塘预防可根据鸥鸟出现周期，在池中泼洒晶体敌百虫（0.3 毫克/升），杀灭水中水蚤，截断此虫生活史环节。洒药后，应增加人工饵料投喂，以免影响鱼类生长。

十、嗜子宫线虫病

引起鱼类嗜子宫线虫病的有多种寄生线虫，而且各具宿主特异性和固定的寄生部位。大批死亡病例较少见到，但是会影响到鱼体的商品价值。

【病原】麦穗鱼似嗜子宫线虫（*Pilometroides pseudorasbori*），寄生于麦穗鱼和草鱼头部皮下组织（见图 3-18，彩照 35）。常见的种类有鲫似嗜子宫线虫（*P. carssii*），寄生于鲫尾鳍；鲤似嗜子宫线虫（*P.cyprini*），寄生于鲤鳞下；黄颡鱼似嗜子宫线虫（*P. fulvidraconi*）主要寄生于黄颡鱼眼眶内；藤本嗜子宫线虫（*Philometra fujimotoi*），寄生于乌鳢的背鳍、臀鳍和尾鳍。

致病的多为雌虫，体色血红，线形，两端钝圆，体表有或无乳突，食道前端膨大似球形，其后为管状，肛门与阴门萎缩，卵巢小，2 个，分布于虫体的前后两端。子宫几乎占据整个身体，成熟的雌虫，子宫内充满细小的幼虫。

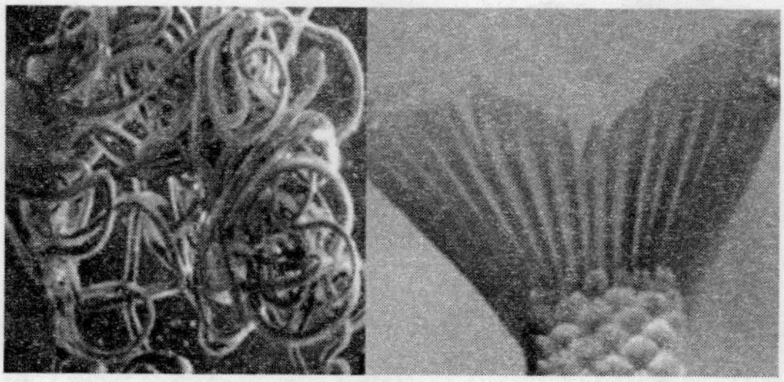

图 3-18　鲫嗜子宫线虫（仿《鱼病学》）

【症状】各嗜子宫线虫在宿主中的寄生部位不同，其症状也不相同。

麦穗鱼似嗜子宫线虫，在草鱼种的鼻孔、口部、鳃盖、眼眶等处的皮下寄生，形成红色囊肿，囊内可见红色线虫。

鲫似嗜子宫线虫寄生于鲫的尾鳍，可见尾鳍中，条条红色线虫，鳍条有充血、发炎、蛀鳍情况。

鲤似嗜子宫线虫寄生于鲤的鳞下或鳍条基部，寄生处可见鳞囊胀大，鳞片松散、竖立或脱落，翻开鳞片可见红色线虫盘曲于内，周边皮肤充血发炎。

黄颡鱼似嗜子宫线虫寄生于黄颡鱼眼窝中，眼眶四周发炎充血，眼球凸出，刺破眼球，红色线虫即可涌出。少数线虫可在腹鳍上结成瘤状囊肿。

藤本嗜子宫线虫寄生于乌鳢背、腹、尾鳍上，可见鳍条中一条条红色线虫，鳍间膜破损、溃烂并有出血。

【流行状况】嗜子宫类线虫病主要出现在春季。雌虫到达寄生部位后，春季发育成熟，内充满幼虫，钻破寄牛部位，接触到水后，雌虫即胀破，幼虫散入水体，雌虫死亡后，病症可消失。幼虫被剑水蚤、镖水蚤吞食，宿主鱼吞食蚤类后，幼虫通过肠壁钻入腹腔中生长发育。雌雄虫在腹腔、鳔中成熟并交配后，雌虫即迁移至寄生部位发育，到第二年的春天成熟，并因虫体长大而显现症状。通常呈散在性流行，鱼群中寄生线虫的分布为聚集分布类型，即少数鱼中寄生的数目较多，多数鱼寄生比较少。故大批死亡情况少见。

【防治方法】预防措施：用生石灰带水清塘，杀灭幼虫和蚤类，已放养的鱼池可用 0.2～0.4 毫克/升晶体敌百虫杀灭蚤类。

治疗方法：患病鱼可用 2.0%～2.5%浓度的食盐水浸洗鱼体，时间 15～20 分钟，效果较好，或用 1.0%高锰酸钾、碘酒涂抹在病灶部位。涂抹时勿使药液淌入鳃中。眼部寄生的线虫不可用涂抹法。

十一、棘衣虫病

本病发生于黄鳝和夏花草鱼上，影响黄鳝的生长并可造成养殖黄鳝的死亡，国内曾有夏花草鱼急性感染而致大批死亡的病例。

【病原】隐藏棘衣虫［*Pallisentis*（*Neosentis*）*celatus*］（图3-19，彩照36），寄生于黄鳝肠中，草鱼为保虫宿主，寄生于腹腔内。虫体乳白色或淡黄色，长圆筒形，前端为可伸缩的短吻，吻上具8列吻钩，每列4个，前面的钩最大，向后渐次变小。雌雄异体。

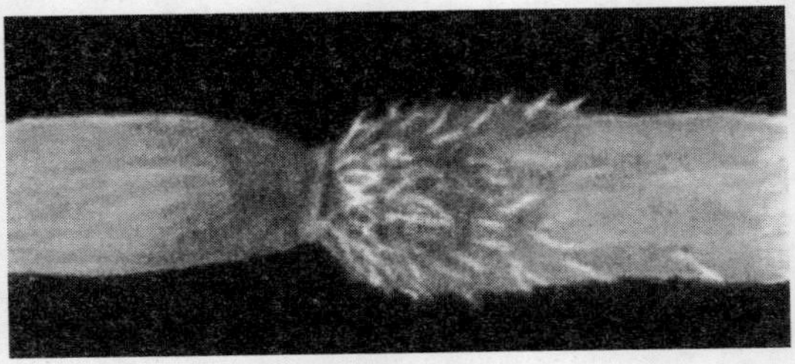

图3-19　棘衣虫（仿江育林等）

【症状】黄鳝肠内大量寄生棘衣虫时，显得比较瘦弱，剖腹后，可见前肠部位有充血、膨大现象，剖开病灶部位，肉眼可见成团棘衣虫聚居于内，使局部肠道堵塞。肠壁薄而充血，肠内充满血脓状黏液，少数鱼可见肠穿孔，病原体拥出于穿孔处。夏花草鱼急性感染幼虫时，病鱼腹部膨大，有轻度充血发炎现象。剖开鱼体腹腔，可见肝脏、肠外壁、腹膜、腹腔中许多游离的或正结囊的棘衣虫幼虫，寄生部位局部充血。

【流行状况】隐藏棘衣虫在黄鳝体内有很高的感染率，有聚居习性，通常情况下，感染强度在10多个左右，并不显现症状，部分黄鳝寄生强度可达数十个至近百个，则可影响生长并致死。此虫中间宿主为剑水蚤等桡足类，虫卵为蚤类吞食后，在其体内发育成棘头体，鱼吞食后，在肠内发育成虫。若为保虫宿主，如草鱼、鲇、泥鳅等鱼吞食后，则幼虫从肠道内迁移到腹腔结囊寄生。夏花草鱼的棘衣虫病是因短期内急性感染所致，若是陆续少量感染，一旦形成包囊后，即不显病症。人工饲养黄鳝，喂食保虫宿主，或池水不经常消毒，易发生此病；草鱼苗种培育池未带水清塘或注入含阳性剑水蚤的水源，是引起此病的原因。

【防治方法】预防措施：用生石灰带水清塘，杀灭虫卵和中间宿主，是预防此病的基本措施。注入新水后，应及时施放晶体敌百虫（0.3 毫克/升）。

防治方法：黄鳝池发现此病后，先施放晶体敌百虫，同时按每 100 千克鱼，每天用 0.6 毫升四氯化碳，或每 100 千克鱼用 30 克的晶体敌百虫拌饲投喂，连喂 5~6 天为 1 个疗程。

十二、长棘吻虫病

本病发生于鲤，从夏花到 2 龄鲤均可发生，通常系慢性病，若处置不当，累计死亡率可高达 60%。目前国内呈散在性发生。

【病原】有鲤长棘吻虫（*Rhadinarhynchus cyprini*）和崇明长棘吻虫（*R. chongmingensis*）两种。虫体圆柱形，乳白色或淡黄色。可伸缩的吻细长，上有吻钩 12 行或 14 行，每行有吻钩 29~32 个。雌雄异体。

【症状】夏花鲤被崇明长棘吻虫寄生 3~5 条时，即可出现肠道堵塞，肠壁胀薄，鱼不摄食。1~3 天内即死亡。1~2 龄鲤大量感染时，鱼体消瘦，生长缓慢，食欲减退或不摄食。剖开鱼腹，可见肠道外壁有大小、形状不一的肉芽肿瘤，并相互粘连，使肠道互黏在一起，严重时，肝脏也黏在一起，并有局部充血现象，少数虫体的吻部可钻破肠壁，再钻入肝脏或体壁，甚至引起体壁穿孔。剪开肠道可在前肠部位见到大量虫体聚集在一起，肠内有脓状黏液（图 3-20，彩照 37）。

图 3-20 鲤长棘吻虫病（仿江育林等）

【流行状况】病原的生活史尚不清楚，但发病池通常有较高的感染率和感染度，逐逐渐死亡，持续时间可达数月。

【防治方法】同棘衣虫病。

十三、湖蛭病

环节动物的蛭类在鱼体上寄生时，常可直接或间接导致发病或死亡。湖蛭是我国分布较广的一种中型蛭，主要危害鲤、鲫等底层鱼，偶尔也可在鳙亡发现，湖泊养鱼较池塘养鱼感染率高。

【病原】小华湖蛭（*Limnotrachelobdella sinensis*）（图 3-21，彩照 38）。虫体椭圆形，背部隆起，淡黄色或灰白色，环带区粉红色。前端较窄，有 1 前吸盘，其后连狭短的颈部，眼两对，呈“八”字形排列在前吸盘的背面。虫体后端为后吸盘，入于前吸盘。虫体两侧有膜质圆形的搏动囊 11 对，能有节律地搏动。

【症状】中华湖蛭主要寄生在鳃盖内侧或鳍基部，吸取鱼

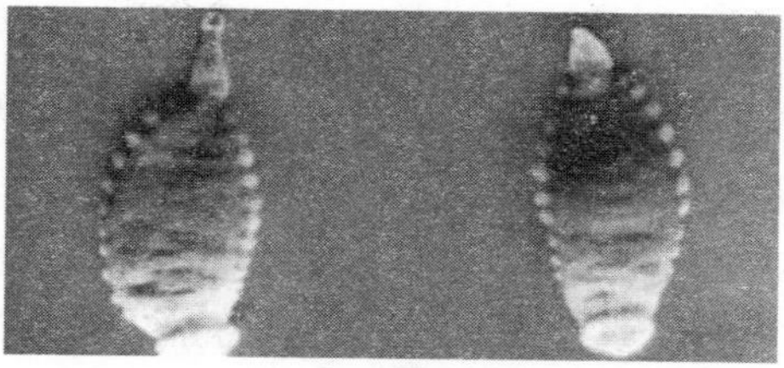

图 3-21 湖蛭（仿江育林等）

血，并以吸盘紧紧地固着于寄生部位，造成表皮组织破坏。由于吸血量较大，故引起贫血和继发性疾病，严重的病鱼呼吸困难，身体瘦弱。

【流行状况】本病发生于个体大的 1 龄以上亡鲤、鲫，个体越大，感染率越高，鲤较鲫感染率高。通常寄生于鳃盖内侧，每尾鱼一般寄生 1 虫，偶尔有 2~3 虫的。长江流域，每年 12 月到翌年 5 月或 6 月为该蛭在鱼体寄生时期，这一时期幼蛭逐渐发育成熟。春季，成熟湖蛭陆续离开宿主到水底进行繁殖，6 月下旬后，即无寄生现象。

【防治方法】尚未研究。

第三节　由甲壳动物引起的鱼病及其防治方法

一、鲤巨角鳋病

本病发生于北方中小型水库养殖的鲤、鲫中，天津一些水库曾出现鲤急性暴死病例。

【病原】巨角鳋（*Ergasilus magnicoinis*），寄生于鲤的鳃上。身体分头、胸、腹三部分。头部与胸部第一节合成头胸部，背面观呈三角形，胸部五节，自前向后逐渐狭小，生殖节狭窄，两侧挂有圆柱形的卵囊；腹部三节，狭小，第三腹节后缘中央向内凹陷。腹节后为尾叉，末端有刚毛 5 根。第二触肢很长，由 5 节构成，第五节为一钩状爪，据此固着于鳃上。

【症状】病情严重的病鱼（鳃上共寄生 2 000 个以上虫体），体色黑而瘦，集群浮于水面，1 周左右即大批死亡。打开鳃盖，鳃盖内侧充血发炎，鳃上肉眼可见大量椭圆形带有 1 根卵囊的虫体，鳃呈花斑状贫血，鳃丝粘连难辨界限，局部溃疡（图 3-22，彩照 39）。

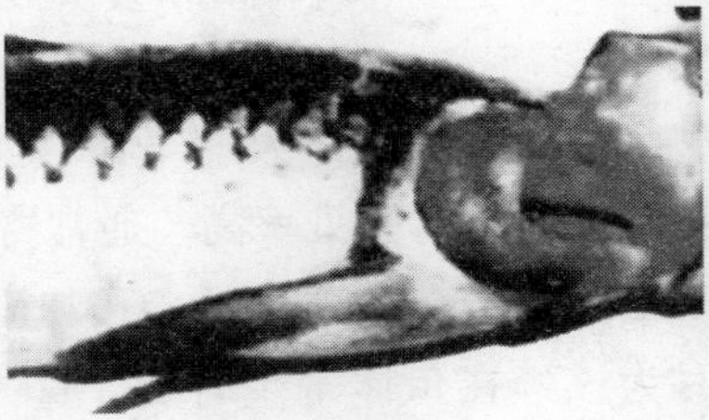

图 3-22　鲤巨角鳋病症状（仿王云祥）

【流行状况】虽然巨角鳋在各地均有发现，但是引起急性暴死，主要发生于低盐度的半咸水域，盐度为 2.0~2.8，pH 值为 8.0~9.0，而且水硬度和硫酸根离子含量均较高。流行季节为 4—8 月，5—6 月虫体带卵囊率可达 100%，即进入高感染期；7—8 月，水温在 15~28℃时，为死亡高峰期，闷热天气时，可暴发急性死亡。

【防治方法】当发现鱼体上有大量寄生虫寄生时，可用晶体敌百虫，按 0.23~0.25 毫克/升浓度遍洒，当水温在 25℃左右时，每隔 5 天泼洒药物 1 次，连续泼洒 3 次，可控制此病流行。

二、中华鳋病

本病为草、青、鲢、鳙中常见的寄生甲壳动物病，湖泊、水库中的鲇、赤眼鳟等也有较高的感染率。中华鳋病在全国各地均有分布，是池塘和网箱养殖草鱼危害较大的鱼病。

【病原】鲢中华鳋（*Sillerdasilus polycolpus*）寄生于鲢、鳙鳃上；大中华鳋（*S. major*）寄生于草、青鱼等鳃上（图 3-23）。虫体圆柱形，乳白色，肉眼可见，身体分头、胸、腹三部分，头部略似三角形或菱形。胸部 5 节，第五胸节很小。生殖节短小，两侧各挂 1 个细长白色卵囊。腹部 3 节，细长。第二触肢 5 节，第三节延长，第四、五节弯转形成钩状。游泳足 5 对，均是双肢型。

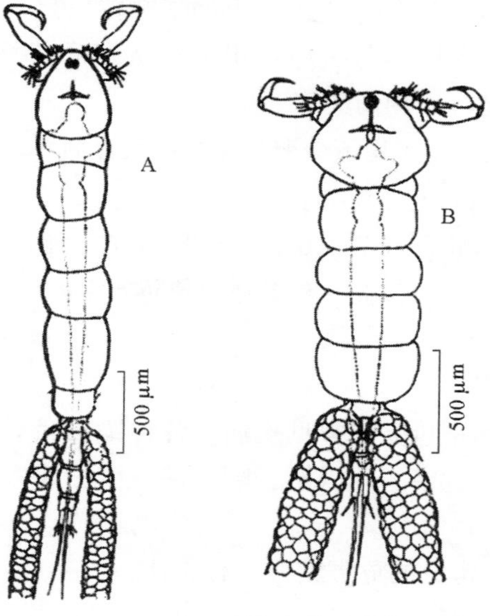

图 3-23　中华鳋（仿尹文英）

【症状】大量寄生时，病鱼消瘦，烦躁不安，鲢有在水面打转狂游和尾鳍露出水面的情况，故有翘尾病之称。揭开鳃盖，肉眼即可见鳃上挂着白色虫体，中华鳋多寄生在鳃边缘，鲢中华鳋也可在鳃耙上。寄生处鳃丝末端肿大，呈白色，黏液增多或因破损部位受细菌感染而局部发炎。

【流行状况】寄生在鱼鳃上的均为雌虫，未寄生前，在水中与雄虫已完成交配，寄生后，卵在子宫中受精，进入卵囊。生殖季节从 4 月开始可延至 11 月，卵随脱落的卵囊进入水体孵化，成无节幼体。经 4 次蜕皮后，成桡足幼体，再经 4 次蜕皮形成幼鳋。雌虫即可在宿主上寄生，并迅速长大，之后逐渐发育成熟。故 5—9 月是流行盛季。除了草、青、鲢、鳙本身是传染源外，鳃、鲇，赤眼鳟等可是大中华鳋的传染源。通常 15 厘米以上的大鱼种和 1 龄以上的成鱼危害较严重。

【防治方法】预防措施：用生石灰彻底清塘，杀灭虫卵、幼虫和带虫者，以预防此病。

治疗方法：①可用硫酸铜与硫酸业铁合剂（5∶2）0.7 毫克/升浓度全池遍洒。

②用晶体敌百 0.25～0.27 毫克/升全池遍洒，每隔 5 天遍洒 1 次，连续泼洒 3 次，有很好地预防效果。

三、锚头鳋病

锚头鳋病是鱼类中常见疾病。各种锚头鳋对多种鱼类的鱼种和成鱼造成危害，尤以鲢、鳙为甚，可引起大批死亡，或影响商品价值。

【病原】常见的危害较大的有 3 种。

多态锚头鳋（*Lernaea polymorpha*），寄生于鲢、鳙、团头鲂等鱼的体表、口腔，草鱼锚头鳋（*L. ctenopharyngodontis*），

寄生在草鱼体表鳞下，鲤锚头鳋（*L. cyprinacea*），寄生在鲤、鲫、鳗鲡、乌鳢等多种鱼的体表、口腔（图 3-24）。寄生在鱼体上的锚头鳋均为雌虫，虫体细长，体节融合筒状，头胸部长出头角，形似铁锚，头角形状各种锚头鳋不相同。胸部细长，自前向后逐渐扩宽，分节不明显，每节间各有一对双肢型游泳足。腹部短小，胸腹部之间有生殖节，在生殖季节常带一对卵囊。

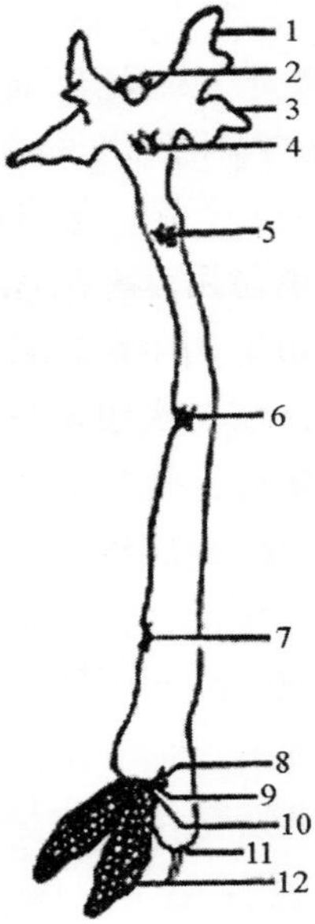

图 3-24　锚头鳋（仿尹文英）

【症状】病鱼通常呈烦躁不安、食欲减退、行动迟缓、身体瘦弱等常规病态。由于锚头鳋头部插入鱼体肌肉、鳞下，身体大部分露在鱼体外部，且肉眼可见，犹如在鱼体上插入小针，故又称之为“针虫病”。当锚头鳋逐渐老化时，虫体上布满藻类和固着类原生动物，大量锚头鳋寄生时，鱼体犹如披着蓑衣，故又有“蓑衣虫病”之称。寄生处，周围组织充血发炎，尤以鲢、鳙、团头鲂为明显，草鱼、鲤锚头鳋寄生于鳞下，炎症不很明显，但常可见寄生处的鳞被蛀成缺口。寄生于口腔内时，可引起口腔不能关闭，因而不能摄食。小鱼种虽仅10多个虫寄生，即可能失去平衡，发育严重受滞，甚至引起弯曲畸形等现象。

【流行状况】锚头鳋寄生到鱼体后，经“童虫”、“壮虫”、“老虫”3个形态阶段其寿命随温度的高低而短长，通常夏天平均寿命约20天，春季1~2个月，冬季可长达5~7个月。产卵囊的频率和卵孵化速度也与温度密切相关，较高温度产卵囊频率高，孵化速度也快，反之则低。7℃以下，停止产卵和孵化。虫卵孵化形成无节幼体，经5次蜕皮形成桡足幼体，再经4次蜕皮，成为第五桡足幼体后，桡足幼体在鱼体上营暂时性寄生生活，并在鱼体上交配，交配后雄虫离去并即死亡。雌虫寻找合适的宿主营永久性寄生生活，在寄生部位形成头角，并迅速拉长身体，逐渐成熟产卵。由此可知，锚头鳋病在春末、夏季为流行盛季，但也是寿命最短的季节。鱼池中发生此病后，通常有较高的感染率和感染强度。

【防治方法】预防措施：①用生石灰清塘法，杀灭水中幼虫和带虫的鱼和蝌蚪。

②放养鱼种时，若发现有锚头鳋寄生，可用高锰酸钾药浴法，草、鲤水温在15~20℃时，浓度为20毫克/升，水温在21~30℃时，浓度为10毫克/升，药浴1~2个小时；鲢、鳙、鲂，水温在10℃以下时，浓度为33毫克/升，10~20℃时，浓度为20毫克/升，20~30℃时，浓度为12.5毫克/升，30℃以上

时，浓度为10毫克/升，药浴约1个小时。注意药浴时间应根据鱼体质强弱，气候闷畅等情况灵活掌握，万一有异常情况，应及时放归鱼池，浴完后，在4~5个小时内，须随时观察，必要时，应注入新水或充氧。洗浴时应避免在强阳光下进行。

治疗方法：发病池可用90%的晶体敌百虫按0.23~0.25毫克/升浓度全池遍洒，目的是杀灭水中的幼虫，每5~7天遍洒1次，对于“童虫”阶段的寄生虫，至少需施药3次，“壮虫”阶段需施药1~2次，“老虫”阶段可不施药，待虫体脱落后，即可获得免疫力。

四、鲺病

本病为养殖鱼类的常见病，危害多种鱼类，并有因此病导致幼鱼大批死亡病例，全国各地均有流行，南方各省较为严重。

【病原】有日本鲺（*Arhujus japonicus*）、大鲺（*A. major*）、中华鲺（*A. chinensis*）、喻氏鲺（*A. yui*）和椭圆尾鲺（*A. ellipticaudatus*）等（图3-25，彩照40）。鲺的个体较大、扁平，体色接近于宿主颜色。雌鲺较雄鲺大。虫体分头胸腹3部分，头部两侧向后延伸形如马蹄形的背甲，圆形或椭圆形，背甲腹面有1对复眼，复眼间的下方有1只3个单眼组成的中眼，有附肢5对，其中1对小颚变成吸盘，位于口管两侧。胸部4节，有4对双肢型胸足。腹部不分节，为1对扁平椭圆形的叶片。寄生于体表、鳃盖内侧。

【症状】由于鲺在鱼体表面活动，刺伤、撕开表皮，使鱼不安。感染量大时，鱼群集水面跳跃急游，食欲减退，鱼体消瘦。捞起病鱼，用肉眼即可见到鱼体上吸附的鱼鲺。

【流行状况】雌鲺产卵时离开宿主，在水中植物、石块、螺壳等固体物上产卵，孵化出幼虫。幼虫即需寻找宿主寄生，

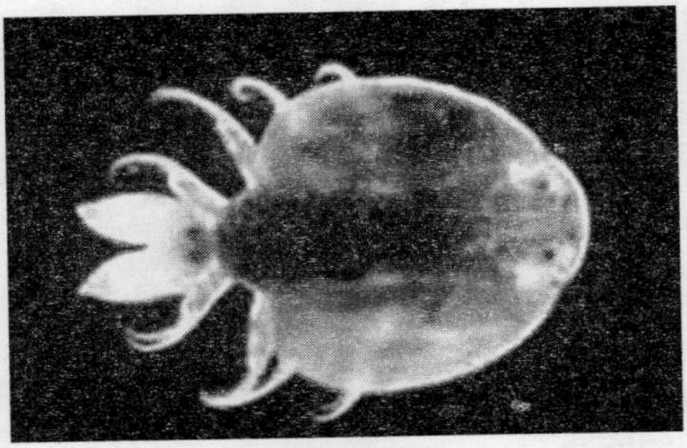

图 3-25　鲺（仿宫崎照雄）

经 6~7 次蜕皮后发育成熟。产卵、孵化、发育与寿命均与温度有关，25~30℃为适宜温度，故 6—8 月为发病高峰季节。由于鲺的幼体或成体均可随时离开鱼体在水中游动，并寻找另一寄主，故极易随水流、动物、网具等传播。

【防治方法】全池遍洒 90%晶体敌百虫，浓度为 0.4~0.5 毫克/升，即可杀灭鲺的幼虫、成虫。

五、鱼怪病

本病主要发生在江河、湖泊、水库等大水面的鲫、鲤、雅罗鱼和华鳑等鱼中，鲫的发病率较高，南方和北方均有发生，有死亡病例，病鱼无商品价值。

【病原】日本鱼怪（*Ichthyoxenus japonensis*），雌雄成对地寄生在鱼胸鳍基部附近围心腔和体腔内（图 3-26，彩照 41）。虫体卵圆形，乳酪色，雌虫大于雄虫约 1 倍，长为1.4~3.0 厘米，体分头、胸、腹三部分。头部小，略似三角形，背面两侧有 1 对复眼，腹面可见大颚、小颚、颚足及上下唇组成的口器及 6 对附肢。胸部 7 节，宽大，每节上都有 1 对胸足。

腹部由6节组成，前5节各有1对腹肢，第6节又名尾节，半圆形。

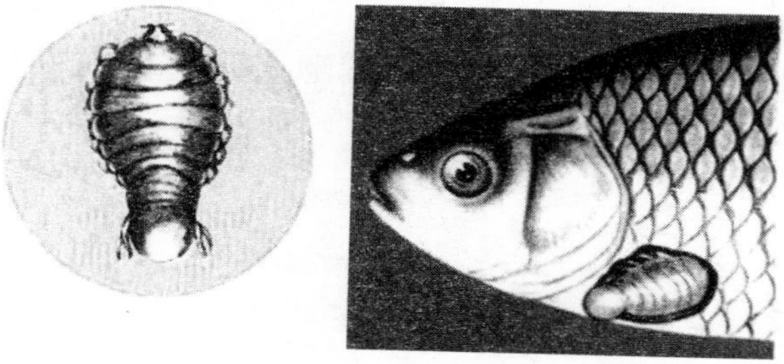

图3-26　日本鱼怪（仿黄琪琰）

【症状】病鱼腹面靠近胸鳍基部有1~2个黄豆大小的孔洞，从孔洞处剖开，通常可见一大一小的雌虫和雄虫，个别可见3只或2对鱼怪。病鱼性腺不发育。鱼怪幼虫寄生在幼鱼体表和鳃上时，鱼表现极度不安，大量分泌黏液，皮肤受损而出血。鳃小片黏合，鳃丝软骨外露，2天内即死亡。

【流行状况】本病的流行规律尚不清楚，仅知4—10月为鱼怪繁殖季节，虫卵孵化后，经2次蜕皮，发育为第2期幼虫后，虫体即可在水中游泳，并无选择地寄生到鱼的体表、鳃上。以后的发育情况及如何进入鱼体内发育成虫均不知道。本病迄今未在池塘养鱼中发生。

【防治方法】预防措施：虽然国内一些湖泊中有较高的发病率，但是因大水面用药较困难，故尚未研究。下列措施可作防病参考。

①大水面网箱养鱼，可在网箱中及网箱周边用敌百虫挂袋法，局部驱杀鱼怪等2期幼虫，挂药量为每立方米水体1.5克。

②鱼怪幼虫有强烈趋光性，且大部分在靠岸边水面活动，

在鱼怪放幼虫的高峰期，可在沿岸的浅水区中泼洒80%敌敌畏乳剂，浓度按0.5毫克/升估算，每隔5~7天泼洒1次，连续几次基本上控制此病。

③此病流行湖泊，应尽量捕捉鲫、雅罗鱼等，减少这类鱼的种群，以达到控制的目的。

第四章 鱼类的非生物性疾病

凡由机械、物理、化学及非寄生性生物所引起的疾病，称为非寄生性疾病。

一、机械损伤

【症状识别】鱼体的鳞片脱落、折断鳍条、擦伤皮肤，出血，严重时还可以引起肌肉深处的创伤。失去正常的活动能力，仰卧或侧游于水面。

【发生原因】因使用的工具不合适，或换注水时操作不慎，鱼体受到挤压或运输时受到强烈而长期的振动，都会使鱼体受到机械性损伤。

【危害性】鱼体受到损伤后，严重的可以引起立即死亡，如果损伤不很严重，则可能在刺激解除后，鱼体能恢复正常活动能力。一般大个体对振动的反应较幼小的个体为强。鱼体受到压伤后，通常使该部分皮肤坏死。机械损伤后的鱼体容易受微生物感染，发生继发性疾病而加速死亡。

【防治方法】鱼体受伤之后治疗较为困难，因此应该以预防为主。改进饲养条件，尽量减少捕捞和搬运，谨慎操作。对受伤部位可采用涂抹稳定性粉状二氧化氯软膏，对受伤较严重的鱼体也可以肌肉注射链霉素等抗生素类药物。

二、浮头

浮头又称为缺氧，在京津地区还称为“唤喝”，江浙一带还称为“口豪”。

【症状识别】鱼浮在水的上层，将口伸出水面吞吐空气。水体中缺氧不严重时，鱼体遇惊动立即潜入水中；若缺氧严重时，鱼体浮在水面，受惊也不会下沉。当水中溶氧降至不能满足鱼的最低生理需要量时，鱼体就会因窒息而死。经常浮头的鱼，下颚突出呈现畸形。

【发生原因】饲养水中的溶氧量偏低或缺氧。造成溶氧量不足的原因有：①长期未换水；②饲养鱼体密度过大；③天气闷热突变，气压过低；④饲养水中腐殖质或浮游生物数量过多。

【危害性】饲养水体中长期或经常处于低溶氧状态，观赏鱼即使不死亡，也会影响其生长发育。不同品种的鱼类对水中溶氧量的耐受力不同。当将观赏鱼从室外大池中或溶氧量丰富的鱼缸中，转移到室内小缸中饲养时，就有可能由于环境的骤变，造成鱼体因生理性缺氧而死亡。观赏鱼浮头多发生在家庭饲养观赏鱼或室外土池密养条件下，特别在夏季高温情况下更为多见。若管理不善，因浮头而死亡所造成的损失，往往较其他鱼病的损失更大。

【防治方法】①饲养中严格控制观赏鱼的放养密度，尽量稀养；②及时换水，清除残饵、粪便等，尤其是高温季节尽量做到不让残渣、粪便在鱼缸中过夜；③遇到天气闷热，发生突然变化时，应减少投饵量，并适时加注新水或采取增氧措施；

④家庭饲养观赏鱼，在高温期间应保持用增氧器送气。

三、感冒和冻伤

【症状识别】病鱼皮肤和鳍条失去原有光泽，体色暗淡，体表有大量黏液分泌。病鱼食欲下降，在水中静止不动或漂浮水面，失去游动能力。当水温过低时，鱼的皮肤会出现坏死、脱落，在长期低温（1℃左右）影响下，鲫、鲤的鳃丝末端肿胀，出现与温血动物的冻伤相似的症状。

【发生原因】观赏鱼属于冷血动物，其体温随水温而改变，体温一般与水温仅相差0.1℃，因此，当水温出现急剧改变时，降低或升高都会刺激观赏鱼皮肤的神经末梢，引起鱼体内部器官活动的失调，发生冻伤或感冒。

【危害性】温度骤然地升降，均可能引起鱼体神经系统及内部器官活动失调。当水温温差较大时，几小时至几天内鱼体就会死亡。当长期处于其生活适温范围下限时，会引起观赏鱼发生继发性低温昏迷；长期处于低温下时，还可导致鱼体被冻死。

【防治方法】①换水时应注意水温差异，一般新水和老水之间的温度差应控制在2℃以内，换水时宜少量多次地逐步加入；②对不耐低温的鱼类应该在冬季到来之前移入温室内或采取加温饲养。

四、气泡病

【症状识别】发病初期病鱼在水面作无力地游动，不久即在体表、鳃丝和肠道内充满较多的气泡。当气泡不大时，鱼尚能游动，但是身体逐渐失去平衡，尾部向上，头部向下，随气泡的增大和体力的消耗，渐渐停止游动，浮于水面，无法摄食，不久即死亡。

【发生原因】由于饲养水中某种气体过饱和而引起。最为常见的是当水体中水生植物或浮游植物量过多，在强烈光照、高温下，光合作用旺盛而使水体中溶氧量过饱和，水体中氧分压增高而导致鱼体发生气泡病。

【危害性】气泡病多发于春末和夏季的高温季节。虽然鲫和鲤无论大小都可能患此病，但是该病主要是危害鱼苗，可造成观赏鱼苗种的死亡。气泡形成的机理一般认为是由于血液中的氧游离成为小气泡，血液循环受阻，引起气泡栓塞而导致死亡。

【防治方法】①注意引用水源中不含有过饱和气体的水，用前须经过充分曝气；②高温季节饲养容器应避免强烈的光照，室外饲养池的应作适当覆盖遮阳；③保持水质清新，注意控制水生植物和浮游植物的生长量；④发现病鱼，应立即转移到清水中，经过数小时至1天，病鱼体内的气泡有可能逐步消失，恢复正常；⑤在饲养容器中开动增氧器，驱除水体中过饱和的气体。

五、跑马病

【症状识别】病鱼围绕池边成群地狂游，呈跑马状，即使驱赶鱼群也不散开。最后鱼体因大量消耗体力，消瘦，衰竭而死。

【发生原因】该病通常发生在观赏鱼苗种饲养阶段。主要是由于饲养池中缺乏适口饲料，有时可能是因为饲养池漏水，影响水中肥度，因长期顶水，鱼体体力消耗过大，也会引起跑马病。

【危害性】跑马病多发于春末和夏初的观赏鱼苗种培育季

节。一旦发病，可造成观赏鱼苗种的大批死亡。

【防治方法】①鱼苗的放养量不能过大（如果放养密度过大，应适当增加投饲量），饲养池不能有渗漏现象；鱼苗饲养期间，应投喂适口饵料；②发生跑马病后，应及时用显微镜检查鱼体，如果证明不是由车轮虫等寄生虫引起的，可采用芦席从池边隔断鱼群游动的路线，并投喂豆渣、豆饼浆或蚕粕粉等鱼苗喜食饵料，不久即可制止其群游现象；③可将饲养池中的苗种分养到已经培养出大量浮游动物的饲养池中饲养。

六、萎瘪病

【症状识别】病鱼体色发黑、消瘦、背似刀刃，鱼体两侧肋骨可数，头大体小。鳃丝苍白，严重贫血，游动无力，严重时鱼体因失去食欲，长时间不摄食，衰竭而死。

【发生原因】放养量过大，饵料不足或越冬前饲养管理不好，冬季低温期过长，鱼体长时间未摄食，消耗体内营养过多，因此，越冬后期的鱼体容易发生此病。不同规格的鱼未及时分池，致使小规格的鱼因摄食不到足够的食物也可能导致此病的发生。

【危害性】秋末、冬季为主要发病季节。秋季繁殖的鱼苗，食料不足，个体小，越冬以前体内脂肪积累太少，对低温耐受力差，冬季即可逐渐死亡。

【防治方法】①越冬前加强管理，投喂足够饵料，使体内积累足够越冬的营养，避免越冬后鱼体过度消瘦；②发现病鱼及时适量投喂鲜活饵料，在疾病早期使病鱼恢复健康；③个体大小不同的当年鱼，应及时按规格分池饲养，投喂充足饵料，尤其是动物性活饵。

附 录

附录 1 无公害食品 渔用药物使用准则（NY 5071-2002）

1 范围

本标准规定了渔用药物使用的基本原则、渔用药物的使用方法以及禁用渔药。

本标准适用于水产增养殖中的健康管理及病害控制过程中的渔药使用。

2 规范性引用文件

下列文件中的条款通过本标准的引用而成为本标准的条款。凡是注日期的引用文件，其随后所有的修改单（不包括勘误的内容）或修订版均不适用于本标准，然而，鼓励根据本标准达成协议的各方研究是否可使用这些文件的最新版本。凡是不注日期的引用文件，其最新版本适用于本标准。

NY 5070 无公害食品 水产品中渔药残留限量

NY 5072 无公害食品 渔用配合饲料安全限量

3 术语和定义

下列术语和定义适用于本标准。

3.1 渔用药物 fishery drugs

用以预防、控制和治疗水产动植物的病、虫、害，促进养殖品种健康生长，增强机体抗病能力以及改善养殖水体质量的一切物质，简称“渔药”。

3.2 生物源渔药 biogenic fishery medicines

直接利用生物活体或生物代谢过程中产生的具有生物活性的物质或从生物体提取的物质作为防治水产动物病害的渔药。

3.3 渔用生物制品 fishery biopreparate

应用天然或人工改造的微生物、寄生虫、生物毒素或生物组织及其代谢产物为原材料，采用生物学、分子生物学或生物化学等相关技术制成的、用于预防、诊断和治疗水产动物传染病和其他有关疾病的生物制剂。它的效价或安全性应采用生物学方法检定并有严格的可靠性。

3.4 休药期 withdrawal time

最后停止给药日至水产品作为食品上市出售的最短时间。

4 渔用药物使用基本原则

4.1 渔用药物的使用应以不危害人类健康和不破坏水域生态环境为基本原则。

4.2　水生动植物增养殖过程中对病虫害的防治，坚持“以防为主，防治结合”。

4.3　渔药的使用应严格遵循国家和有关部门的有关规定，严禁生产、销售和使用未经取得生产许可证、批准文号与没有生产执行标准的渔药。

4.4　积极鼓励研制、生产和使用“三效”（高效、速效、长效)、“三小”（毒性小、副作用小、用量小）的渔药，提倡使用水产专用渔药、生物源渔药和渔用生物制品。

4.5　病害发生时应对症用药，防止滥用渔药与盲目增大用药量或增加用药次数、延长用药时间。

4.6　食用鱼上市前，应有相应的休药期。休药期的长短，应确保上市水产品的药物残留限量符合 NY 5070 要求。

4.7　水产饲料中药物的添加应符合 NY 5072 要求，不得选用国家规定禁止使用的药物或添加剂，也不得在饲料中长期添加抗菌药物。

5　渔用药物使用方法

各类渔用药物的使用方法见附表 1-1。

附表 1-1　渔用药物使用方法

渔药名称	用途	用法与用量	休药期/天	注意事项
氧化钙（生石灰）calcium oxide	用于改善池塘环境，清除敌害生物及预防部分细菌性鱼病	带水清塘：200~250 毫克/升（虾类：350~400 毫克/升） 全池泼洒：20~25 毫克/升（虾类：15~30 毫克/升）		不能与漂白粉、有机氯、重金属盐、有机络合物混用

续表

渔药名称	用途	用法与用量	休药期/天	注意事项
漂白粉 bleaching powder	用于清塘、改善池塘环境及防治细菌性皮肤病、烂鳃病出血病	带水清塘：200 毫克/升 全池泼洒：1.0～1.5 毫克/升	≥5	1. 勿用金属容器盛装； 2. 勿与酸、铵盐、生石灰混用
二氯异氰尿酸钠 sodium dichloroisocyanurate	用于清塘及防治细菌性皮肤溃疡病、烂鳃病、出血病	全池泼洒：0.3～0.6 毫克/升	≥10	勿用金属容器盛装
三氯异氰尿酸 trichlorosisocyanuric acid	用于清塘及防治细菌性皮肤溃疡病、烂鳃病、出血病	全池泼洒：0.2～0.5 毫克/升	≥10	1. 勿用金属容器盛装； 2. 针对不同的鱼类和水体的 pH 值，使用量应适当增减
二氧化氯 chlorine dioxide	用于防治细菌性皮肤病、烂鳃病、出血病	浸浴：20～40 毫克/升，5～10 分钟 全池泼洒：0.1～0.2 毫克/升，严重时 0.3～0.6 毫克/升	≥10	1. 勿用金属容器盛装； 2. 勿与其他消毒剂混用
二溴海因 dibromodimethyl hydantoin	用于防治细菌性和病毒性疾病	全池泼洒：0.2～0.3 毫克/升		
氯化钠（食盐） sodium choiride	用于防治细菌、真菌或寄生虫疾病	浸浴：1%～3%，5～20 分钟		

续表

渔药名称	用途	用法与用量	休药期/天	注意事项
硫酸铜（蓝矾、胆矾、石胆）copper sulfate	用于治疗纤毛虫、鞭毛虫等寄生性原虫病	浸浴：8 毫克/升（海水鱼类：8~10 毫克/升），15~30 分钟 全池泼洒：0.5~0.7 毫克/升（海水鱼类：0.7~1.0 毫克/升）		1. 常与硫酸亚铁合用； 2. 广东鲂慎用； 3. 勿用金属容器盛装； 4. 使用后注意池塘增氧； 5. 不宜用于治疗小瓜虫病
硫酸亚铁（硫酸低铁、绿矾、青矾）ferrous sulphate	用于治疗纤毛虫、鞭毛虫等寄生性原虫病	全池泼洒：0.2 毫克/升（与硫酸铜合用）		1. 治疗寄生性原虫病时需与硫酸铜合用； 2. 乌鳢慎用
高锰酸钾（锰酸钾、灰锰氧、锰强灰）potassium permanganate	用于杀灭锚头鳋	浸浴：10~20 毫克/升，15~30 分钟 全池泼洒：4~7 毫克/升		1. 水中有机物含量高时药效降低； 2. 不宜在强烈阳光下使用
四烷基季铵盐络合碘（季铵盐含量为 50%）	对病毒、细菌、纤毛虫、藻类有杀灭作用	全池泼洒：0.3 毫克/升（虾类相同）		1. 勿与碱性物质同时使用； 2. 勿与阴性离子表面活性剂混用； 3. 使用后注意池塘增氧； 4. 勿用金属容器盛装

续表

渔药名称	用途	用法与用量	休药期/天	注意事项
大蒜 crown's treacle，garlic	用于防治细菌性肠炎病	拌饵投喂：10～30克/千克体重，连用4～6天（海水鱼类相同）		
大蒜素粉（含大蒜素10%）	用于防治细菌性肠炎	0.2克/千克体重，连用4～6天（海水鱼类相同）		
大黄 medicinal rhubarb	用于防治细菌性肠炎病、烂鳃病	全池泼洒：2.5～4.0毫克/升（海水鱼类相同） 拌饵投喂：5～10克/千克体重，连用4～6天（海水鱼类相同）		投喂时常与黄芩、黄柏合用（三者比例为5∶2∶3）
黄芩 raikai skullcap	用于防治细菌性肠炎病、烂鳃病、赤皮病、出血病	拌饵投喂：2～4克/千克体重，连用4～6天（海水鱼类相同）		投喂时常与大黄、黄柏合用（三者比例为2∶5∶3）
黄柏 amur corktree	用防防治细菌性肠炎病、出血病	拌饵投喂：3～6克/千克体重，连用4～6天（海水鱼类相同）		投喂时常与大黄、黄芩合用（三者比例为3∶5∶2）
五倍子 chinese sumac	用于防治细菌性烂鳃病、赤皮病、白皮病、疖疮病	全池泼洒：2～4毫克/升（海水鱼类相同）		

续表

渔药名称	用途	用法与用量	休药期/天	注意事项
穿心莲 common andrographis	用于防治细菌性肠炎病、烂鳃病、赤皮病	全池泼洒：15～20毫克/升拌饵投喂：10～20克/千克体重，连用4～6天		
苦参 lightyellow sophora	用于防治细菌性肠炎病、竖鳞病	全池泼洒：1.0～1.5毫克/升 拌饵投喂：1～2克/千克体重，连用4～6天		
土霉素 oxytetracycline	用于治疗肠炎病、弧菌病	拌饵投喂：50～80毫克/千克体重，连用4～6天（海水鱼类相同；虾类：50～80毫克/千克体重，连用5～10天）	≥30（鳗鲡）≥21（鲇鱼）	勿与铝、镁离子及卤素、碳酸氢钠、凝胶合用
噁酸 oxolinic acid	用于治疗细菌肠炎病、赤鳍病、香鱼、对虾弧菌病，鲈鱼结节病，鲱鱼疖疮病	拌饵投喂：10～30毫克/千克体重，连用5～7天（海水鱼类1～20毫克/千克体重；对虾：6～60毫克/千克体重，连用5天）	≥25（鳗鲡）≥21（鲤鱼、香鱼）≥16（其他鱼类）	用药量视不同的疾病有所增减

续表

渔药名称	用途	用法与用量	休药期/天	注意事项
磺胺嘧啶（磺胺哒嗪）sulfadiazine	用于治疗鲤科鱼类的赤皮病、肠炎病，海水鱼链球菌病	拌饵投喂：100毫克/千克体重，连用5天（海水鱼类相同）		1. 与甲氧苄氨嘧啶（TMP）同用，可产生增效作用； 2. 第一天药量加倍
磺胺甲噁唑（新诺明、新明磺）sulfamethoxazole	用于治疗鲤科鱼类的肠炎病	拌饵投喂：100毫克/千克体重，连用5~7天		1. 不能与酸性药物同用； 2. 与甲氧苄氨嘧啶（TMP）同用，可产生增效作用； 3. 第一天药量加倍
磺胺间甲氧嘧啶（制菌磺、磺胺-6-甲氧嘧啶）sulfamonomethoxine	用于治疗鲤科鱼类的竖鳞病、赤皮病及弧菌病	拌饵投喂：50~100毫克/千克体重，连用4~6天	≥37（鳗鲡）	1. 与甲氧苄氨嘧啶（TMP）同用，可产生增效作用； 2. 第一天药量加倍
氟苯尼考 florfenicol	用于治疗鳗鲡爱德华病、赤鳍病	拌饵投喂：10.0毫克/千克体重，连用4~6天	≥7（鳗鲡）	

续表

渔药名称	用途	用法与用量	休药期/天	注意事项
聚维酮碘(聚乙烯吡咯烷酮碘、皮维碘、PVP-1、伏碘)(有效碘1.0%) povidone-iodine	用于防治细菌烂鳃病、弧菌病、鳗鲡红头病。并可用于预防病毒病:如草鱼出血病、传染性胰腺坏死病、传染性造血组织坏死病、病毒性出血败血症	全池泼洒:海、淡水幼鱼、幼虾:0.2~0.5 毫克/升;海、淡水成鱼、成虾:1~2 毫克/升;鳗鲡:2~4 毫克/升 浸浴:草鱼种:30 毫克/升,15~20 分钟鱼卵:30~50 毫克/升(海水鱼卵 25~30 毫克/升),5~15 分钟		1. 勿与金属物品接触; 2. 勿与季铵盐类消毒剂直接混合使用

注:1. 用法与用量栏未标明海水鱼类与虾类的均适用于淡水鱼类。
2. 休药期为强制性。

6 禁用渔药

严禁使用高毒、高残留或具有三致毒性(致癌、致畸、致突变)的渔药。严禁使用对水域环境有严重破坏而又难以修复的渔药,严禁直接向养殖水域泼洒抗菌素,严禁将新近开发的人用新药作为渔药的主要或次要成分。禁用渔药见附表1-2。

附表 1-2　禁用渔药

药物名称	化学名称（组成）	别名
地虫硫磷 fonofos	0-2 基-S 苯基二硫代磷酸乙酯	大风雷
六六六 BHC（HCH） benzem，bexachloridge	1，2，3，4，5，6-六氯环己烷	
林丹 lindane，agammaxare，gamma-BHC，gamma-HCH	γ-1，2，3，4，5，6-六氯环己烷	丙体六六六
毒杀芬 camphechlor（ISO）	八氯莰烯	氯化莰烯
滴滴涕 DDT	2，2-双（对氯苯基）-1，1，1-三氯乙烷	
甘汞 calomel	二氯化汞	
硝酸亚汞 mercurous nitrate	硝酸亚汞	
醋酸汞 mercuric acetate	醋酸汞	
呋喃丹 carbofuran	2，3-二氢-2，2-二甲基-7-苯并呋喃-甲基氨基甲酸酯	克百威、大扶农
杀虫脒 chlordimeform	N-（2-甲基-4-氯苯基）N′，N′-二甲基甲脒盐酸盐	克死螨
双甲脒 anitraz	1，5-双-（2，4-二甲基苯基）-3-甲基-1，3，5-三氮戊二烯-1，4	二甲苯胺脒

续表

药物名称	化学名称（组成）	别名
氟氰戊菊酯 flucythrinate	（R，S）-α-氰基-3-苯氧苄基-（R，S）-2-（4-二氟甲氧基）-3-甲基丁酸酯	保好江乌 氟氰菊酯
五氯酚钠 PCP-Na	五氯酚钠	
孔雀石绿 malachite green	$C_{23}H_{25}ClN_2$	碱性绿、盐基块绿、孔雀绿
锥虫胂胺 tryparsamide		
酒石酸锑钾 anitmonyl potassium tartrate	酒石酸锑钾	
磺胺噻唑 sulfathiazolum ST，norsultazo	2-（对氨基苯碘酰胺）-噻唑	消治龙
磺胺脒 sulfaguanidine	N_1-脒基磺胺	磺胺胍
呋喃西林 furacillinum，nitrofurazone	5-硝基呋喃醛缩氨基脲	呋喃新
呋喃唑酮 furazolidonum，nifulidone	3-（5-硝基糠叉胺基）-2-唑烷酮	痢特灵
呋喃那斯 furanace，nifurpirinol	6-羟甲基-2-［-5-硝基-2-呋喃基乙烯基］吡啶	P-7138 （实验名）
氯霉素 （包括其盐、酯及制剂） chloramphennicol	由委内瑞拉链霉素生产或合成法制成	
红霉素 erythromycin	属微生物合成，是 *Streptomyces eyythreus* 生产的抗生素	

续表

药物名称	化学名称（组成）	别名
杆菌肽锌 zinc bacitracin premin	由枯草杆菌 *Bacillus subtilis* 或 *B. leicheniformis* 所产生的抗生素，为一含有噻唑环的多肽化合物	枯草菌肽
泰乐菌素 tylosin	*S. fradiae* 所产生的抗生素	
环丙沙星 ciprofloxacin（CIPRO）	为合成的第三代喹诺酮类抗菌药，常用盐酸盐水合物	环丙氟哌酸
阿伏帕星 avoparcin		阿伏霉素
喹乙醇 olaquindox	喹乙醇	喹酰胺醇羟乙喹氧
速达肥 fenbendazole	5-苯硫基-2-苯并咪唑	苯硫哒唑氨甲基甲酯
己烯雌酚 （包括雌二醇等其他类似合成等雌性激素） diethylstilbestrol，stilbestrol	人工合成的非甾体雌激素	乙烯雌酚，人造求偶素
甲基睾丸酮 （包括丙酸睾丸素、去氢甲睾酮以及同化物等雄性激素） methyltestosterone，metandren	睾丸素 C_{17} 的甲基衍生物	甲睾酮甲基睾酮

附录2 美国部分兽药最高残留限量标准

药物名称	MRL/(微克·千克$^{-1}$)		参考文献
	肌 肉	可食性组织	
羟氨苄青霉素 Amoxicillin		10	21 CFR 556. 38
氨丙啉 Amprolium	500		21 CFR 556. 50
杆菌肽 Bacitracin		500	21 CFR 556. 70
金霉素 土霉素 四环素 Chlortetracycline, Oxytetracycline, Tetracycline	200		21 CFR 556. 150
邻氯青霉素 Cloxacillin		10	21 CFR 556. 165
敌敌畏 Dichlorvos		100	21 CFR 556. 180
红霉素 Erythromycin		100	21 CFR 556. 230
乙氧喹啉 Ethoxyquin	500		21 CFR 556. 140
氟苯尼考（氟甲砜霉素） Florfenicol	300		21 CFR 556. 283
呋喃唑酮 Furazolidone	100		21 CFR 556. 290
硫酸庆大霉素 Gentamicin sulfate	100		21 CFR 556. 300
伊维菌素 Ivermectin	10		21 CFR 556. 344
新霉素 Neomycin	1 200		21 CFR 556. 430
新生霉素 Novobiocin		1 000	21 CFR 556. 460
尼卡巴嗪 Nicarbazin	4 000		21 CFR 556. 445
奥美普林，甲黎嘧啶，二甲氧甲基苯氨嘧啶 Ormetoprim		100	21 CFR 556. 490
磺胺氯哒嗪 Sulfachlorpyridazine	2 000	100	21 CFR 556. 630
青霉素 Penicillin		50	21 CFR 556. 510
链霉素 Streptomycin	500	500	21 CFR 556. 610

续表

药物名称	MRL/(微克·千克$^{-1}$)		参考文献
	肌 肉	可食性组织	
磺胺溴二甲嘧啶 Sulfabromo 2 methazine sodium		100	21 CFR 556.620
磺胺间二甲氧嘧啶 Sulfadimethoxine		100	21 CFR 556.640
磺胺二甲嘧啶 Sulfamethazine		100	21 CFR 556.670
磺胺喹噁啉 Sulfaquinoxaline		100	21 CFR 556.685
磺胺噻唑 Sulfathiazole		100	21 CFR 556.690

附录3　欧盟部分兽药最高残留限量标准

兽药类别	药理活性物质	标记残留物	动物种类	MRL/(微克·千克$^{-1}$)	组织
磺胺类药物(Sulfonamides)	属于磺胺类的所有药物	本体药物(磺胺类所有药物的总残留量)	所有供食用的动物	100	肌肉
二氨基嘧啶(Diamino pyrimidine)	甲氧苄氨嘧啶	甲氧苄氨嘧啶	带鳍鱼类	50	肌肉和皮成自然比例
青霉素类(Penicillins)	羟氨苄青霉素 氨苄青霉素 苄青霉素 邻氯青霉素 双氯青霉素 苯唑青霉素	羟氨苄青霉素 氨苄青霉素 苄青霉素 邻氯青霉素 双氯青霉素 苯唑青霉素	所有供食用的动物	50	肌肉
头孢霉菌类(Cephalosporins)	恩诺沙星	恩诺沙星和环丙沙星的总量	所有供食用的动物	100	肌肉
	氟甲喹	氟甲喹	鲑科动物	600	肌肉和皮成自然比例
	沙拉沙星	沙拉沙星	鲑科动物	30	肌肉和皮成自然比例
氟甲砜霉素和相关化合物(Florfenicol)	氟甲砜霉素	氯甲砜霉素和它的代谢物的和以氟甲砜霉素计	带鳍的鱼	1 000	肌肉和皮成自然比例
	甲砜霉素			50	肌肉
四环素类(Tetracyclines)	金霉素 土霉素 四环素	本体药物及4-差向异构体之和	所有供食用的动物	100	肌肉
拟除虫菊酯(Pyrethroids)	溴氰菊酯	溴氰菊酯	带鳍鱼类	10	肌肉和皮成自然比例
酰基脲衍生物(Acylurea)	除虫脲	除虫脲	带鳍鱼类	500	肌肉和皮成自然比例
喹诺酮类(Quinolones)	嘌喹酸	嗯喳酸	带鳍鱼类	300	肌肉和皮成自然比例

附录 4 欧盟禁止使用的兽药及其他化合物的名单

中文名	英文名
阿伏霉素	Avoparcin
卡巴多	Carbadox
杆菌肽锌（禁止作饲料添加药物使用）	Bacitracin zinc
维吉尼亚霉素（禁止作饲料添加药物使用）	Virginiamycin
阿普西特	Arprinocide
洛硝达唑	Ronidazole
喹乙醇	Olaquindox
螺旋霉素（禁止作饲料添加药物使用）	Spiramycin
磷酸泰乐菌素（禁止作饲料添加药物使用）	Tylosin phosphate
二硝托胺	Dinitolmide
异丙硝唑	Ipronidazole
氯羟吡啶	Meticlopidol
氯羟吡啶/苄氧喹甲酯	Meticlopidol/Mehtylbenzoquate
氨丙啉	Amprolium
氨丙啉/乙氧酰胺苯甲酯	Amprolium/ethopabate
地美硝唑	Dimetridazole
尼卡巴嗪	Nicarbazin
二苯乙烯类及其衍生物、盐和酯，如己烯雌酚等	Stilbenes，Diethylstilbestrol
抗甲状腺类药物，如甲巯咪唑/普萘洛尔等	Antithyroid agent/Propranolol
二羟基苯甲酸内酯，如玉米赤霉醇	Resorcylicacid Lactones/ Zeranol

续表

中文名	英文名
类固醇类/如雌激素/雄激素/孕激素等	Steroids/Estradiol/Testosterone/Progesterone
β-兴奋剂类，如克仑特罗/沙丁胺醇/喜马特罗等	β-Agonists/Clenbuterol/Salbutamol/Cimaterol
兜铃属植物及其制剂	Aristolochia spp
氯仿	Chloroform
氯霉素	Chloramphenicol
秋水仙碱	Colchicine
氨苯砜	Dapsone
甲硝咪唑	Metronidazole
氯丙嗪	Chlorpromazine
硝基呋喃类	Nitrofurans

附录5 日本水产养殖用药（抗生素、合成抗菌剂、驱除剂）种类及其适用对象（2006年11月6日修改）

使用对象 药物有效成分名称	鲈形目	鲱形目（海水养殖）	鲱形目（淡水中养殖，不包括香鱼）	鳗鲡目	鲤形目	鲽形目	河豚目	杜父鱼目	香鱼	日本对虾	其他食用养殖水产动物
阿莫西林	○	×	×	×	×	×	×	×	×	×	×
苯甲酸皮可沙霉素	○	×	×	×	×	×	×	×	×	×	×
氨苄青霉素	○	×	×	×	×	×	×	×	×	×	×
红霉素	○	×	×	×	×	×	×	×	×	×	×
烷基三甲胺钙土霉素	○	×	×	×	×	○	×	×	×	×	×
盐酸土霉素	○	○	○	○	×	○	×	×	×	○	×
嗯喹酸	○	○	○	○	○	×	×	×	○	○	×
嗯喹酸（水性悬浊剂）	○	×	×	×	×	×	×	×	×	×	×
嗯喹酸（药浴液）	×	×	×	只限鳗鲡	×	×	×	×	○	×	×
交沙霉素	○	×	×	×	×	×	×	×	×	×	×
双羟苯酸螺旋霉素	○	×	×	×	×	×	×	×	×	×	×
磺胺间二甲基嘧啶或其钠盐	×	×	只限虹鳟鱼	×	×	×	×	×	×	×	×
磺胺间甲基嘧啶或其钠盐	○	○	○	○	×	×	×	×	○	×	×
磺胺间甲基嘧啶或其钠盐（药浴剂）	×	×	○	×	×	×	×	×	×	×	×
磺胺甲异嗯唑钠	只限鰤鱼	×	只限虹鳟鱼	×	只限鲤鱼	×	×	×	○	×	×
甲砜霉素	○	×	×	×	×	×	×	×	×	×	×
盐酸强力霉素	○	×	×	×	×	×	×	×	×	×	×
妥比西林	○	×	×	×	×	×	×	×	×	×	×
呋喃苯烯酸钠（药浴剂）	×	×	×	×	×	○*	×	×	×	×	×
新生霉素钠	○	×	×	×	×	×	×	×	×	×	×

续表

药物有效成分名称 \ 使用对象	鲈形目	鲱形目（海水养殖）	鲱形目（淡水中养殖，不包括香鱼）	鳗鲡目	鲤形目	鲽形目	河豚目	杜父鱼目	香鱼	日本对虾	其他食用养殖水产动物
苯硫氨酯	×	×	×	×	×	×	○	×	×	×	×
氟苯尼考	○	×	○	○	×	×	×	×	○	×	×
磷霉素钙	○	×	×	×	×	×	×	×	×	×	×
米洛沙星	×	×	×	○	×	×	×	×	×	×	×
盐酸林可霉素	○	×	×	×	×	×	×	×	×	×	×
磺胺间甲基嘧啶及奥美普林合剂	×	×	×	○	×	×	×	×	○	×	×

注：1. 标有 * 的只限于 50 克以下的水产养殖动物；2. ○为可使用，×为不可使用。

附录 6 韩国部分兽药最高残留限量标准

兽药名称	英文名称	MRL/（微克·千克$^{-1}$）
羟氨苄青霉素	Amoxycilin	10
氨苄青霉素	Ampicillin	10
杆菌肽	Bacltracin	500
金霉素	Chlortetracycline	100
红霉素	Erythromycin	ND
庆大霉素	Gentamicin	100
新霉素	Neomycin	250
新生霉素	Novobiocin	1000
土霉素	Oxytetracycline	100
青霉素	Penicillin	50
螺旋霉素	Spiramycin	25
四环素	Tetracycline	250
拜耳利	Baytril	100
氟甲喹	Flumequine	500
呋喃唑酮	Furazolidone	ND
尼卡巴秦	Nicarbazin	400
喹乙醇	Olaquindox	50
噁喹酸	Oxolinic acid	50
磺胺二甲氧嘧啶	Sulfadimethoxine	100
磺胺甲基嘧啶	Sulfamerazine	100
磺胺二甲嘧啶	Sulfamethazine	100

续表

兽药名称	英文名称	MRL/（微克·千克$^{-1}$）
磺胺间甲氧嘧啶	Sulfamonomethoxine	100
磺胺喹噁啉	Sulfaquinoxaline	100
噻苯咪唑	Thiabendazole	100
甲砜霉素	Thiamphenicol	500
己烯雌酚	Diethylstilbestrol	ND

附录7 中韩进出口水产品检查项目、卫生标准及其适用产品

项目	标准	适用产品
抗生素		冰鲜、冷冻产品
土霉素	≤ 0.1 毫克/千克	养殖鱼和龙虾
噁喹酸	不得检出	养殖鱼
麻痹性贝毒	≤80 微克/100 克	软体双壳贝类及其产品
二氧化硫（SO_2）	≤0.03 克/千克	干鱼片
一氧化碳（CO）	≤20 微克/千克	冻罗非鱼（鱼块和鱼片产品）
	≤200 微克/千克	冻金枪鱼（鱼块和鱼片产品）
	≤10 微克/千克	冻罗非鱼（真空包装产品）
大肠菌群数	≤10 个/克	无需蒸煮即可食用的冻鱼及软体贝类
金黄色葡萄球菌	阴性	无需蒸煮即可食用的冻鱼及软体贝类
沙门氏菌	阴性	无需蒸煮即可食用的冻鱼及软体贝类
霍乱弧菌	阴性	冰鲜、冷冻产品
副溶血弧菌	阴性	无需蒸煮即可食用的冻鱼及软体贝类
金属异物	不得检出	冰鲜、冷冻产品
虎红（焦油色素）	阴性（韩方提供检测方法）	冰鲜、冷冻产品
		鱼子酱及其替代物（包括盐渍产品）
		马哈鱼和鳟鱼鱼片
		蛸类、海胆和阿拉斯加鳕鱼籽
细菌总数	≤10^5/克	无需蒸煮即可食用的冻鱼及软体贝类
	≤ 3×10^6/克	冻鳕鱼内脏

注：未列入协议的检测项目可以依据进口国的法规要求进行检测。

附录8　加拿大兽药和健康局批准在水产养殖中使用的部分药物种类和残留标准

药物	种类	组织	MRL/（微克·千克$^{-1}$）
土霉素	鲑科鱼类、龙虾	可食组织	0.1
磺胺甲基异噁唑	鲑科鱼类	可食组织	0.1
奥美普林		可食组织　肌肉/皮肤	0.5　1.0
磺胺嘧啶	鲑科鱼类	可食组织	0.1
三甲氧苄胺嘧啶	鲑科鱼类	可食组织　肌肉/皮肤	0.1　1.0
三亚甲基磺酸类	鲑科鱼类	可食组织	0.02
甲醛	鲑科鱼类		N
氟苯尼考	鲑科鱼类	可食组织	0.1
氟苯尼考	鲑科鱼肌肉（鲑/鳟/红点鲑/白鲑和其他鲑鱼）		0.8

参 考 文 献

王伟俊，等 . 2001. 淡水鱼病防治彩色图说 . 北京：中国农业出版社 .

王伟俊，等 . 2004. 淡水鱼病防治彩色图说 . 北京：中国农业出版社 .

中华人民共和国农业部 . 2006. 兽药地方标准上升国家标准（第一册）.

中华人民共和国农业部 . 2006. 兽药地方标准上升国家标准（第二册）.

中华人民共和国农业部 . 2007. 兽药地方标准上升国家标准（第八册）.

中华人民共和国农业部 . 2007. 兽药地方标准上升国家标准（第九册）.

中华人民共和国农业部 . 2007. 兽药地方标准上升国家标准（第六册）.

中华人民共和国农业部 . 2008. 兽药地方标准上升国家标准（第十册）.

中华人民共和国农业部 . 2008. 兽药地方标准上升国家标准（第四册）.

中国兽药典委员会 . 2006. 中华人民共和国兽药典（第一部，2005 年版）. 北京：中国农业出版社 .

中国兽药典委员会 . 2006. 中华人民共和国兽药典（第二部，2005 年版）. 北京：中国农业出版社 .

中国兽药典委员会 . 2006. 中华人民共和国兽药典（第三部，2005 年版）. 北京：中国农业出版社 .

中国兽药典委员会 . 2006. 中华人民共和国兽药典 · 兽药使用指南 · 化学药品卷（2005 年版）. 北京：中国农业出版社 .

任晓明 . 2007. 新鱼病图谱 . 北京：中国农业大学出版社 .

刘建康，何碧梧 . 1992. 中国淡水鱼类养殖学（第三版）. 北京：科学出版社 .

江育林，陈爱平 . 2003. 水生动物疾病诊断图鉴 . 北京：中国农业出版社 .

汪开毓，肖丹 . 2008. 图说斑点叉尾鮰疾病防治 . 北京：海洋出版社 .

汪开毓，肖丹 . 2008. 鱼类疾病诊疗原色图谱 . 北京：中国农业出版社 .
汪建国，陈昌福，王玉堂 . 2008. 渔药药剂学 . 北京：中国农业出版社 .
汪建国 . 观赏鱼鱼病的诊断与防治（第二版）. 2008. 北京：中国农业出版社 .
张奇亚，桂建芳 . 2008. 水生病毒学 . 北京：高等教育出版社 .
陈昌福，李莉 . 2000. 观赏鱼饲养与疾病防治 . 北京：中国农业出版社 .
国家质量监督检验检疫局 . 2001. 水生动物疾病诊断手册（第三版，2000）. 北京：中国农业出版社 .
国家质量监督检验检疫局 . 2001. 国际水生动物卫生法典（第三版，2000）. 北京：中国农业出版社 .
俞开康 . 2000. 海水鱼虾疾病防治彩色图说 . 北京：中国农业出版社 .
俞开康 . 2008. 海水鱼虾蟹贝病诊断与防治原色图谱 . 北京：中国农业出版社 .
倪达书，汪建国 . 1999. 草鱼生物学与疾病 . 北京：科学出版社 .
黄琪琰 . 1999. 鱼病诊断与防治图谱 . 北京：中国农业出版社 .
潘炯华，张剑英，黎振昌，等 . 1990. 鱼类寄生虫学 . 北京：科学出版社 .
Edgerton B F，Owens L. 1999. Histopathological surveys of the redclaw freshwater crayfish *Cherax quadricarinatus* in Australia. Aquaculture，180（1-2）：23-40.
Edgerton B F，Prior H C. 1999. Description of a hepatopancreatic rickettsia-like organism in the redclaw crayfish，*Cherax quadricarinatus*. Diseases of Aquatic Organisms，36（1）：77-80.
Madetoja M，Jussila J. 1996. Gram negative bacteria in the hemolymph of noble crayfish *Astacus astacus*，in an intensive crayfish culture system. . Nordic Journal Freshwater Research，72：88-90.
Paasonen P，Edgerton B F，Tapiovaara H，et al. 2007. Freshwater crayfish virus research in Finland：state of the art. Report from the Nordic-Baltic workshop on crayfish research and management. Eastern Norway Research Institute and Estonian Ministry of Environment，Fishery Dept，12（4）：25-29.